Hans Werner Meuer (Hrsg.)

Parallelisierung komplexer Probleme

Einsatz von Parallelrechnern
in Forschung und Industrie

Mit 98 Abbildungen und 24 Tabellen

Springer-Verlag

Berlin Heidelberg New York
London Paris Tokyo
Hong Kong Barcelona
Budapest

Prof. Dr. rer. nat. Hans Werner Meuer
Rechenzentrum der Universität Mannheim
L 15, 16, W-6800 Mannheim 1

ISBN-13:978-3-540-53998-8

Die Deutsche Bibliothek - CIP-Einheitsaufnahme
Parallelisierung komplexer Probleme : Einsatz von Parallelrechnern in Forschung und
Industrie / Hans Werner Meuer (Hrsg.). - Berlin; Heidelberg; New York; London;
Paris; Tokyo; Hong Kong; Barcelona; Budapest: Springer, 1991.
ISBN-13:978-3-540-53998-8   e-ISBN-13:978-3-642-76612-1
DOI: 10.1007/978-3-642-76612-1

NE: Meuer, Hans W. [Hrsg.]

33/3140-543210 – Gedruckt auf säurefreiem Papier

Vorwort

Den Umgang mit Vektorrechnern zur Lösung komplexer Probleme sind Wissenschaftler und Ingenieure seit vielen Jahren gewohnt. Sie bedienen sich der immer besseren und komfortableren hochvektorisierten Basis- und Anwendungssoftware, sie setzen die optimierenden FORTRAN Autovektorisierer bei ihren Programmen ein und sie verstehen es, ihre wachsenden Anforderungen den Leistungsschüben bei Supercomputern und Mini-Supercomputern anzupassen.

Wenig Erfahrung liegt vor, wenn diese Wissenschaftler und Ingenieure mit Multiprozessor Vektorrechnern konfrontiert werden. Jetzt muß das Problem – will man sich aller auf einen gemeinsamen globalen Speicher zugreifenden Prozessoren zur Lösung bedienen – geeignet parallelisiert und vektorisiert werden. Die Werkzeuge, die die Hersteller zur Autoparallelisierung zur Verfügung stellen, sind noch längst nicht ausgereift, man ist auf Improvisieren angewiesen.

Praktisch überhaupt keine Erfahrung gibt es, falls man Parallelrechner im engeren Sinne einsetzen will, also Rechner mit vielen, preisgünstigen Mikroprozessoren und jeweils eigenem lokalen Speicher. Jetzt muß nicht nur das Problem (Programm) geeignet parallelisiert, sondern zusätzlich die zugrundeliegende Datenstruktur auf die lokalen Speicher aufgeteilt werden, eine Schwierigkeit, welche beim gemeinsamen globalen Speicher so nicht auftritt. Hinzu kommt die Aufgabe, die zugrundeliegenden Algorithmen des zu bearbeitenden Problems der Verbindungs-topologie der Rechnerknoten anzupassen.

Heutige im Einsatz befindliche Multiprozessor Vektorrechner mit globalem Speicher sind die IBM 3090 VF, die CRAY XMP/YMP sowie im Bereich der Mini-Supercomputer die Convex C2xx und die Alliant FX/80 bzw. FX/2800. Im Bereich der Parallelrechner mit lokalem Speicherkonzept gibt es derzeit in der Bundesrepublik vier Anbieter: die Intel Scientific Computers mit dem auf Hypercube Topologie basierenden iPSC/2 bzw. iPSC/i860, die Firma Parsytec mit der SuperCluster-Serie hochparalleler Transputerrechner, die iP-Systems mit dem auf einer Binärbaumtopologie basierenden massiv parallelen TX2/3 sowie schließlich die SUPRENUM GmbH mit einem bis zu 256 Rechnerknoten bietendem Parallelkonzept, einer kombinierten SIMD/MIMD-Architektur. In der zweiten Hälfte 1990 hat hier zusätzlich die Firma nCube ihre Aktivitäten in Europa aufgenommen und ist auch in Deutschland mit einer Tochtergesellschaft vertreten.

Der Verein zur Förderung der wissenschaftlichen Weiterbildung an der Universität Mannheim veranstaltete im Sommer 1990 im Rahmen der Mannheimer Supercomputer'90-Tage ein Tutorium zum Thema "Parallelisierung komplexer Probleme" unter meiner Leitung. Das Thema wurde bewußt aus Anwendersicht angegangen. Dabei berichteten ausgewiesene Referenten von Universitäten, Großforschung und der Industrie über ihre Erfahrungen, Schwierigkeiten und auch Erfolge bei der Parallelisierung der behandelten Probleme. Alle Referenten hatten fundierte Erfahrung mit den ihnen zur Verfügung stehenden Rechnerarchitekturen. Es wurden im Tutorium die Erfahrungen der Wissenschaftler und Ingenieure in großer Ausführlichkeit präsentiert.

Der erste Tag war nach einem einführenden Vortrag über "Parallelrechner – Status und Entwicklungstendenzen in den 90er Jahren" den Anwendungen auf Architekturen mit globalem Speicherkonzept (shared memory systems), der zweite Tag den Architekturen mit lokalem Speicherkonzept (local memory systems) gewidmet. In einer abschließenden Diskussion aller Referenten untereinander, unter Einbeziehung des Auditoriums, wurden noch offene Fragen aufgearbeitet. Insbesondere kristallisierte sich die Frage nach dem Ist–Stand und der Zukunft der Parallelverarbeitung heraus, damit wurde der Kreis zum einführenden Vortrag geschlossen.

Unmittelbar nach Beendigung des Tutoriums erklärten sich alle Referenten spontan und einmütig dazu bereit – sicherlich durch die überaus positive Resonanz der Teilnehmer ermutigt – bis zum Spätherbst 1990 ihre 'Rohvorträge' (Folien, Skripten, etc.) aufzuarbeiten und auf den neuesten Stand zu bringen. Mit diesem Band wird das Ergebnis dieser Bemühungen vorgelegt und somit die Erfahrungen der Referenten in der "Parallelisierung komplexer Probleme" einem breiten Leserkreis zugänglich gemacht.

An dieser Stelle darf ich mich sehr herzlich bei allen Referenten (und ihren Ko–Autoren) bedanken, daß sie zusätzlich zu ihrem Tagesgeschäft diese Mühe der Manuskripterstellung auf sich genommen haben. Mein besonderer Dank gilt den Tutoriumsteilnehmern Ad Emmen und Wolfgang Gentzsch, die eine Zusammenfassung der Abschlußdiskussion angefertigt haben und so einen 'flavor' der äußerst anregenden Veranstaltung in diesem Band überliefern. Meine beiden wissenschaftlichen Hilfskräfte, Peter Vogel und Dirk Wenzel, haben wie immer, wenn es um Supercomputer geht, letzte Hand an die Manuskripte zur Vereinheitlichung gelegt, wofür ihnen wiederum mein Dank gebührt.

Mannheim, im Frühjahr 1991   Hans W. Meuer

Inhaltsverzeichnis

Parallelrechner in den 90er Jahren – Status und Entwicklungstendenzen

Hans W. Meuer

Rechenzentrum der Universität Mannheim
L15,16
6800 Mannheim 1

Zusammenfassung

Die derzeit dominierende Supercomputer Architektur ist die Multi–Vektorrechner Architektur mit globalem Hauptspeicherkonzept. In Kapitel 1 wird auf diese Systeme eingegangen, ihre Entwicklung, ihr Status und ihre Grenzen werden aufgezeigt. Abschließend wird die Situation auf dem Supercomputermarkt anhand von aktuellen Statistiken erläutert, insbesondere auch in Deutschland. In Kapitel 2 werden die eigentlichen Parallelrechner, basierend auf VLSI–Technik und insbesondere verteiltem Speicherkonzept, in die Überlegungen mit einbezogen. Welche Vorteile, aber auch Nachteile diese Systeme mit lokalem Speicher haben, wird diskutiert. Ausführlicher werden die Systeme von Intel, Parsytec, iP–Systems und Suprenum vorgestellt. Im 3.Kapitel schließlich wird eine Prognose bis etwa zum Jahre 2000 gegeben anhand der zu erwartenden Entwicklung der Multi–Vektorrechner und es wird deduziert, daß in der zweiten Hälfte der 90er Jahre die Ablösung der auch in diesem Jahrzehnt dominierenden Architektur eingeleitet werden wird.

1. Multi–Vektorrechner

Fast alle derzeit weltweit installierten erfolgreichen Supercomputer der obersten Leistungsklasse basieren einerseits auf der Vektor–Pipeline–Architektur (Abbildung 1), andererseits auf äußerst leistungsfähigen (wenige Nanosekunden CPU–Cycle–Time), aber auch sehr aufwendigen (Entwicklung, Fertigung, Kühlung) und damit teueren VHSIC–Chips (VHSIC = Very High Speed Integrated Circuit).

Der Übergang zu Mehrprozessorsystemen wurde bei CRAY vollzogen mit der CRAY–XMP mit 2 Prozessoren im Jahre 1984, ab 1986 mit 4 Prozessoren. Zu diesem Zeitpunkt kam auch die CRAY 2 mit 4 Prozessoren in den Markt. Die leistungsfähigsten Mehrprozessorsysteme derzeit (Abbildung 2) sind die CRAY YMP, 1988 in den Markt eingeführt, mit bis zu 8 Prozessoren, die NEC SX3, seit 1990 im Markt mit bis zu 4 Prozessoren (siehe [1]) und die 1990 angekündigte Siemens Snnn/40, die in Kooperation mit Fujitsu vermarktet wird und eine Weiterentwicklung der kürzlich eingeführten Dual–Skalar–Architektur ist. Diese Fujitsu–Anlage hat bis zu 2 Prozessoren–Sets mit jeweils zwei Skalar– und einem Vektor–Prozessor, ist also ein echtes MP–System (siehe [2]).

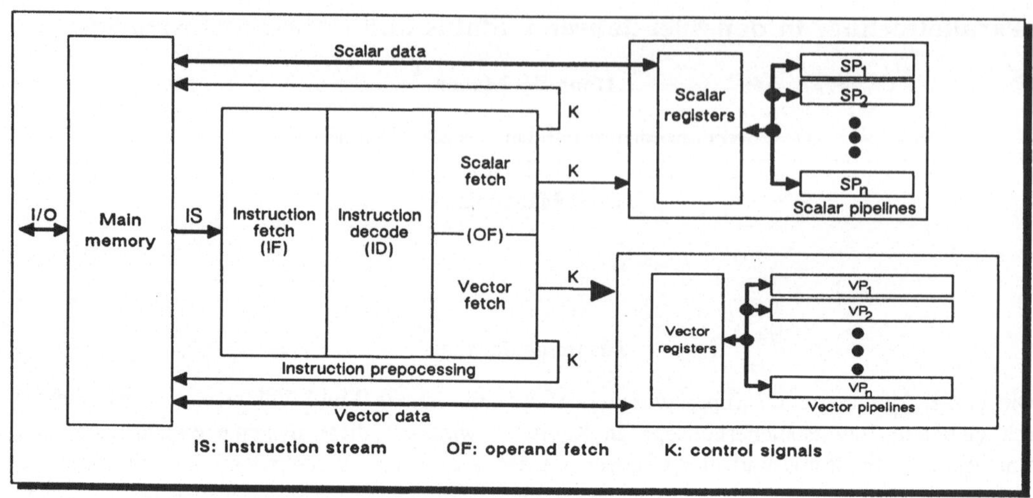

Abbildung 1:

Funktionale Struktur einer Pipeline CPU mit Skalar– und Vektoreinheit

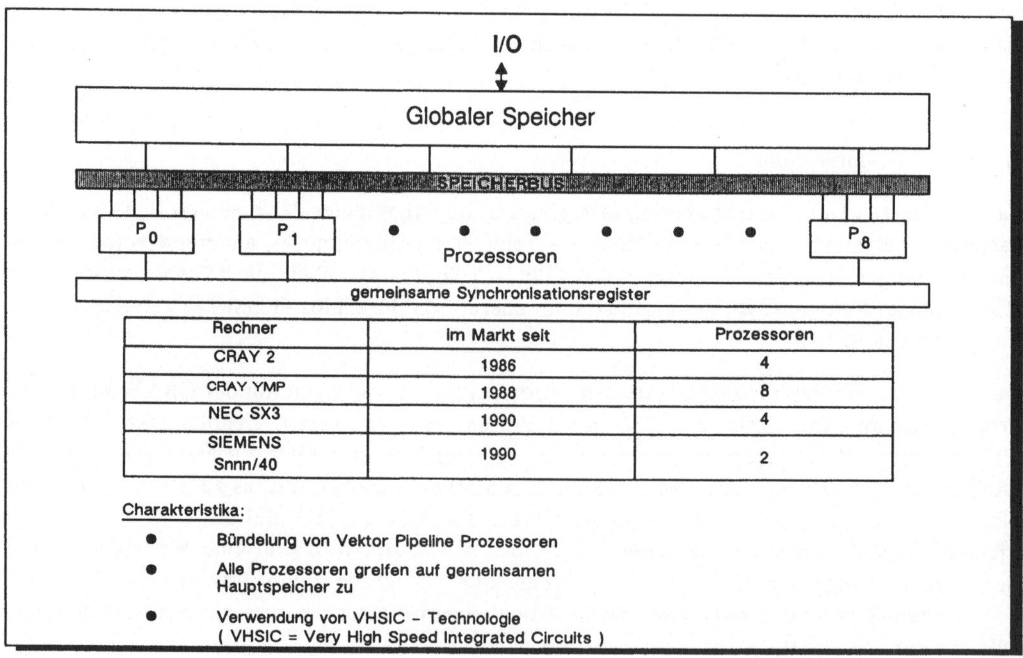

Rechner	im Markt seit	Prozessoren
CRAY 2	1986	4
CRAY YMP	1988	8
NEC SX3	1990	4
SIEMENS Snnn/40	1990	2

Charakteristika:

- Bündelung von Vektor Pipeline Prozessoren
- Alle Prozessoren greifen auf gemeinsamen Hauptspeicher zu
- Verwendung von VHSIC – Technologie (VHSIC = Very High Speed Integrated Circuits)

Abbildung 2:

Multi–Vektorrechner

Während die 15jährige Erfahrung mit Vektor–Pipeline–Prozessoren eine große Vielfalt von hochvektorisierter Software (z.B. Finite Elemente Codes, Chemie–Codes usw.) erzeugt hat bei optimaler Auslastung dieser Monoprozessoren, und auch alle Hersteller mit ausgereiften und erfolgreich autovektorisierenden FORTRAN–Compilern aufwarten können, steckt der Einsatz von MP–Systemen zur Parallelverarbeitung noch in den Kinderschuhen. Cray Research betätigte sich hier als Pionier mit der Einführung von Makrotasking und Mikrotasking und jetzt Autotasking als erstem Ansatz zur Parallelverarbeitung in FORTRAN ohne Benutzereingriff.

Alle MP–Systeme im Markt arbeiten auf einem gemeinsamen Hauptspeicher (Shared Memory Concept), was 'nur' die Aufteilung eines Programmes auf die verschiedenen Prozessoren erfordert, jedoch nicht die Aufteilung der Daten. Multivektorrechner wurden notwendig, da es technisch immer schwerer wird, die von Anwendern geforderte Leistung mit Monoprozessoren zu erzielen.

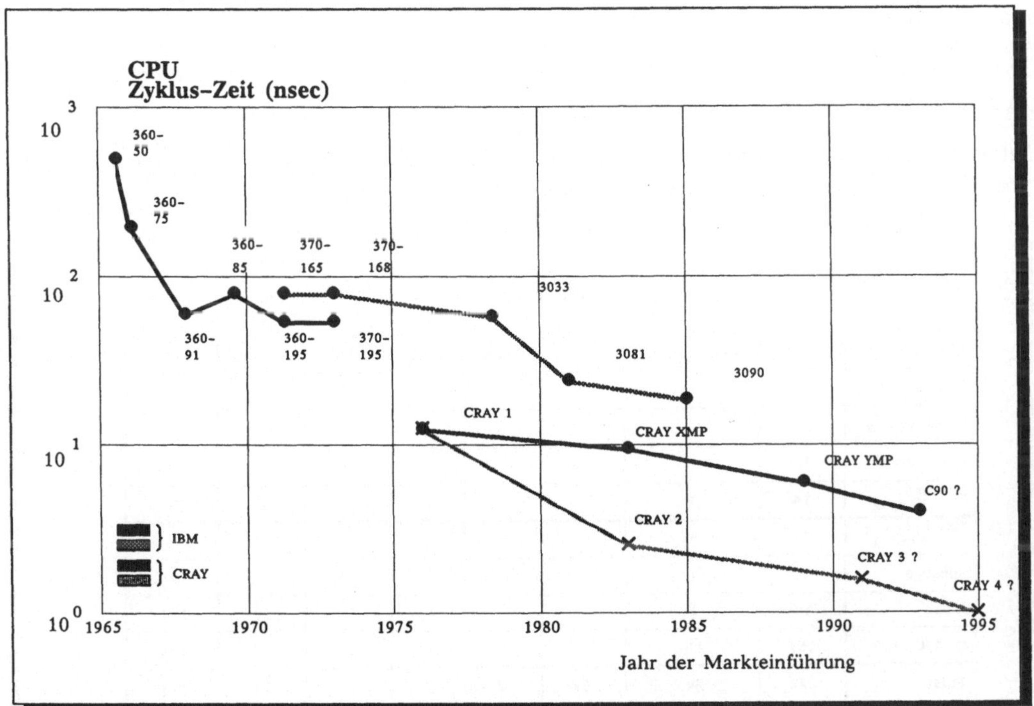

Abbildung 3:
Entwicklung der CPU–Zykluszeiten

Wie langsam die Evolution dieser Systeme voranschreitet, ist bei der Entwicklung der Firma Cray zu sehen. Die Leistung eines Prozessors einer CRAY YMP, die 14 Jahre nach der CRAY1 auf den Markt kam, ist nur etwa dreimal so groß wie die der CRAY 1. Dieser geringe Leistungszuwachs ist bedingt durch die Grenzen der Mainframetechnologie. So wird es immer schwieriger, die CPU-Zykluszeit zu verkleinern. Um von 12 nsec auf 4 nsec zu kommen, dauerte es 9 Jahre und von 4 nsec auf 2 nsec zu kommen etwa 5 Jahre, hier spielt die endliche Signalgeschwindigkeit eine immer größere Rolle (Abbildung 3).

Aber auch die Anzahl der CPU's, die auf einen gemeinsamen Hauptspeicher zugreifen, kann nicht beliebig heraufgesetzt werden, ohne daß Speicherzugriffskonflikte und hierdurch bedingte Verzögerungen auftreten. Wo die Grenzen liegen, ist nicht ganz klar. So hat sich bei Cray Research beim Übergang von der XMP- zu dem YMP-System gezeigt, daß durch die Verbesserung des effizienten Zugriffs zum Hauptspeicher auch bei 8 Prozessoren praktisch keine Speicherdegradation meßbar ist, und Simulation bei dieser Firma lassen darauf schließen, daß auch noch 16 Prozessoren mit der verwendeten Methode voll unterstützt werden können. Fraglich ist allerdings, ob das auch noch mit 64 Prozessoren geht (wie bei der CRAY 4 und auch bei der Neuentwicklung von Steve Chen geplant), oder ob man dann doch zu einer 2stufigen Speicherhierachie übergehen muß, wie das z.B. bei der vom Markt genommenen ETA 10 realisiert wurde.

Somit sind die Grenzen der auf MP-Basis dominierenden Vektor-Pipeline-Prozessoren mit VHSIC-Technik und gemeinsamen Hauptspeicher gegeben.

Zum Abschluß dieses Kapitels geben wir zwei aktuelle Statistiken des Supercomputer-Weltmarktes, darunter MP-Systeme von Cray und Eta:

Vektorrechner

	CRAY	CDC / ETA	Fujitsu	Amdahl	SAG	NEC	Hitachi	Total
England	16	1	---	5	---	---	---	22
Frankreich	24	---	---	---	1	---	---	25
Deutschland	18	1	---	---	8	---	---	27
Sonstige Europa	14	4	---	2	---	1	---	21
Subtotal Europa	72	6	---	7	9	1	---	95
Sonstige	6	1	1	---	---	1	---	9
Japan	19	1	67	---	---	24	27	138
USA/Canada	151	16	1	2	---	1	---	171
Total	248	24	69	9	9	27	27	413

(3/1990)

Abbildung 4a:
Supercomputer – Installiert weltweit

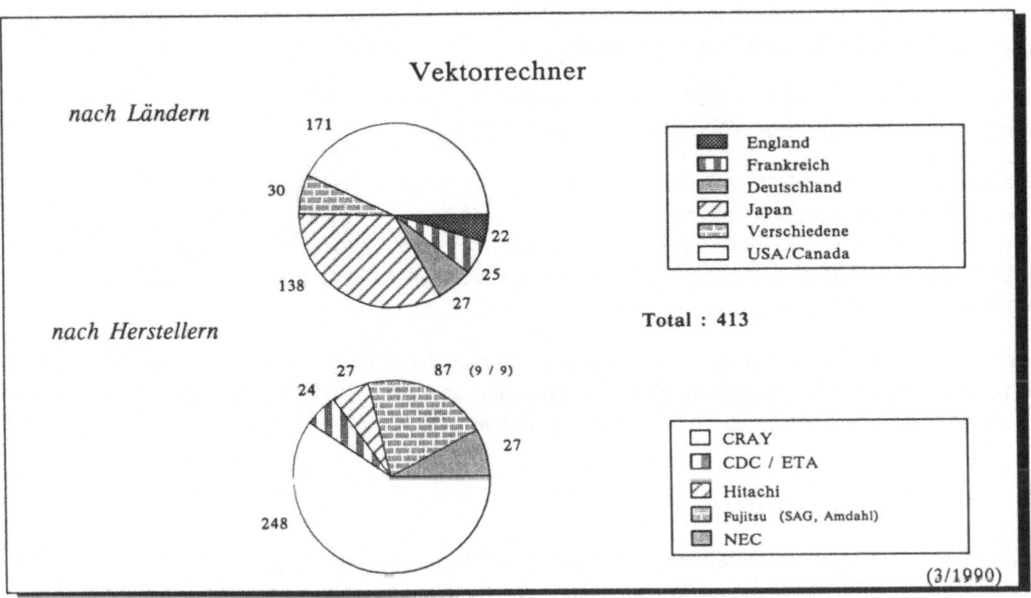

Abbildung 4b:
Supercomputer – Installiert

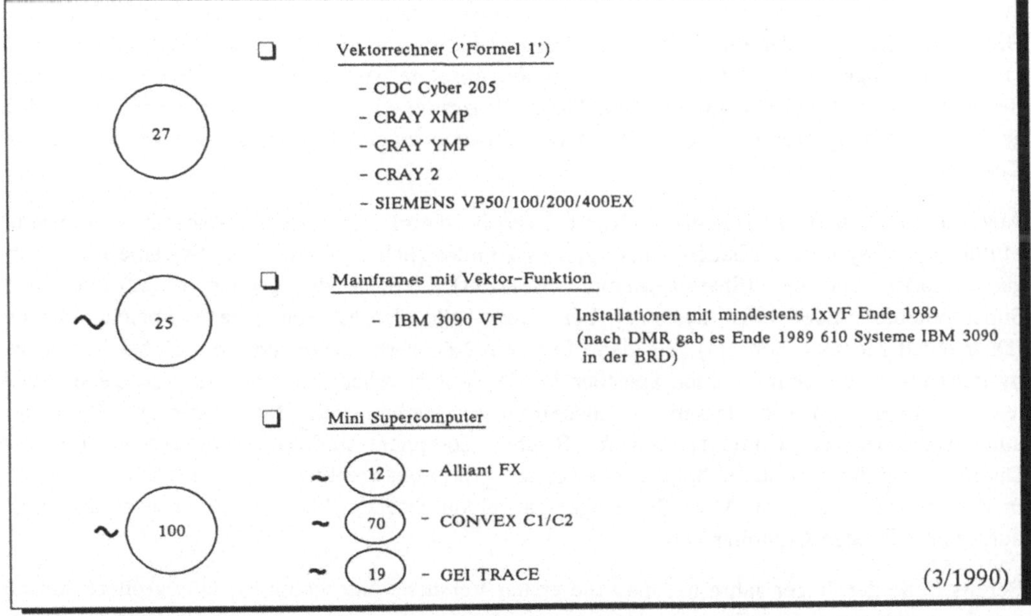

Abbildung 5:
Supercomputer in Deutschland

Außer den Supercomputern der 'Formel-1-Klasse' gab es weitere Hochleistungsrechner in der Bundesrepublik Deutschland (Abbildung 5):

Etwa 25 von 610 Systemen IBM 3090 waren Ende 1989 mit mindestens einer Vektorfunktion ausgestattet. Das sind nur 4% der installierten 3090-Basis.

Stark vertreten in Deutschland sind die Mini-Supercomputer, die auf der Minicomputertechnik basieren, wie z.B Convex (Convex kommt von con VAX). Diese Systeme passen sehr gut in eine Minicomputerlandschaft und haben demgemäß auch eine ganze Anzahl von Nutzern und Installationen. Technisch gesehen ist eine Convex beispielsweise sehr ähnlich einer CRAY, sie nutzt nur erheblich billigere Komponenten.

Von Mini-Supercomputern waren etwa 100 in Deutschland 1990 installiert, davon 70 Convex C1/C2-Systeme, etwa 12 Alliant FX-Serie Rechner und etwa 19 GEI Trace-Rechner. Alliant- und Convex-Systeme gibt es auch in MP-Versionen.

2. Eigentliche Parallelrechner

Am schnellsten verläuft derzeit die Evolution der Mikroprozessoren. Eine Reihe von Herstellern in den USA, wie z.B. SUN, MIPS, Intel und IBM bieten heute CPU's an, die auf sehr wenigen Halbleiter-Chips implementiert sind und Leistungen erbringen, die bislang nur großen und sehr teuren Systemen vorbehalten waren. Sie verwenden neue Instruktionssätze und neue Architekturen und bieten ihre Leistung nicht nur als Vektorleistung, sondern auch als Skalarleistung. Für nicht sehr hochvektorisierbare Programme schlagen die leistungsfähigsten Super-Workstations schon heute Superrechner. Besonders beeindruckend ist die Geschwindigkeit, mit der die Entwicklung dieser Mikroprozessoren voranschreitet; waren vor 2 Jahren Leistungen von 1 bis 2 MFLOPS schon absolute Spitzenwerte, so findet man heute Rechner, die 60 MFLOPS bei realen FORTRAN-Programmen erreichen. Alles spricht dafür, daß gebündelte mikroprozessorbasierte CPU's die Leistung einer CPU der großen Mainframes in Zukunft übertreffen können.

Aus diesem Grund wird heute weltweit intensiv daran gearbeitet, mikroprozessorbasierte Multiprozessorsysteme zu bauen. Dabei gibt es grundsätzlich 2 Ansätze: Die Systeme mit einem gemeinsamen Speicher (Shared Memory Concept), ähnlich der großen Mainframes und Supercomputer, oder aber Systeme, bei denen alle Prozessoren eigene Speicher haben (Distributed Memory Concept), die dann über ein Netzwerk verbunden sind. Dabei haben die Systeme mit einem gemeinsamen Speicher für den Nutzer erhebliche Vorteile, weil sie sich viel leichter programmieren lassen – insbesondere lassen sich für derartige Computer autoparallelisierende Compiler bauen. Solche Compiler sind aber notwendig für die Durchsetzung dieser Systeme bei dem Anwender – die Vektorrechner haben sich auch dann erst in der Industrie (etwa ab Mitte der 80iger Jahre) durchsetzen können, als es leistungsfähige autovektorisierende Compiler gab.

Bereits Ende der 70iger Jahre hat man die ersten Versuche unternommen, eine größere Anzahl von Prozessoren zu einem Rechensystem zu verarbeiten: Der erste realisierte Rechner dieser Art war die ILLIAC IV der University of Illinois mit 64 Prozessoren, die sychron alle die gleiche Instruktion, aber mit verschiedenen Daten ausführen konnte, also einen SIMD-Rechner darstellte. Der prominenteste SIMD – Rechner, mit bis zu 64 K-Prozessoren, ist heute die

Connection Machine CM1 bzw. CM2 der Thinking Machines Corp., die auch kommerziell gewisse Erfolge aufweisen kann. Die erste Connection Machine CM2 in Deutschland wurde 1990 bei der Gesellschaft für Mathematik und Datenverarbeitung in Birlinghoven installiert.

Obwohl es mittlerweile auch viele Ansätze für MIMD-Parallelrechner gibt, hat es bisher noch nie zum Markterfolg eines solches Konzepts geführt. Viele Fachleute erwarten aber, daß die Zukunft diesen Systemen mit lokalem Speicher gehört (Abbildung 6).

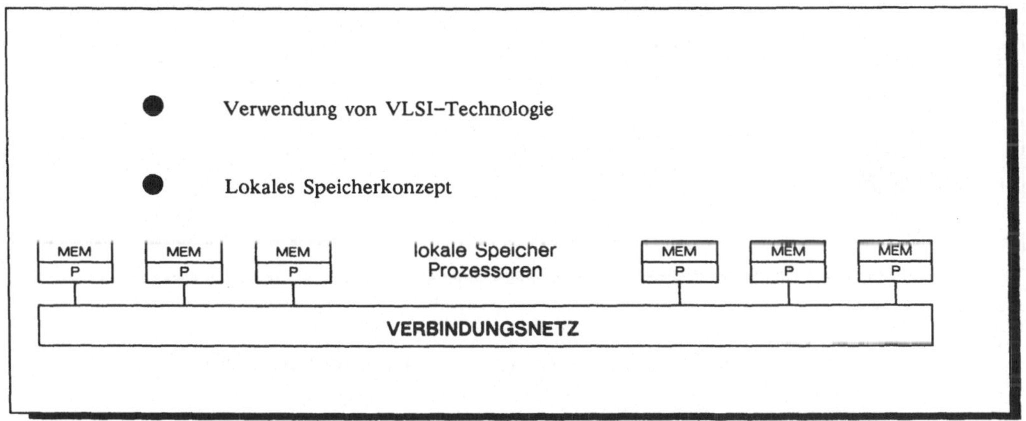

Abbildung 6:
MIMD-Parallelrechner mit verteiltem Speicher

Dabei darf allerdings nicht übersehen werden, daß man die Vorteile,die man durch den Einsatz preisgünstiger CPU's auf VLSI-Basis mit lokalen Speichern hat, durch Probleme auf anderer Seite erkaufen muß.

So müssen nicht nur die eingesetzten Algorithmen einen hinreichend großen Parallelitätsgrad aufweisen, um alle Prozessoren möglichst ausgewogen beschäftigt zu halten, sondern es muß auch die zugrundeliegende Datenstruktur auf die lokalen Speicher aufgeteilt werden – ein Problem, daß bei globalen Speichersystemen so nicht auftritt. Da alle Prozessoren an der Lösung einer gemeinsamen Aufgabe arbeiten, also nicht unabhängig voneinander sind, ist die Kommunikation – Austausch von Daten – von ganz entscheidender Bedeutung.

Das Kommunikationsproblem ist zunächst hardwareseitig zu sehen. Dabei ist ein Kompromiß zwischen Leistungsfähigkeit des Verbindungsnetzwerkes und den Kosten zu machen (siehe [3]).

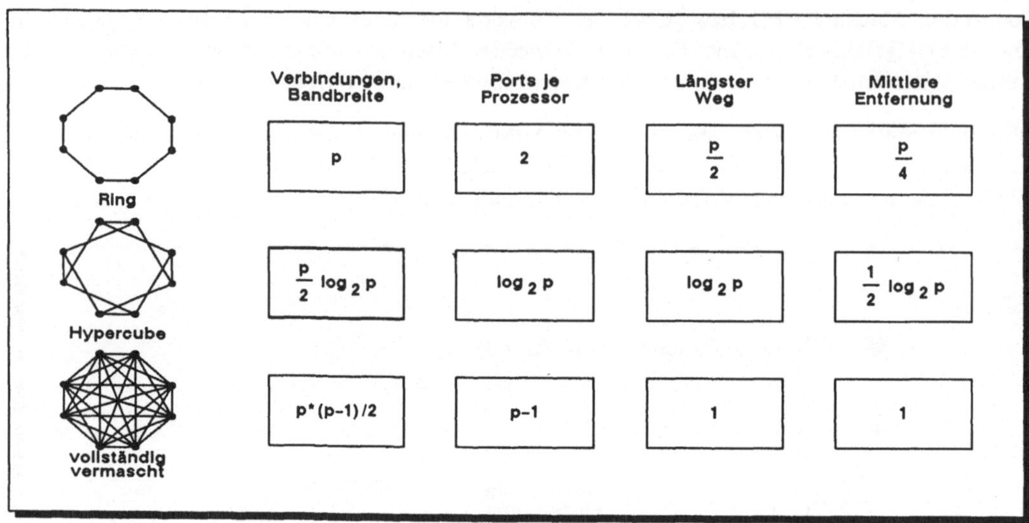

Abbildung 7:
Topologien als Beispiele für die Vernetzung von Rechnern

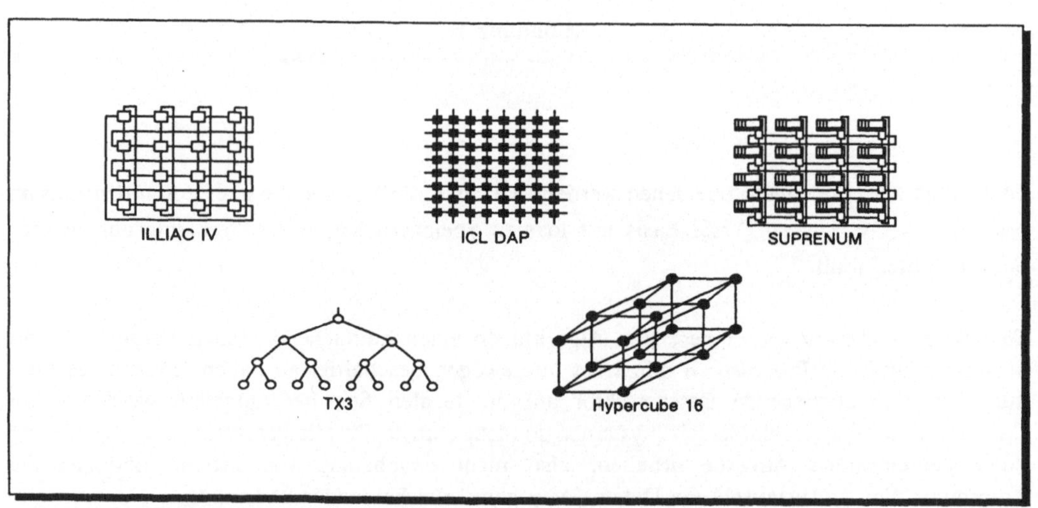

Abbildung 8:
Einige Topologien von Parallelrechnern

Es gibt die beiden Extremfälle, die vollständige Vermaschung – schnell und teuer – und den Ring – langsam und billig – sowie als ausgewogenen Kompromiß den Hypercube und auch den Binärbaum (Abbildungen 7 und 8).

Die Verbindungsstruktur auf der Hardwareseite hat Konsequenzen für die den Anwendungen zugeordneten Algorithmen. Neben dem bereits erwähnten hohen Parallelitätsgrad müssen die Algorithmen so konzipiert sein, daß der Kommunikationsaufwand minimiert wird. Hieraus folgt eine Abhängigkeit der Algorithmen von der Verbindungstopologie.

Bei den derzeitigen weltweiten Aktivitäten auf dem Gebiet der Parallelrechner mit lokalem Speicherkonzept scheint die Hypercube-Topologie für das Verbindungssnetz einen gewissen Standard darzustellen.

Diese Topologie wird z.B. auch bei Intel mit ihrem iPSC/2-Parallelrechnerkonzept, basierend auf dem 80386-Chip, benutzt. Auch das Nachfolgesystem iPSC/860 benutzt diese Hypercube-Topologie und hat hier den äußerst leistungsstarken Prozessorchip, Intel i860, in das iPSC-Konzept inkorporiert, (Abbildung 9 und [4]).

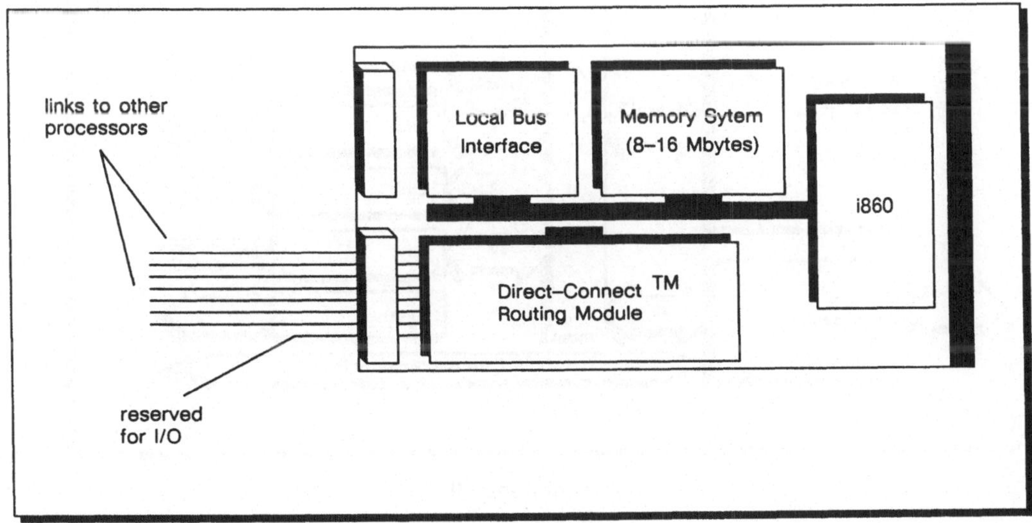

Abbildung 9:
i860 Rechnermodul

Der Intel i860 besitzt 1 Million Transistorfunktionen auf einem Chip, das ist viermal soviel wie bei gängigen CISC-Architekturen. Der i860 ist ein 64-bit Prozessor mit einem 4K-Byte Instruction-Cash und 8K-Byte Daten-Cash. Neben der Risc-Integer-Einheit befindet sich ein

Gleitpunkt–Addierer, Gleitpunkt– Multiplizierer, Grafikprozessor für 3D Transformationen und die Speicherverwaltungseinheit auf dem Chip. Extensiv wird Pipelining in allen Funktionsbereichen ausgenutzt, dabei ist die Gleitpunkteinheit auch vektorfähig und kann in diesem Falle den Daten–Cash als Vektorregisterbank benutzen. Die Spitzenleistung des i860–Prozessorchips beträgt 80 MFLOPS bei 40 MHZ–Taktrate.

Eine deutsche Entwicklung eines auf dem Transputer der Firma Inmos basierenden Parallelrechners mit verteiltem Speicherkonzept ist der SuperCluster der Aachener Firma Parsytec (Abbildungen 10 und 11 und [5]):

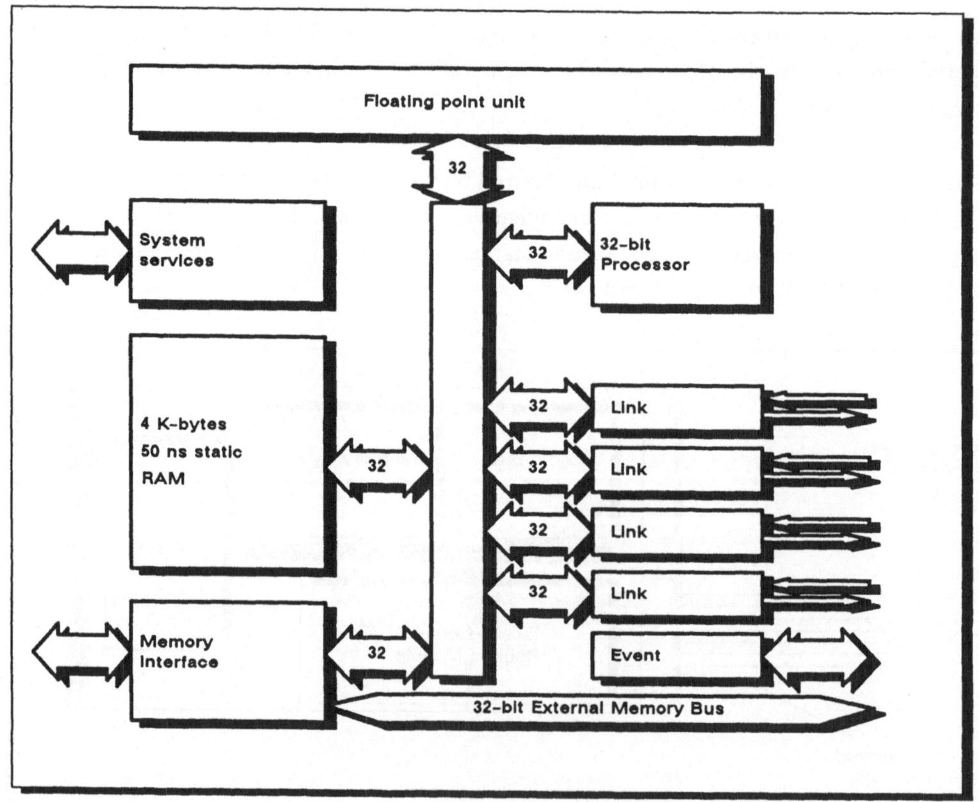

Abbildung 10:
T800 Transputer

Der Transputer–Mikroprozessor hat im Markt weite Verbreitung gefunden. Er ist speziell als Multiprozessorbaustein konzipiert worden, mit dem MIMD–Systeme aufgebaut werden können. Besondere Eigenschaften sind 1.) eine recht gute CPU–Leistung von etwa 2 MFLOPS, 2.) ein schneller Arbeitsspeicher von 4K–Bytes, der auf dem Prozessorchip integriert ist, 3.) eine flexible Schnittstelle für externe Speicher und 4.) vier autonome 20 Mbit/s Kommunikationskanäle (Links).

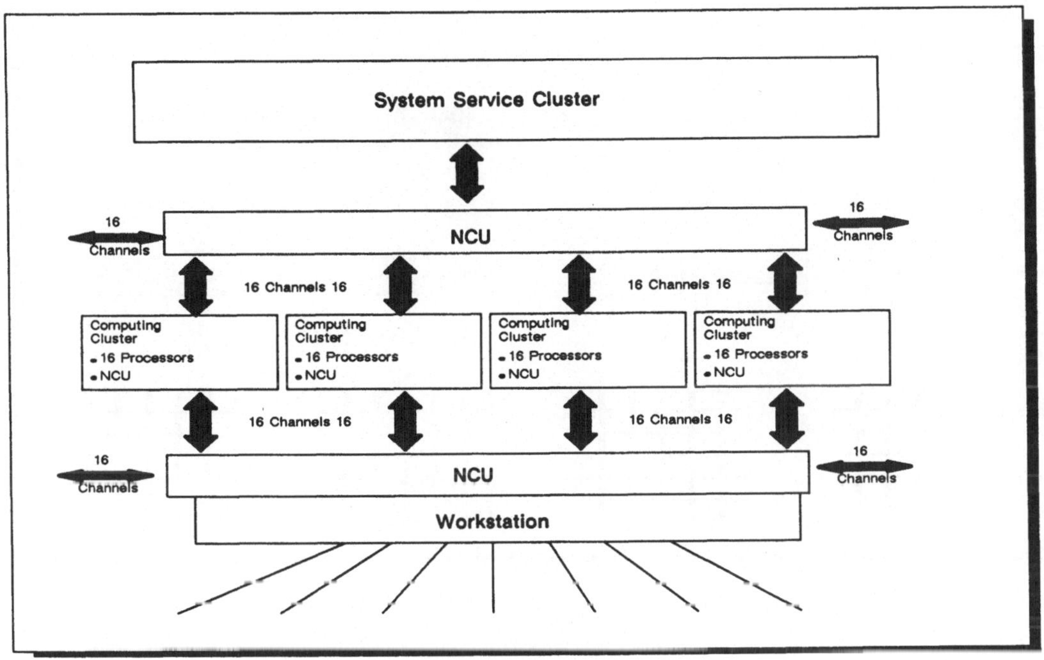

Abbildung 11:
Basiseinheit eines Supercluster (Modell 64)

Die Supercluster-Serie hat eine hierarchische cluster-orientierte Architektur. Ein Cluster wird dabei angesehen als eine Einheit von miteinander verbundenen Prozessoren, die als Gesamtheit eine informationsverarbeitende Aufgabe wahrnehmen und mit ihrer Außenwelt über dedizierte zuordenbare Kanäle kommunizieren. Eine Einheit von Clustern kann wiederum als ein einziges Cluster gesehen werden, das als Ganzes eine leistungsstärkere Zusammenfassung von Prozessor-Ressourcen bildet, und eine komplexe Anwendungsfunktion wahrnehmen kann.

Die Hardware-Architektur des Supercluster unterstützt diesen Abstraktionsprozeß, indem sie eine entsprechende Struktur bietet. Die unterste Ebene besteht aus T800-Prozessorelementen mit je 4 Kommunikations-Links. 16 dieser Prozessorelemente bilden ein Computingcluster, das mit einer integrierten Network Configuration Unit (NCU) verschiedene Topologien annehmen kann. 4 Computingcluster bilden die kleinste Supercluster-Einheit, das Modell 64 mit 64 dedizierten Anwendungsprozessoren.

Zwei weitere deutsche Entwicklungen sind der auf einer Binär-Baum-Topologie basierende TX3-Rechner der iP-Systems aus Kiel (früher Karlsruhe), sowie der vom BMFT erheblich geförderte SUPRENUM-Rechner der Suprenum GmbH, (Abbildungen 12 und 13 sowie [6] und [7]).

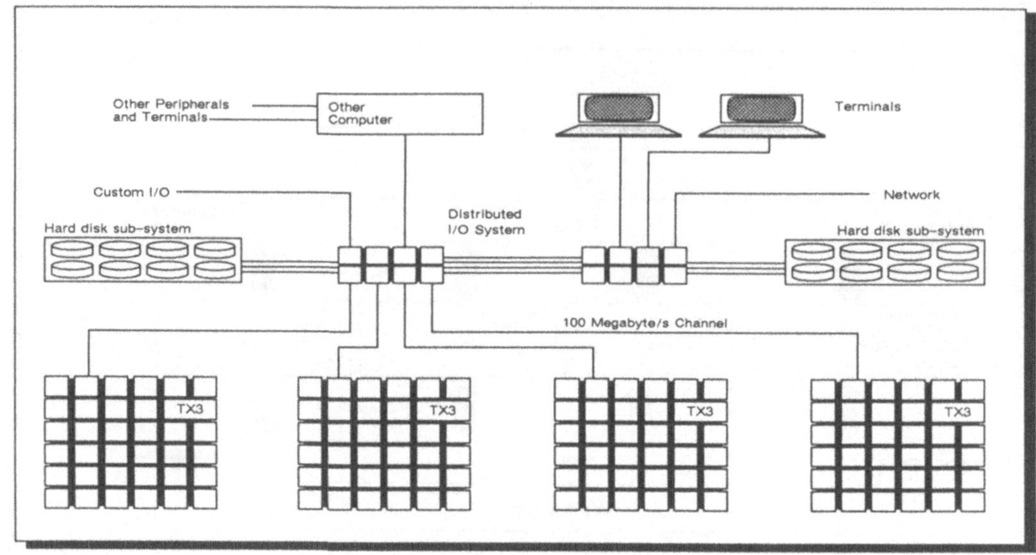

Abbildung 12:
TX3–Konfiguration

Die Architektur des TX3 ist die eines Binärbaums, jeder innere Knoten ist mit drei Nachbarknoten verbunden. Die Knoten im untersten Level, den Blättern, haben nur einen Nachbarn, während die Wurzel zwei hat. Jeder Knoten ist Vater zweier Söhne und/oder Sohn eines Vaters. Es ist einfach, die Anzahl der Knoten in Zweierpotenzen zu erhöhen und damit die Rechenleistung zu erhöhen. Die Verbindung zweier Nachbarknoten geschieht über eine 100 Mb/s–Kanal mit einer Breite von 32 Bit. Der Datenfluß wird über eine Kommunikations-Maschine kontrolliert, die unabhänig von den Knoten CPU's arbeitet. Eine Knoten–CPU bestand beim Vorgängermodell, von dem es einen Prototypen gab, aus einer 32 Bit–CPU mit einer Leistung von 4 MIPS und einem Coprozessor für 64 Bit Floating Point mit einer Leistung von 0,5 MFLOPS. Derzeit ist man dabei, den i860 Prozessorchip in das Konzept zu integrieren.

Die Parallelisierungsstrategie beim TX3 beruht auf dem bekannten "divide and conquer". Ein Problem wird danach konsequent in Unterprobleme gleicher Komplexität zerlegt, diese Unterprobleme wieder in weitere Unter-Unterprobleme usw. Alle Teilaufgaben einer gemeinsamen Ebene werden parallel auf den Prozessoren bearbeitet, die dieser Ebene des Baums zugeordnet sind. Daraus ergibt sich eine charakteristische Kommunikationsstruktur, die "Welle" genannt wird: In einer ersten Phase werden die zur Berechnung benötigten Daten von der Wurzel des Baums in Richtung der Blätter verteilt (down-Phase). In der zweiten Phase werden die rechenzeitintensiven Operationen in den Blättern durchgeführt, beim TX3 können dabei alle Prozessoren des Baums als Blätter arbeiten (extended mode). Nach Ausführung aller Berechnungen werden in einer dritten Phase die Ergebnisse in Richtung der Wurzel zusammengefaßt (up-Phase).

Die Welle ist charakteristisch für die Programmierung des TX3, so daß sie in den parallelen Spracherweiterungen als eigenständiges Hochsprachenkonstrukt enthalten ist. Diese Spracherweiterungen ergänzen gebräuchliche Hochsprachen wie FORTRAN, PASCAL oder C um Komponenten zur strukturierten Parallelprogrammierung.

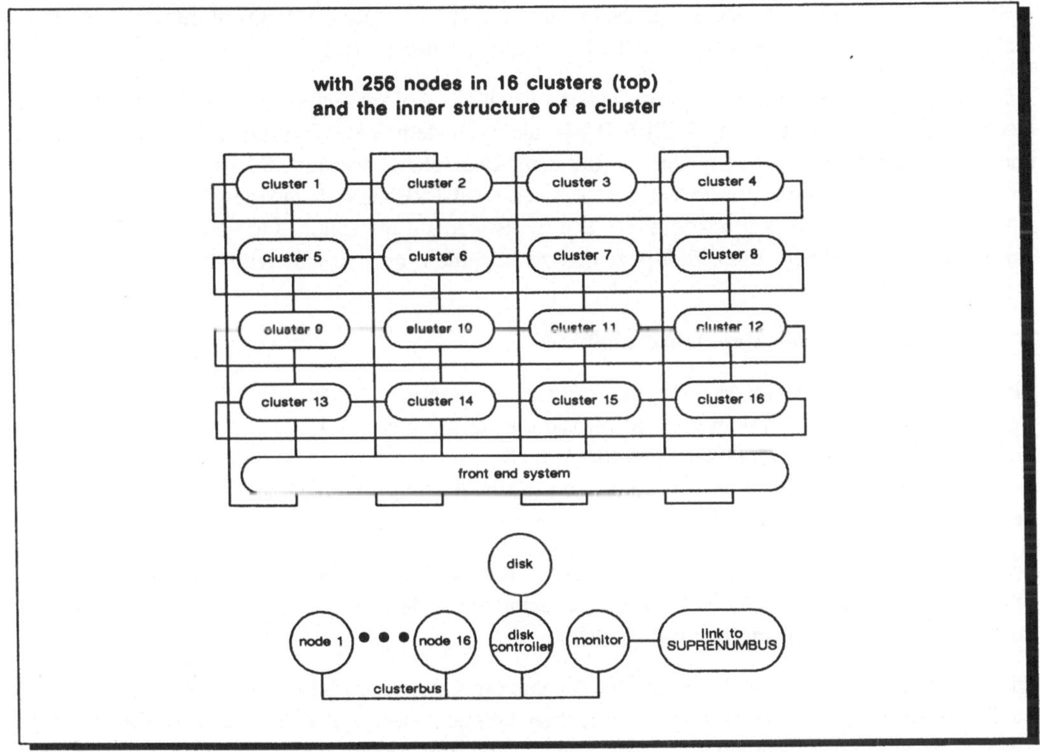

Abbildung 13:
Struktur des SUPRENUM-Prototyps

Die SUPRENUM-Architektur wurde im Rahmen des von Trottenberg initiierten Verbundprojekts von einer Forschergruppe der GMD unter der Leitung von Giloi entworfen und entwickelt. Das System ist ein MIMD-Rechner mit bis zu 256 Prozessoren mit lokalen Speichereinheiten und einer zweistufigen Verbindungstopologie. Jeder Rechenknoten besitzt neben dem zentralen Prozessor (Motorola 68020) und der für die schnelle Ausführung arithmetischer Operationen zuständigen Vektoreinheit u.a. einen eigenen lokalen Speicher und eine Kommunikationseinheit. Die Nominalrechenleistung jedes Knotens beträgt 10 MFLOPS, bei verketteten Operationen 20 MFLOPS, der lokale Speicher pro Knoten ist 8 MB groß. Jeweils 16 Knoten sind in ein Cluster angeordnet, zusammen mit einem Platten Controller-Knoten, einem Diagnose-Knoten und 2 Kommunikations-Knoten. An den Platten Controllerknoten sind bis zu 4 Platten mit je 1.2 GB

Speicherkapazität anschließbar. Alle Knoten sind durch den parallelen Clusterbus mit einer Bandbreite von 320 MB/s verbunden.

Die beiden Kommunikationsknoten stellen die Verbindung zwischen dem Clusterbus und den seriellen SUPRENUM–Bussen dar, welche die Cluster untereinander in einer Torus–Topologie verbinden. Die Bandbreite des SUPRENUM–Bus beträgt 200 Mb/s. Der Front–Endrechner (eine SUN–Workstation) ist in das SUPRENUM–Bus–System integriert.

Während der SuperCluster bereits über gewisse Anfangserfolge verfügt, steht diese Bewährungsprobe sowohl dem SUPRENUM– als auch dem TX3–Rechner noch bevor. Die zu überwindenden Schwierigkeiten können gar nicht überschätzt werden. So ist das gesamte Jahr 1990 ins Land gegangen, um die bei der GMD erste SUPRENUM–Kundenauslieferung in ersten Ansätzen in den Griff zu bekommen. Die iP–Systems–Entwickler andererseits müssen das ehrgeizige Ziel, mit dem Intel i860 jetzt neu zu beginnen, erst einmal realisieren.

3. Die Entwicklung bis zum Jahre 2000

Bis etwa zur Jahrtausendwende ist damit zu rechnen, daß die jetzt dominierende Vektor–Pipeline–Architektur in der MP–Version weiterhin den Markt beherrscht, auch wenn mit Sicherheit bis dahin andere Architekturen hinzukommen werden. Die sich abzeichnenden Entwicklungen für die 'Formel–1–Klasse' von Höchstleistungsrechnern sind mehr oder weniger bekannt (siehe [8]):

Ob die mehrmals verschobene CRAY 3 im Jahre 1991 endlich angekündigt werden wird, ist noch immer ungewiß. Diese Ankündigung würde beinhalten, daß die CRAY 3 mit 16 Prozessoren etwa die achtfache Leistung der CRAY 2 hat.

Die Nachfolgeserie der CRAY–YMP, die sogenannte C90–Serie, wird wahrscheinlich 1993 mit 16 Prozessoren und der etwa anderthalbfachen Leistung der CRAY 3 in den Markt kommen. 1993 wird auch damit gerechnet, daß Steve Chen mit seiner SSI Company den von IBM gesponserten Supercomputer in den Markt bringen wird. Die Fachwelt verspricht sich einen neuen Schub durch diese Entwicklung des ehemaligen CRAY XMP–Designers. Man kann davon ausgehen, daß Chen mit einem auf VHSIC–Technik basierenden bis zu 32 oder auch 64 Prozessoren verfügenden MP–System kommen wird. Die Spitzenleistung dürfte oberhalb von 100 GFLOPS liegen.

1994 sollte auch mit Ankündigung der CRAY 4 mit 64 Prozessoren und der etwa 8fachen Leistung der CRAY 3 gerechnet werden, also mit 128 GFLOPS theoretischer Spitzenleistung.

Kürzlich wurde von Cray Research (siehe [9]) vorhergesagt, daß man Mitte der 90er Jahre über Supercomputer des oberen Endes mit 64 Prozessoren, am Ende der Dekade über solche mit 256 Prozessoren verfügen wird. Diese Systeme werden skalierbar sein. Jeder einzelne Prozessor wird über eine ('sustained') Vektor Leistung nahe 8 GFLOPS im Jahre 2000 verfügen, große parallelisierbare und vektorisierbare Probleme werden zu diesem Zeitpunkt mit 1 TERAFLOPS in solchen Gesamtsystemen bearbeitet werden können.

Geplante erste Kunden- auslieferung	CRAY 3	C 90	CRAY 4
	1991 (?)	1993 (?)	1994 (?)
Architektur	Vector MP (16 Prozessoren)	Vector MP (16 Prozessoren)	Vector MP (64 Prozessoren)
Zyklus Zeit (ns)	2	4	1
Peak Rate (GFLOPS)	16	24	128
Hauptspeicher (GB)	4	4	32
Technologie	ECL/GaAs	ECL	ECL/GaAs
Programmier- sprachen	FORTRAN + andere	FORTRAN + andere	FORTRAN + andere

Abbildung 14:
Zukünftige Supercomputer – Multi-Vektorrechner von Cray

Die japanischen Hersteller NEC, Fujitsu und Hitachi werden jeweils mit Antworten auf all diese Cray-Ankündigungen im Markt vertreten sein.

Insgesamt wird man also bis zur Jahrtausendwende mit einem hervorragenden Angebot an Vektor-Pipeline-Prozessoren auf MP-Basis rechnen können und bis dahin auch über ausgereifte Werkzeuge zum effizienten Einsatz dieser Systeme zur Parallelverarbeitung verfügen. Der Nachteil der Multiprozessorsysteme mit gemeinsamem Speicher ist nicht zuletzt auch der große Kostenaufwand für den Speicher und das Verbindungsnetzwerk zwischen dem Speicher und den Prozessoren. Die Größe und die mit ihr verbundenen Signallaufzeiten dieses notwendigen Verbindungsnetzwerkes begrenzen aber die erreichbare Leistung von Multiprozessorsystemen. Die Grenzen der Multi-Vektorrechner zeigen sich neben den Argumenten, die in Abschnitt 1 gebracht wurden, auch an dieser Stelle.

Was kommt aber nach den Multi-Vektorrechnern? Die Fachleute geben den Parallelrechnern mit verteiltem Speicherkonzept, wie bereits ausgeführt, große Zukunftschancen. Mit einem Markterfolg auf breiter Basis ist meines Erachtens in den 90iger Jahren nicht zu rechnen. Die 90iger Jahre müssen jedoch genutzt werden, um Erfahrung mit Parallelrechnern auf der Basis des lokalen Speicherkonzepts zu gewinnen.

Diese Erfahrungen beziehen sich in erster Linie auf das Gebiet paralleler Algorithmen wie auf die Untersuchung paralleler Programmiersprachen und die Entwicklung von Werkzeugen zur automatischen bzw. semi–automatischen Parallelisierung komplexer Probleme.

Ohne Zweifel sind in allernächster Zeit preisgünstige, leistungsstarke und zuverlässig arbeitende Hardwaresysteme auf dem Markt, die zuallererst in die Universitäten und Forschungsinstituten wandern sollten, um notwendige praktische Erfahrungen machen zu können. Auch sollten hier die wichtigsten Softwarepakete für wissenschaftlich–technische Anwendungen auf diese Parallelrechner in Kooperation umgestellt werden. Denn das Interesse der "großen" Softwareanbieter liegt klar darin, ihre Produkte nur auf weit verbreitete Systeme selbst umzustellen. Der wirtschaftliche Erfolg eines Parallelrechners hängt aber nicht zuletzt von den zur Verfügung stehenden Anwendungspaketen ab. Parallelrechner-Hersteller befinden sich so in einem Teufelskreis, aus dem sie ohne fremde Hilfe (sprich Kooperationen mit wissenschaftlichen Einrichtungen) nicht herauskommen.

Das Hauptproblem bei Parallelrechnern mit verteiltem Speicherkonzept liegt in der Programmierung dieser Systeme. 'Normale' Anwender sind bei weitem überfordert und auch nicht bereit, die erforderlichen Intimkenntnisse der betreffenden Hardware-Architektur zu erwerben. Falls hier nicht neue, durch das Betriebssystem unterstützte, Mechanismen, bereit gestellt werden, wird die breite Verwendung dieser Systeme scheitern. Diese Systeme werden erst dann sich durchsetzen können, wenn dem Nutzer der Nachteil des lokalen Speicherkonzepts verborgen werden kann. Mit der wesentlichste Mechanismus hierzu ist eine Art virtuelles Speicherkonzept (vgl. [10]), das ähnlich dem virtuellen Speicher konventioneller Rechner ist. Die lokalen Einzelspeicher werden dann über eine Adreßumsetzung zu einem gemeinsamen Speicher logisch zusammengebunden und der Anwender wird von der Notwendigkeit der Aufteilung seiner Datenstrukturen auf die verschiedenen Knoten entbunden. Auf diese Weise kann man sich auch der Erfahrungen bedienen, die man bei den 'großen Brüdern', den Multivektorrechnern mit der Parallelisierung (globales Speicherkonzept) gemacht hat und noch machen wird. Diese Technik des virtuellen Speicherkonzepts für die Parallelrechner mit verteiltem Speicher verspricht ein fast unbegrenztes Leistungswachstum bei einer linearen Beziehung zwischen Kosten und Leistung, einer Nutzung ähnlich der heutigen Supercomputer mit autovektorisierenden und autoparallelisierenden Compilern und globalem Speicherkonzept.

Es wird jedoch noch eine gewisse Zeitspanne vergehen, bis die Multimikro-Prozessorsysteme mit einem gemeinsamen virtuellen Speicher den Markt erobern werden, da hier noch eine ganze Reihe von Hürden bei der Implementierung dieses Speicherkonzepts zu nehmen sind. Hier wird es mindestens bis zur Mitte der 90iger Jahre dauern, bis sich erste Erfolge einstellen. Für eine Übergangsphase sollte man auch Konzepte wie die Alliant FX/2800 (siehe [11]), beachten, die auf der einen Seite sich der kostengünstigen und äußerst leistungsstarken Mikroprozessor-technologie (in diesem Fall Intel i860) bedienen, auf der anderen Seite aber am Shared Memory Concept festhalten und so die Zukunft der Parallelrechner mit virtuellem Shared Memory Concept antizipieren.

Den Parallelrechnern mit verteiltem Speicherkonzept wird die Zukunft gehören, daran gibt es keinen Zweifel. Bis es jedoch soweit ist, werden die Multi-Vektorrechner weiter den Markt beherrschen, insbesondere im Industrieeinsatz die 'Numbercrunching' Probleme bearbeiten. In den nächsten 10 Jahren werden wir eine ganze Menge Erfahrung mit den Parallelrechnern mit verteiltem Speicher sammeln. Insbesondere werden Mechanismen wie virtuelles Speicherkonzept hinzukommen, um den Anwendern den Nachteil des lokalen Speicherkonzepts zu verbergen. In der zweiten Hälfte der 90er Jahre werden wir aus dem Experimentierstadium bei diesen Parallelrechnern sein, wir beginnen sie zu beherrschen und sie werden dann die Multi-Vektorrechner als Supercomputer ablösen.

Literatur

[1]   W. Bez: The NEC SX-3 Supercomputer System, PIK 4/90, S. 205 - 211, K.G. Saur Verlag

[2]   H. Gietl, H. Schmidt-Voigt, W. Kratzer: Siemens Multiprocessors, PIK 3/90, S. 124 - 129, K.G. Saur Verlag

[3]   F. Hertweck: Vektor- und Parallel-Rechner: Vergangenheit, Gegenwart, Zukunft, it 31 (1989) 1, S. 4 - 22, Oldenbourg Verlag

[4]   P. Schuller: Die Intel iPSC Systemfamilie, Informatik-Fachberichte 250, (1990), S. 114-124, Springer Verlag

[5]   F.-D. Kübler: Architektur und Anwendungsprofil der SuperCluster-Serie hochparalleler Transputerrechner Informatik-Fachberichte 250, (1990), S. 100 - 113, Springer Verlag

[6]   K. Solchenbach, B. Thomas, U. Trottenberg: Das SUPRENUM-System, Informatik-Fachberichte 250, (1990), S. 125 - 138, Springer Verlag

[7]   W. Wöst, U. Block: Die Parallelarchitekturen des TX3, Informatik-Fachberichte 250, (1990), S. 139 - 147, Springer Verlag

[8]   H. W. Meuer: Parallelrechner - bringen die 90er Jahre den Durchbruch? , PIK 1/90, S. 3 - 5, K.G. Saur Verlag

[9]   J.E. Smith, W.C. Hsu C. Hsiung: Future General Purpose Supercomputer Architectures , Proceedings 'Supercomputing'90', IEEE-Computer Society Press, p. 796 - 804

[10] C.A. Thole: Programmierung von Rechnern mit verteiltem Speicher, PIK 1/90, S. 12 - 19, K.G. Saur Verlag

[11] K. Kuse: Standards und Supercomputing - die FX/2800, PIK 3/90, S. 130 - 138, K.G. Saur Verlag

Erfahrungen mit IBM Parallel FORTRAN

M. Krämer

Gesellschaft für Schwerionenforschung
Planckstr. 1
D-6100 Darmstadt

Zusammenfassung

Der vorliegende Beitrag berichtet über Erfahrungen mit Parallel FORTRAN, die im Rahmen eines
Joint Study Projektes mit IBM gewonnen wurden [1]. Es sollte die Brauchbarkeit der Konzepte sowie
die Performance in einer technisch-wissenschaftlichen Umgebung untersucht werden. Es wurden
im wesentlichen zwei Programmpakete, die als GSI-typisch galten, parallelisiert und vektorisiert.
Mit einem Monte-Carlo-Code wurden die Konzepte des expliziten Multitasking getestet. Beim
zweiten Beispiel ging es um Parallelisierung auf DO-Schleifen-Ebene. Beide konnten mit gutem
Erfolg parallelisiert werden, allerdings war nicht unerhebliche Eigenleistung vonnöten.

1 Einleitung

1.1 Experimente bei GSI

Die Gesellschaft für Schwerionenforschung (GSI) ist eine vom Bund und vom Land Hessen finanzierte
Großforschungseinrichtung. Sie verfügt seit 1975 über einen Linearbeschleuniger (UNILAC) für
schwere Ionen von Kohlenstoff bis Uran mit Energien bis zu 20 MeV pro Nukleon, entsprechend etwa
20% der Lichtgeschwindigkeit. Seit April 1990 ist das Schwerionensynchrotron SIS in Betrieb, das die
vom UNILAC gelieferten Ionen mit hoher Intensität auf Energien bis zu 1-2 GeV pro Nukleon, etwa
90% der Lichtgeschwindigkeit, weiterbeschleunigt. Das Spektrum der durchgeführten Experimente
reicht von der Grundlagenforschung im Bereich der Kernphysik und der Kernreaktionen, z.B. der
Produktion überschwerer Elemente, über Atomphysik mit schweren Ionen bis zur Strahlenbiologie
und zu Anwendungen, etwa der Materialbearbeitung mit Schwerionenstrahlen.

1.2 Die Rechnerkonfiguration des GSI Rechenzentrums

Die Rechenkapazität der GSI stützt sich neben einem VAX-Cluster zur Online-Datenverarbeitung
vor allem auf die zentrale IBM-3090. Bis Ende 1989 war ein Modell 40E mit 4 CPUs und 4 Vektorein-
richtungen unter MVS/XA in Betrieb. Auf dieser Konfiguration wurden die meisten der im folgenden
gezeigten Ergebnisse erzielt. Seit Anfang 1990 steht eine 3090-60J unter MVS/ESA mit 6 Vektor-
einrichtungen zur Verfügung. Auch auf dieser Maschine wurden einige der Performance-Messungen
durchgeführt. Der Hauptspeicher (Shared Memory) ist zur Zeit auf 256 MByte Realspeicher sowie
512 MByte Erweiterungsspeicher ausgebaut. Es sind etwa 400 Terminals angeschlossen, inklusive
der Fernleitungen zu umliegenden Universitäten. Insgesamt sind etwa 700 Benutzer eingetragen,
von denen im typischen Tagesbetrieb ca. 100 gleichzeitig die Rechenanlage im TSO-Modus nutzen.

2 IBM Parallel FORTRAN

2.1 Spracherweiterungen

Parallel FORTRAN [2] ist ein experimenteller Compiler, basierend auf VS-FORTRAN Version 2.1. In diesem Abschnitt sollen die Parallelisierungsmöglichkeiten mit Parallel FORTRAN vorgestellt werden. Sie lassen sich in zwei Klassen einteilen: "Inline"-Parallelisierung auf der Basis von DO-Schleifen oder lokalen Code-Blöcken und "Out-of-Line"-Parallelisierung auf der Basis von Unterprogrammen.

2.1.1 Inline-Parallelisierung

Diese findet innerhalb eines einzelnen Haupt- oder Unterprogrammes statt, vorausgesetzt natürlich, es bestehen keine Datenabhängigkeiten. Auf der Basis von DO-Schleifen kann der Compiler die Parallelisierung selbständig durchführen, in Analogie zur Vektorisierung. Wie bei dieser kann man dem Compiler durch zusätzliche Direktiven auf die Sprünge helfen:

```
@PROCESS DIRECTIVE('@DIR') PARA(AUTO)
C@DIR PREFER PARALLEL
      DO label I = 1,N
         ...
label CONTINUE
```

Das Laufzeitsystem sorgt für die gleichzeitige Ausführung verschiedener Schleifeniterationen auf mehreren CPUs. Diese Vorgehensweise hat Vorteile:

- Sie ist wenig arbeitsintensiv, in günstigen Fällen genügt Neucompilierung mit entsprechender Compileroption.

- Falls man doch eingreifen muß, kommt man mit dem Einsetzen von Direktiven relativ billig davon. Solche Änderungen sind zudem leicht reversibel, da Direktiven zu Kommentaren werden wenn man die @PROCESS-Zeile entfernt.

- Man kann nicht sehr viel falsch machen, da die subtilen Fehlerquellen des Multitasking entfallen bzw. vom Laufzeitsystem absorbiert werden. Schlimmstenfalls ist eine Schleife nicht parallelisierbar, etwa im Falle von Datenabhängigkeiten.

- Die Programme bleiben auf andere Rechner portierbar und sequentiell ausführbar.

Sie hat aber auch Nachteile:

- Man ist auf DO-Schleifen beschränkt.

- Parallelisierungfähige DO-Schleifen dürfen keine CALLs zu Benutzerroutinen sowie zu Routinen der Parallel FORTRAN Bibliothek enthalten.

Vor allem die die letzte Einschränkung ist in der Praxis oft sehr schmerzhaft und verhindert die einfache Parallelisierung vieler "typischer" Probleme.

Parallel FORTRAN erlaubt weiterhin den Einsatz spezieller Spracherweiterungen zur Parallelisierung innerhalb eines Programmes, so z.B. explizit parallele Schleifen:

```
      PARALLEL LOOP label I = 1,N
      ...
label CONTINUE
```

Diese bieten erweiterte Möglichkeiten gegenüber der automatisch parallelisierten DO-Schleife:

- PRIVATE Variablen,

- Epilog- und Prolog-Code, optional serialisiert,

- Vorzeitiger Ausstieg aus Schleifeniterationen.

Auch Programmteile, die nicht auf DO-Schleifen basieren, lassen sich parallelisieren:

```
      PARALLEL CASES
      CASE 1
        ...
      CASE 2
        ...
      END CASES
```

Hierbei werden die einzelnen CASEs parallel zueinander ausgeführt. Im Rahmen des Projektes wurde jedoch kein Anwendungsbeispiel untersucht, so daß auf dieses Konstrukt nicht weiter eingegangen werden soll.

Für alle expliziten PARALLEL Konstrukte gilt dieselbe Einschränkung wie für die parallelen DO-Schleifen: sie dürfen keine CALLs enthalten. Ein zusätzlicher Nachteil besteht in der geringen Portabilität. Compiler auf anderen Parallelrechnern werden ein Programm mit PARALLEL Konstrukten mit Sicherheit nicht verstehen [3].

2.1.2 Out-of-Line-Parallelisierung

Diese funktioniert ähnlich wie das "konventionelle" Multitasking etwa mit der Multitasking Facility MTF [4] oder in der Sprache PL/I [5]. Basis der Parallelisierung sind gewöhnliche Subroutines, die mit Hilfe spezieller Sprachkonstrukte aktiviert (SCHEDULE/DISPATCH) und synchronisiert (WAIT) werden. Ein typisches Programmskelett sieht etwa so aus:

```
      INTEGER*4 taskid
      ...
      ORIGINATE ANY TASK taskid                 ! 1 Task generieren
      ...
      SCHEDULE | DISPATCH [ ANY ] TASK taskid ! Task starten,
    #    CALLING subroutine( parameters )       ! mit dieser Subroutine
    #    SHARING( ... COMMON blocks ... )        ! Shared COMMONs spezifizieren
    #    COPYING( ... COMMON blocks ... )        ! Diese COMMONs werden kopiert
      ...
      WAIT FOR [ ANY ] TASK taskid              ! Hier warten bis Task fertig
      ...
      TERMINATE TASK taskid                     ! Task entfernen
      STOP
```

Time	CPU	Task Item	Event	Source Statement
0003	1 0	S0000.W0000	PPORIG	PARALLEL PROGRAM PROC 04 XA
0043	3 4	S0000.W0000	MYINIT:	FROM MATMUL.0041
0043	3 4	S0000.W0000	PDFORK	FROM MATMUL.0041 PARM 00 04 0016 1 0256
0043	3 4	S0000.W0000	PDFORK	FROM MATMUL.0041 TASK S0000.X0001
0043	3 3	S0000.W0000	PDFORK	FROM MATMUL.0041 TASK S0000.X0002
0043	3 2	S0000.W0000	PDFORK	FROM MATMUL.0041 TASK S0000.X0003
0043	3 1	S0000.W0000	PDFORK	FROM MATMUL.0041 TASK S0000.X0004
0043	3 1	S0000.X0004	PDINIT	FROM MATMUL.0041
0046	3 2	S0000.X0003	PDINIT	FROM MATMUL.0041
0067	4 3	S0000.X0002	PDINIT	FROM MATMUL.0041
0093	3 4	S0000.X0001	PDINIT	FROM MATMUL.0041
0096	1 3	S0000.X0002	PDTERM	FROM MATMUL.0049 MORE W0000
0098	1 1	S0000.X0004	PDTERM	FROM MATMUL.0049 MORE W0000
0101	3 2	S0000.X0003	PDTERM	FROM MATMUL.0049 MORE W0000
0104	4 4	S0000.X0001	PDTERM	FROM MATMUL.0049 POST W0000
0104	4 4	S0000.W0000	PDJOIN	FROM MATMUL.0049 WAIT
0104	4 4	S0000.W0000	PDJOIN	FROM MATMUL.0049 DONE
0104	4 4	S0000.W0000	MYTERM:	FROM MATMUL.0055 60 67 4.1
0107	3 4	S0000.W0000	PPTERM	PARALLEL PROGRAM

Tabelle 1: Kontrollausgabe des Parallel Trace für eine parallele DO-Schleife.

Die Out-of-Line-Parallelisierung erlaubt eine viel weitergehende Kontrolle als die Inline-Parallelisierung. Allerdings ist man auch für nahezu alles selbst verantwortlich. Das Aufteilen eines gegebenen Programmes in parallelisierbare Unterprogramme sowie das Aktivieren und Synchronisieren von Tasks muß der Programmierer selbst vornehmen. Weitaus kritischer jedoch ist die Selbstverantwortung für eventuelle Datenabhängigkeiten und die Vermeidung von Datenzugriffskonflikten in gemeinsam genutztem Speicher.

Eine weitere Eigentümlichkeit ist zu beachten: Parallel FORTRAN erzeugt keine wiedereintrittsfähigen Programme, d.h. Code und interne Datenbereiche paralleler Subroutines werden für jede Task dupliziert. Dies treibt zum einen den Speicherbedarf in die Höhe, zum andern können gewisse Programmiermethoden, z.B. das Aufakkumulieren interner Variabler, nicht mehr in der gewohnten sorglosen Weise benutzt werden.

2.1.3 Parallel Trace

Parallel FORTRAN führt zur Laufzeit ein Protokoll über alle Vorgänge, die in irgendeiner Weise mit der Parallelverarbeitung zu tun haben. Tabelle 1 zeigt ein Beispiel für eine parallele DO-Schleife. Die äußerst linke Spalte enthält eine Zeitmarke (Realzeit), die Laufzeitmessungen erlaubt. Die benachbarte Spalte zeigt die Nummern der realen sowie der "logischen" CPU (auch FORTRAN-Prozessor genannt) auf der das Programm zum angegebenen Zeitpunkt gerechnet hat. Es wird Buch geführt über die "Elter"-Task (S0000.W0000) sowie die aktivierten Subtasks (S0000.X000n). Ferner werden der Typ des Multitasking-Ereignisses (Event) ausgegeben, z.B. entspricht PDFORK dem Aufsetzen der Subtasks für das Abarbeiten einer parallelen Schleife, in diesem Fall mit Laufindex von 1 bis 256, in Gruppen zu je 16 auf 4 Tasks verteilt. PDINIT und PDTERM bezeichnen das Starten bzw. Terminieren der Rechenarbeit der Subtasks. Man kann über eine Interface-Routine auch eigene Events in das Protokoll einschleusen (MYINIT:, MYTERM:). Recht nützlich ist die

Parallel Lock Routines
CALL PLORIG(lockid)
CALL PLTERM(lockid)
CALL PLLOCK(lockid[,stor1[,stor2]...])
CALL PLFREE(lockid[,stor1[,stor2]...])

Parallel Event Routines
CALL PEORIG(evtid)
CALL PETERM(evtid)
CALL PEINIT(evtid,postcnt,waitcnt,evttyp)
CALL PEWAIT(evtid)
CALL PEPOST(evtid)

Parallel Trace and Miscellaneous Routines
CALL PTPARM('{HT|RT|LEVEL(options)}[,{HT|RT|LEVEL(options)}]')
CALL PTWRIT(level,name,text)
i = NPROCS() | CALL NPROCS(i)

Parallel FORTRAN Compile Time Options and Compiler Directives
PARALLEL([AUTOMATIC|NOAUTOMATIC]
[LANGUAGE |NOLANGUAGE]
[REPORT[(options)]|NOREPORT])|PARALLEL|NOPARALLEL
{C|*|"}trigger-string
PREFER [SCALAR|VECTOR]
[SERIAL|PARALLEL]
[PROCS(n)] [MINPROCS(n)] [MAXPROCS(n)]
[CHUNK(n)] [MINCHUNK(n)] [MAXCHUNK(n)]

Parallel FORTRAN Execution Time Options
PARALLEL[(([{PROCS(n) | TRACE[(suboptions)]}]
[,{PROCS(n) | TRACE[(suboptions)]}]...)]|NOPARALLEL

Tabelle 2: Parallel FORTRAN Bibliotheksroutinen und Compileroptionen.

Angabe des Programmnamens und der Nummer der Anweisung, in der das betrachtete Ereignis stattfindet.

2.1.4 Compilerbibliothek und -optionen

Tabelle 2 zeigt eine Zusammenfassung der zusätzlichen Bibliotheksroutinen und Compileroptionen. Die Laufzeitbibliothek wurde gegenüber dem konventionellen VS-FORTRAN um etliche Routinen zur Handhabung von parallelen Locks (PLxxxx) und Semaphoren (PExxxx) erweitert. Hinzu kommen Routinen zum Steuern des Parallel Trace (PTxxxx) sowie zum Abfragen der maximalen Anzahl von logischen CPUs (NPROCS).

Der Compiler hat zusätzliche Optionen erhalten zum An- und Abschalten der automatischen Parallelisierung sowie zur Erkennung oder auch Nicht-Erkennung der Spracherweiterungen (Portabilitätsprüfung !). Ferner lassen sich mit der PREFER-Direktive Feinheiten der Schleifenparallelisierung steuern. Die zu benutzende Anzahl von CPUs muß nirgends in einem Parallel FORTRAN Programm angegeben werden. Erst zur Laufzeit muß man mit der PROCS(n) Option Farbe bekennen. Diese Option wird - unter MVS - mit der EXEC-Jobkarte angegeben. Für eine detaillierte Beschreibung sei auf das Handbuch der IBM [2] verwiesen.

PARALLEL LOOP	
Parallel DO loop	300
ORIGINATE	92000
1 MByte Task code	170000
TERMINATE	31000
SCHEDULE CALLING()	
1 proc.	150
4 proc.	600
DISPATCH CALLING()	
1 proc.	
1 .. NPROC()	850
> NPROC()	300
4 proc.	
1 .. NPROC()	1900
> NPROC()	900
COPYING 1 MByte	260000
CALL PLORIG()	260
CALL PLTERM()	40
CALL PLLOCK()	50
1 line Trace output	300

Tabelle 3: Aufwand einiger Parallelkonstrukte in Einheiten von Floatingpoint-Operationen.

2.1.5 Performance einiger Konstrukte

Tabelle 3 zeigt, daß für die Parallelisierung unter Parallel FORTRAN ein Preis bezahlt werden muß.
Gemessen wurde die benötigte CPU-Zeit für diverse häufig auftauchende Konstrukte und zwar in
Einheiten von skalaren Floatingpoint-Operationen der Art:

```
SUM = SUM + ( X - Y ) * X / Y
```

Dieses Statement wird auf einer 3090-40E mit ca. 9 MFlops ausgeführt. Durch die Normierung
auf die Floatingpoint-Leistung kürzt sich einerseits die Zykluszeit heraus, so daß die Meßergebnisse auch einen Modellwechsel überleben sollten. Andererseits kann man als Programmierer sofort
abschätzen, ob der Floatingpoint-Gehalt zu parallelisierender Programme in vernünftigem Verhältnis
zum Overhead des Multitasking steht. Aus Tabelle 3 geht hervor, daß ein Mindestaufwand von einigen hundert Gleitkommaoperationen für das Starten paralleler Tasks nötig ist. Dies gilt sowohl für
parallele Schleifen als auch für explizite Tasks. Man sollte also nur Programme mit etlichen tausend
Gleitkommaoperationen pro Task parallelisieren. Außerdem gibt es ein paar sehr teure Konstrukte,
so etwa das Erzeugen und Vernichten von Tasks (ORIGINATE/TERMINATE), das man tunlichst
nur einmal im Hauptprogramm vornehmen sollte. Auch reine Kopieroperationen, etwa beim COPY-
ING von COMMON-Blöcken oder beim Duplizieren von Task-Code sind überraschend kostspielig,
obwohl sie offenbar mit den schnellsten Maschineninstruktionen (MVCL oder MVC) bewerkstelligt
werden.

2.2 Einfache Programmbeispiele

Als Beispiel für die in Abschnitt 2.1 beschriebenen Parallelisierungsmöglichkeiten kann die Matrix-multiplikation dienen. Die Inline-Version würde etwa so aussehen:

```
@PROCESS DIRECTIVE('@DIR') VECTOR(LEV(2)) PARA(AUTO)
        ...
        PARAMETER( N1 = 256, N2 = 256, N3 = 256 )
        COMMON /AC/ A(N1,N2), B(N2,N3), C(N1,N3)
        REAL*8 A, B, C, T
        ...
C@DIR PREFER PARALLEL
PARA +----- DO 80 K = 1, N3
VECT |+----    DO 70 I = 1, N1
     ||            T = 0D0
SCAL ||+---        DO 60 J = 1, N2
     |||___            T = T + ( B(J,K) * A(I,J) )
     ||____        C(I,K) = T
     |_____
```

Der Compiler parallelisiert die äußere Schleife, um das Verhältnis von Overhead zu nützlicher Arbeit möglichst klein zu halten. Eine der inneren Schleifen wird vektorisiert, die andere bleibt skalar. Diese Schachtelung ist am vernünftigsten, sie kann auch rein automatisch, also ohne Intervention mit Direktiven erreicht werden.

Die Out-of-line-Version ist erheblich komplizierter:

```
        PARAMETER( N1 = 256, N2 = 256, N3 = 256 )
        COMMON /AC/ A(N1,N2), B(N2,N3), C(N1,N3)
        REAL*8 A, B, C, T
        INTEGER*4 ITASK(N3), ID(N3), KK(N3)
        ...
        DO 55 I = 1, MIN( NPROCS(), N3 )
55          ORIGINATE ANY TASK ITASK(I)

        DO 80 K = 1, N3
            KK(K) = K
80          DISPATCH ANY TASK ID(K), SHARING(AC), CALLING MLT(KK(K))
C>ERROR  DISPATCH ANY TASK ID(K), SHARING(AC), CALLING MLT(   K   )
        ...
        WAIT FOR ALL TASKS
        ...
        DO 55 I = 1, MIN( NPROCS(), N3 )
55          TERMINATE     TASK ITASK(I)


        SUBROUTINE MLT(K)
        ...
        PARAMETER( N1 = 256, N2 = 256, N3 = 256 )
        COMMON /AC/ A(N1,N2), B(N2,N3), C(N1,N3)
        REAL*8 A, B, C, T
        ...
```

Task 1		Shared Memory		Task 2	
Instr.	Reg. A_1	Mem. A	Mem. B	Reg. A_2	Instr.
Load A	20	20	1		
Add B	21	20	1	20	Load A
Store A	21	21		21	Add B
		21		21	Store A

Tabelle 4: Symbolische Maschineninstruktionen beim Ausführen von A=A+B.

```
     DO 70 I = 1, N1
        T = 0.0D0
        DO 60 J = 1, N2
60         T = T + ( B(J,K) * A(I,J) )
70      C(I,K) = T
     RETURN
```

Zunächst müssen per ORIGINATE Tasks erzeugt werden, und zwar mindestens soviele, wie logische CPUs angefordert wurden. Man parallelisiert die äußerste Schleife, indem ihr Inhalt in ein Unterprogramm MLT verlegt wird. Dieses wird sooft aufgerufen wie die Matrix Spalten hat. Deren Zahl (N3) kann wesentlich größer sein als die Zahl der erzeugten Tasks. DISPATCH besorgt die Zuteilung anstehender Arbeit zu freien Tasks. Das Schlüsselwort SHARING sorgt dafür, daß auf alle beteiligten Matrizen vom Hauptprogramm und den parallelen Tasks gemeinsam zugegriffen wird.

Ein sehr häufig vorkommender Programmierfehler ist in der Kommentarzeile unter der DISPATCH-Anweisung angedeutet: Niemals sollten Schleifenvariable direkt an parallele Unterprogramme übergeben werden. Deren Parameterlisten werden nämlich von allen Tasks gemeinsam benutzt. Schon der zweite Schleifendurchlauf mit K=2 kann parallel zum Abarbeiten des Unterprogrammes MLT stattfinden, so daß der für den ersten Aufruf von MLT gültige Wert K=1 zerstört wird. Stattdessen sollte man immer für jede Task private Zwischenkopien anlegen, etwa mit der Anweisung KK(K)=K.

Nach dem Aktivieren aller Tasks muß der Programmablauf mit einer WAIT-Anweisung wieder synchronisiert werden, außerdem sollte man, falls das Multitasking nicht mehr benötigt wird, mit TERMINATE hinter sich aufräumen.

Der Vergleich des Programmieraufwandes bei beiden Methoden zeigt, daß man, wo immer möglich, die Inline-Variante vorziehen sollte.

2.3 Zugriffskonflikte im Shared Memory

Anweisungen des Typs

```
     A = A + B
```

kommen ziemlich häufig vor, wobei die Variable A unter Umständen in einem COMMON-Block steht und damit im Prinzip von verschiedenen Programmen angesprochen werden kann. In sequentiellen Programmen ist daran nichts spannendes, in parallelen Programmen jedoch kann es zu Zugriffskonflikten kommen, wie Tabelle 4 zu verdeutlichen sucht. Angenommen, A habe den Wert 20 und soll um B=1 inkrementiert werden, und zwar von zwei Tasks gleichzeitig. Task 1 führt die Sequenz als erste aus, lädt A aus dem Speicher zum Rechnen in ein CPU-Register, führt die Addition aus und speichert den neuen Wert 21 in den Speicher zurück. Task 2 macht dasselbe, bekommt aber nicht mit, daß der Wert von A im Speicher gerade im Begriff ist, sich zu ändern. Im Endergebnis bekommt man A=21, obwohl man bei zweimaliger Inkrementierung A=22 erwarten sollte. Zur Lösung dieses sehr elementaren Problems gibt es in Parallel FORTRAN die Bibliotheksroutinen PLLOCK und PLFREE:

```
INTEGER*4 lockid          ! Allen Tasks gemeinsame Lock-ID
...
CALL PLORIG( lockid )     ! Lock in Haupttask erzeugen
...
CALL PLLOCK( lockid, A ) ! A verriegeln
A = A + B
CALL PLFREE( lockid, A ) ! A freigegeben
```

Damit wird der Zugriff auf die Speicherstelle A verriegelt, solange eine Task das Lock hält. Diese Methode garantiert die numerisch korrekte Durchführung der Inkrementierung. Leider hat sie zwei Nachteile:

1. Man muß die Verriegelung selbst durchführen, der Compiler kann naturgemäß einer Speicherstelle nicht ansehen, ob sie von mehreren Tasks gleichzeitig benutzt wird oder benutzt werden könnte.

2. Die Verwaltung der Locks scheint relativ aufwendig zu sein, auch wenn gar kein Zugriffskonflikt vorliegt. Der Minimalaufwand liegt bei 40 bis 50 Floatingpoint-Operationen. Im Falle einer einzigen Addition A=A+B beträgt also der Overhead einen Faktor 40 !

Es zeigte sich bei der Parallelisierung des Monte-Carlo-Programmes (Abschnitt 3), daß zumindest für das letztere Problem eine effektivere "Privatlösung" vonnöten war. Eine solche bietet die Ausnutzung des /370er Maschinenbefehls Compare-And-Swap (CS). Anstelle einer simplen Store-Instruktion eingesetzt, vergleicht der 3-Operanden-Befehl CS die Speicherstelle A mit dem alten, zum Rechnen benutzten Registerwert. Falls beide Werte gleich sind (und das ist der Normalfall), ist alles in Ordnung und der neue Registerwert wird abgespeichert wie beim gewöhnlichen Store. Falls sie ungleich sind, dann hat in der Zwischenzeit eine andere Task die Speicherstelle A geändert, ein Bedingungs-Code wird gesetzt und die Rechnung muß wiederholt werden. CS serialisiert den Speicherzugriff für die Dauer seiner Ausführung, so daß man es als eine Art Lock auf Hardware-Ebene ansehen kann. Leider gibt es zur Zeit keine Möglichkeit, den Compiler zur Benutzung des CS-Befehles anzuhalten, so daß ein von FORTRAN aufrufbares Assembler-Unterprogramm verwendet wurde. Damit läßt sich das Problem etwa so lösen:

```
CALL P$ADD( A, B )
```

Der Aufwand entspricht etwa 10 gewöhnlichen Instruktionen und hat sich in der Praxis als vernachlässigbar erwiesen.

3   Anwendungsbeispiel 1

Aufgrund seiner inhärenten Parallelität wurde als erstes Anwendungsprogramm eine Monte-Carlo-Simulation ausgewählt. Diese Art Rechnungen sind bei GSI gang und gäbe. Das Programm kommt

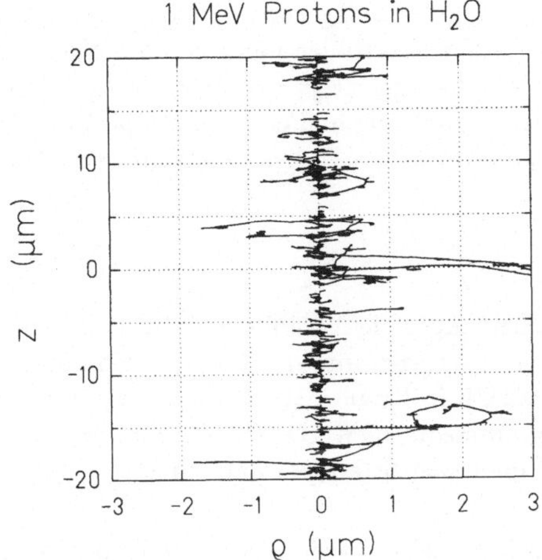

Abb. 1: Spuren von Protonen und sekundären δ-Elektronen in Wasser.

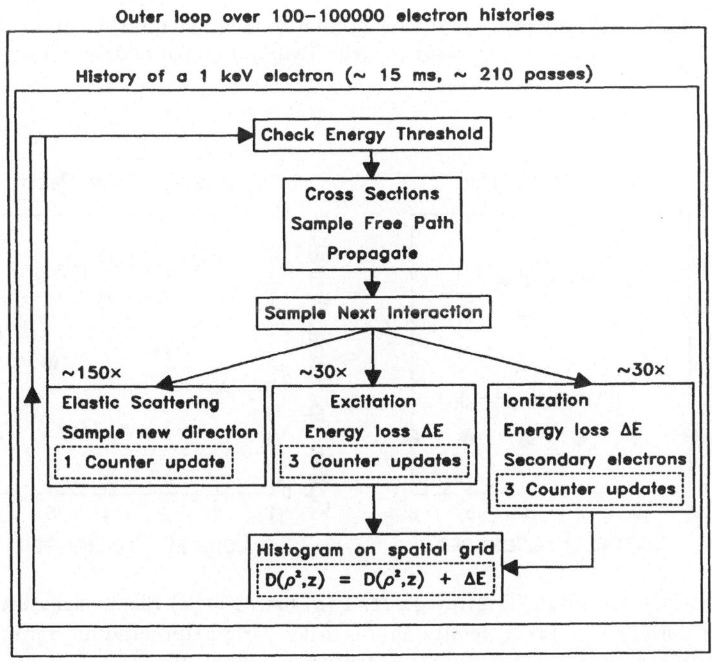

Abb. 2: Vereinfachter schematischer Ablauf der Monte-Carlo-Simulation.

aus dem Bereich der Biophysik und Strahlenbiologie und entstammt der Feder des Autors selbst. Es simuliert die Energiedeposition schneller Elektronen und Ionen in Materie mit einer Ortsauflösung von einigen μm (Zellkerngröße). Abbildung 1 zeigt z.B. die Spur von Protonen in Wasser. Dabei sind die Primärspuren voneinander unabhängig und damit prinzipiell der Parallelisierung und auch der Vektorisierung zugänglich. Der vereinfachte Programmablauf ist in Abbildung 2 dargestellt.

3.1 Parallelisierung

Parallelisiert wird die äußerste Schleife über die Anzahl der Primärteilchen (Ionen oder Elektronen). Da der Programmkern Aufrufe von Unterprogrammen enthält, kommt nur eine explizite Parallelisierung mit SCHEDULE oder DISPATCH in Frage. Kritisch sind vor allem die gestrichelt umrahmten Teile, in denen Zähler oder Histogramme in COMMON-Blöcken inkrementiert werden. Zur Behandlung solcher Programmteile kann man zwei Strategien anwenden:

1. Man ordnet per COPYING-Schlüsselwort jeder Task eine Kopie der COMMON-Blöcke zu, in die ungestört akkumuliert werden kann. Nach Beenden der einzelnen Tasks werden die Kopien vom Hauptprogramm eingesammelt und aufaddiert.

2. Man deklariert per SHARING-Schlüsselwort, daß alle Tasks gemeinsamen Zugriff auf die nur einmal vorhandenen Datenbereiche haben. Diese muß man dann durch Locks oder mit der Compare-And-Swap-Technik absichern.

Ferner muß man dafür Sorge tragen, daß die benötigten Zufallszahlen nicht parallel berechnet werden. Man erreicht das, indem der Generator für jede Task mit einem anderen Wert gestartet wird.

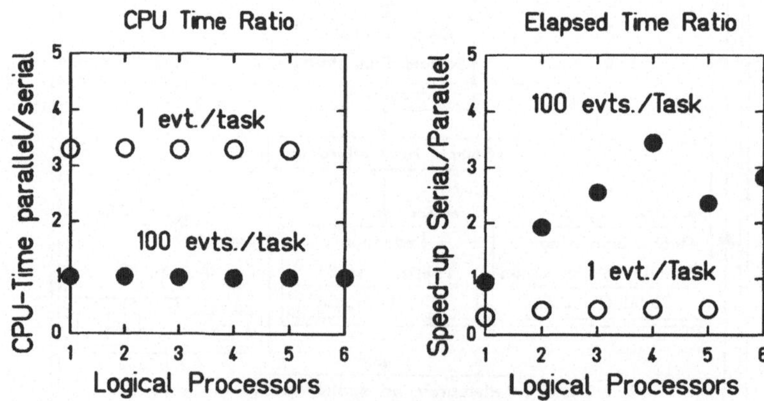

Abb. 3: Performance der COPYING-Strategie für 1 (o) bzw. 100 (•) Elektronenschicksale pro Task als Funktion der Anzahl von Tasks, relativ zum seriellen Originalprogramm. Links: Overhead in CPU-Zeit, rechts: Gewinn in Realzeit auf einer dedizierten 3090-40E.

Abbildung 3 zeigt die Ergebnisse von Zeitmessungen für die COPYING-Strategie auf der 3090-40E. In der naivsten Vorgehensweise wird jedes Elektronenschicksal von jeweils einer Task abgearbeitet. Das hat sich als nicht adäquat erwiesen, da der mit COPYING verbundene Overhead (15 ms pro

MByte pro Richtung) in derselben Größenordnung liegt. Deshalb steigt der CPU-Zeitbedarf auf das dreifache des seriellen Programmes und von Parallelität kann nicht die Rede sein. Man muß jede Task mindestens 100 Elektronenspuren rechnen lassen, um den Extraaufwand des COPYING zu amortisieren. Erst dann bekommt man einen linearen Anstieg des Beschleunigungsfaktors mit der Anzahl der Tasks. Der höchste erreichte Wert lag bei 3.6, also nahe dem auf einer Vier-Prozessor-Maschine maximal möglichen. Man sieht weiter, daß es bei der hier verwendeten groben Granularität sinnlos ist, mehr Tasks zu verwenden als reale CPUs vorhanden sind. Beispielsweise werden von fünf Tasks vier parallel bearbeitet und die fünfte danach seriell, was einen Beschleunigungsfaktor von lediglich 2.5 zur Folge hat.

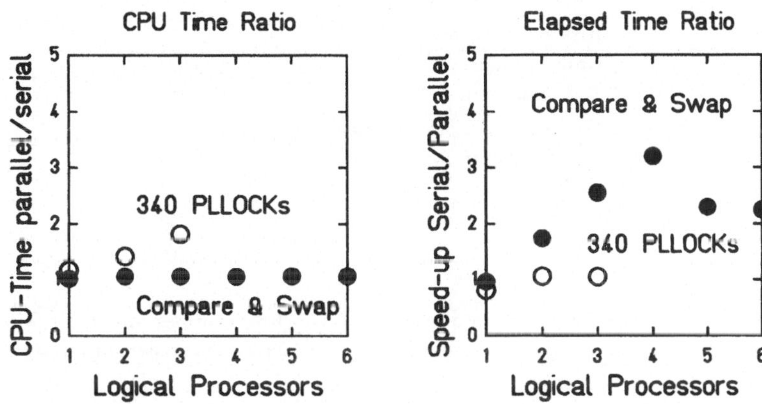

Abb. 4: Performance der SHARING-Strategie falls jede Inkrement-Operation mit PLLOCK/PLFREE (o) bzw. mit Compare-And-Swap (•) abgesichert wird, als Funktion der Anzahl von Tasks. Links: Overhead in CPU-Zeit, rechts: Gewinn in Realzeit auf einer dedizierten 3090-40E.

Abbildung 4 zeigt Meßergebnisse für die SHARING-Strategie. In der naivsten Vorgehensweise wird jedes Inkrement einer Variablen im Shared Memory mit einem PLLOCK/PLFREE-Paar abgesichert. Der Overhead in CPU-Zeit ist schon für eine einzelne Task nicht unerheblich ($\approx 10-20\%$) und steigt mit der Anzahl der beteiligten Tasks offenbar nichtlinear an. Dementsprechend enttäuschend fällt auch die Verringerung des Realzeitbedarfs aus. Verwendet man jedoch die Compare-And-Swap-Technik, so wird der Extraaufwand an CPU-Zeit vernachlässigbar und man erreicht die erwünschte Beschleunigung. Zusätzlich hat sich auch hier das Zusammenfassen einer Anzahl von Teilchenschicksalen pro Task als günstig, wenn auch nicht als entscheidend erwiesen.

3.2 Vektorisierung

Die Vektorisierung von Monte-Carlo-Problemen ist erheblich kniffliger als die Parallelisierung. Das liegt hauptsächlich an den nicht-regulären Datenstrukturen (i.a. Skalare, keine Matrizen, nur kurze Vektoren) und dem stark "zerfaserten" Programmablauf (viele IFs, Sprünge, Unterprogrammaufrufe). Trotzdem wurde die Gelegenheit genutzt, um zu untersuchen inwieweit eine vorhandene Vektor-Hardware für solche Probleme genutzt werden kann. Vektorisierung ist mit Parallel FORTRAN prinzipiell genauso wie mit dem konventionellen VS-FORTRAN möglich, wobei allerdings die neueren Versionen des letzteren einen besseren Code erzeugen. Um das Monte-Carlo-Programm zu vektorisieren wurden:

Anteil CPU-Zeit	Abschnitt	Vektor-Speedup
30%	Wechselwirkung berechnen	
	Grundarithmetik	4.5
	LOG	3.0
	Lineare Interpolation	3.0
25%	Richtungsvektor drehen	
	SQRT	3.2
	SIN,COS	2.8
	3-dim. Drehung	
13%	Richtung nach elastischer Streung	
	2-dim. Lineare Interpolation	2.0-3.0
10%	Histogrammierung	
	Kanal finden	3.0
	Akkumulieren	nicht vektorisierbar
8%	Energie und Richtung nach Ionisation	
	Lineare Interpolation	3.0
	TAN	2.0
	COS	2.8
	SQRT	3.2

Tabelle 5: Die zeitintensivsten Abschnitte des Monte-Carlo-Programmes mit ihren Grundoperationen. Die Vektor-Speedups gelten für Vektorlänge 512 und 100% Vektorisierungsgrad.

1. die Teilcheneigenschaften, also Energie, Ort, Richtung, etc., als Vektoren angelegt und alle Algorithmen in vektorisierter Form geschrieben,

2. IF-THEN-ELSE-Strukturen, besonders über komplizierten arithmetischen Ausdrücken und vor Unterprogrammaufrufen, durch Gather-Scatter-Operationen ersetzt,

3. wo immer möglich die Autovektorisierung des Compiler genutzt, evtl. mit Direktiven ermutigt,

4. FORTRAN-Unterprogramme in vektorisierter Version bereitgestellt (z.B. Koordinatendrehungen),

5. zur Erzielung maximaler Leistung Unterprogrammversionen in Vektor-Assembler erstellt (z.B. Interpolation).

In Tabelle 5 ist das "Profil" des Vektor-Codes, d.h. der relativen CPU-Zeitverbrauch in den verschiedenen Abschnitten des Codes wiedergegeben, aufgeschlüsselt nach den dominierenden Operationen. Mit den angegebenen Beschleunigungsfaktoren kann man erwarten, daß der Speedup des gesamten Programms etwa 3 betragen dürfte.

Abb. 5 zeigt die Speedup-Ergebnisse für gleichzeitige Parallelisierung und Vektorisierung bei konstanter Problemgröße. Der CPU-Zeitgewinn durch Vektorisierung liegt etwas unter dem erwarteten Wert und ist auf dem J-Modell etwas höher als auf dem E-Modell aufgrund der verbesserten Vektor-Hardware. Er nimmt mit zunehmender Anzahl der Tasks ab, weil die Problemgröße (und damit die mittlere Vektorlänge) pro Task abnimmt. Die Messung ergab weiter, daß $\approx$ 80% der Zeit in der Vektor-Hardware verbraucht werden. Unter Berücksichtigung des Amdahlschen Gesetzes erklärt

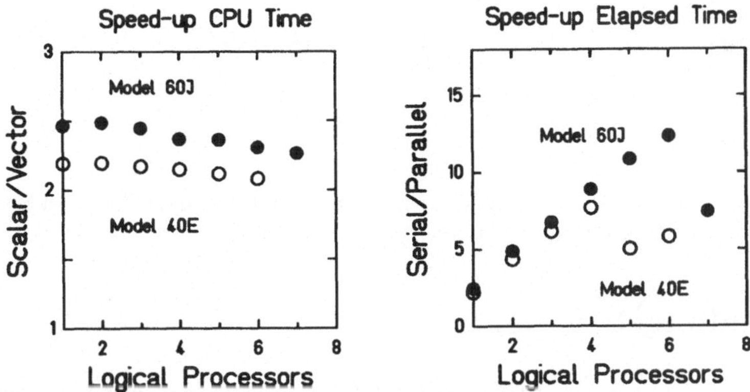

Abb. 5: Speedup bei gleichzeitiger Parallelisierung und Vektorisierung auf dedizierten 3090-Rechnern. Links: Gewinn (CPU-Zeit) durch Vektorisierung für die Modelle 40E (o) und 60J (•). Rechts: Gewinn (Realzeit) durch Vektorisierung und Parallelisierung.

sich damit der geringere Vektor-Speedup, da der Vektorisierungsgrad nicht 100% betrug. Der Gewinn durch Parallelisierung lag auch bei gleichzeitiger Vektorisierung nahe am theoretisch möglichen Wert. Allerdings stieg der Speicherbedarf stark an, da für das Abspeichern der Vektoren pro Task 2 MByte zusätzlich erforderlich waren.

3.3 Schlußfolgerung

Aufgrund der Arbeit an dem Simulations-Code lassen sich die Eindrücke wie folgt zusammenfassen. Positive Erfahrungen:

- Der für Monte-Carlo-Rechnungen erwartete Parallel-Speedup konnte ohne allzu große algorithmische Änderungen erreicht werden.

- COPYING und SHARING von COMMON-Blöcken sind möglich (und nötig).

- Parallelisierung und Vektorisierung kommen sich nicht ins Gehege.

- Die Vektorisierung ergab einen brauchbaren Speedup.

Negative Erfahrungen:

- Die Spracherweiterungen sind umständlich zu benutzen, man hätte sich etwa die Sprache PL/I zum Vorbild nehmen können.

- Der Sicherheitsaspekt bei Daten im Shared Memory ist zu kurz gekommen, alles ist dem Programmierer überlassen.

- Der Standard-Locking-Mechanismus ist für manche Anwendungen uneffektiv.

Gerade im Hinblick auf die Zugriffskonflikte im Shared Memory wäre eine Compileroption in Analogie zu den DYNAMIC COMMONs sehr wünschenswert, etwa der Art:

```
@PROCESS SHARING(xyz)
      SUBROUTINE ...
      COMMON /xyz/ A
      ...
      A = A + B
```

Bei Statements der Art A=A+B wüßte der Compiler dann, daß A "shared" ist und könnte automatisch die Compare-And-Swap-Technik einsetzen.

4   Anwendungsbeispiel 2

Als zweites Beispielprogramm wurde ein Code einer Theoriegruppe der Universität Frankfurt ausgesucht [6]. Dieses Programm berechnet "quasimolekulare" Wellenfunktionen und Übergangsmatrixelemente der Hüllenelektronen beim Stoß schwerer Ionen auf Targetatome. Die Charakteristika des Programmes sind:

- Hohe Modularität, ca. 40 Unterprogramme.

- Große Datenfelder, je nach Problemgröße bis zu 1000×1000 Matrizen.

- Die dominierenden Operationen des Programmkernes sind verwandt mit der Matrixmultiplikation, d.h. dreifach geschachtelte Schleifen, von denen einige allerdings Unterprogrammaufrufe enthalten, die für gewöhnlich die einfache Parallelisierung verhindern.

- Code war schon vektorisiert.

Folgende Aspekte sollten untersucht werden:

- Die Möglichkeiten der Autoparallelisierung.

- Beschränkung auf Direktiven zur Schleifenparallelisierung, um portabel zu bleiben.

- Wie weit kommt man bei der Parallelisierung von komplexen Programmpaketen, vor allem, wenn man sie nicht selbst mitentwickelt hat ?

Es wurde so vorgegangen:

1. Die Problemgröße wurde so reduziert, daß Testläufe von wenigen CPU-Sekunden möglich waren. Das erwies als absolut notwendig, um die Turn-Around-Zeiten in der Testphase niedrig zu halten.

2. Typische numerische Ergebnisse des sequentiellen Programms wurden als Referenz abgespeichert.

3. Das komplette Programm wurde dem Compiler zur Autoparallelisierung übergeben.

4. Testläufe zur Überprüfung der numerischen Resultate sowie Laufzeitmessungen wurden durchgeführt.

Bei den numerischen Ergebnissen zeigten sich Abweichungen auf den letzten Dezimalstellen, die die Brauchbarkeit der Resultate allerdings nicht beeinträchtigten. Der Grund ist in der veränderten Reihenfolge der arithmetischen Operationen zu suchen, vergleichbar den bisweilen auftretenden Abweichungen beim vektoriellen Multiply-And-Add.

Die Laufzeitmessungen ergaben zunächst nicht sehr ermutigende Resultate. Da der Compiler über keine Information bezüglich der Anzahl von Schleifeniterationen verfügte (teilweise erst zur Laufzeit bekannt) parallelisierte er in etlichen Unterprogrammen Schleifen mit "trivialem" Inhalt. Damit waren die Kosten der Parallelisierung nicht vernachlässigbar, außerdem erhielt man einen sehr umfangreiches Trace-Protokoll. Es zeigte sich also, daß eine globale Autoparallelisierung bei derart hochmodularen Programmen nicht sinnvoll ist. Daher wurde die Autoparallelisierung abgeschaltet und nur für die wenigen Unterprogramme mit nichttrivialen Schleifen per @PROCESS-Option eingeschaltet. Bei der Identifizierung dieser Schleifen halfen die Zeitmarken des Protokolls. Weiterhin konnten Schleifen mit CALLs parallelisiert werden, indem die gerufenen Unterprogramme manuell "inline" expandiert wurden. Ein solches Vorgehen sollte man allerdings auf sehr kurze (bis ca. 10 Zeilen) und kompakte Subroutines beschränken. Andernfalls verliert man zuviel an Übersichtlichkeit und Modularität. Abgesehen davon ist dieses Verfahren natürlich nur anwendbar, falls man über den Quell-Code des Unterprogramms verfügt. Das folgende Beispiel zeigt eine typische Schleife mit expandiertem Unterprogrammaufruf:

```
           C@DIR  PREFER PARALLEL
CC UNAN        DO 50 J=1,N2EI              ! Vorher
35 PARA +--- DO 50 J=1,N2EI               ! Nachher
36       |        IDES=LST2(J)
CC                CALL UNPAK4(IDES,IP,IR,IQ,IS) ! Vorher

37       |        IP = IDES/16777216       ! Nachher, UNPAK4
38       |        IX = IDES - IP*16777216 ! Nachher, UNPAK4
39       |        IR = IX/65536            ! Nachher, UNPAK4
40       |        IX = IX-IR*65536         ! Nachher, UNPAK4
41       |        IQ = IX/256              ! Nachher, UNPAK4
42       |        IS = IX-IQ*256           ! Nachher, UNPAK4

43       |        RPQ2=0.D0
44       |        APQ2=0.D0
         | C@DIR PREFER SCALAR
45 SCAL  |+----- DO 51 I=1,NXE
46       ||          AP2=0.D0
47       ||          RP2=0.D0
55       ||          WSQ=WFV(I,IP)*WFV(I,IR)
         ||C@DIR PREFER VECTOR
48 VECT  ||+----    DO 52 K=1,NXE
49       |||          WS=WFV(K,IQ)*WFV(K,IS)
50       |||          RPRS2=WS*R$VOL1(K,I)
51       |||          RP2=RP2+RPRS2
52       |||          APRS2=WS*A$VOL1(K,I)
53       |||____      AP2=AP2+APRS2
56       ||          RPQ2=RPQ2+WSQ*RP2
57       ||_____      APQ2=APQ2+WSQ*AP2
59       |______  V22(J)=DCMPLX(RPQ2,APQ2)
```

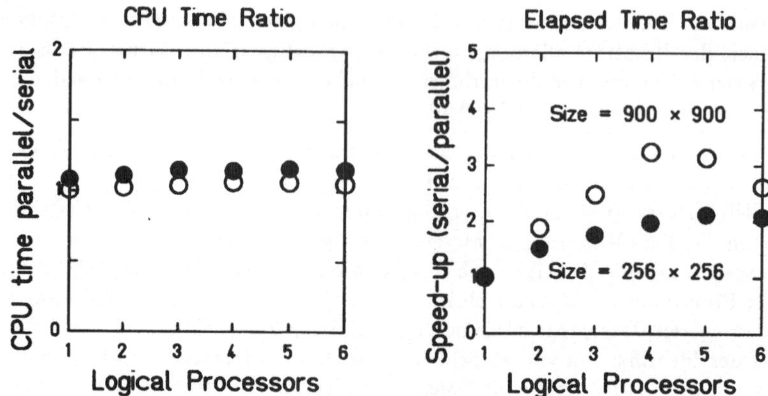

Abb. 6: Performance des Theorie-Codes für die Problemgrößen 256 × 256 (o) bzw. 900 × 900 (•), relativ zum sequentiellen Original. Links: Overhead in CPU-Zeit, rechts: Gewinn in Realzeit auf einer dedizierten 3090-40E.

Abbildung 6 zeigt die Ergebnisse der Laufzeitmessungen für die optimierte Version relativ zum sequentiellen Original für zwei Problemgrößen. Falls nur auf 256 × 256-Submatrizen gerechnet wurde, betrug der Overhead durch Parallelisierung immerhin noch $\approx$ 15% und der Zeitgewinn überstieg kaum den Faktor zwei, d. h. große Teile des Programmes wurden noch sequentiell ausgeführt. Erst bei sehr großen Datenfeldern und entsprechend anwachsendem Rechenaufwand lohnte sich die Parallelisierung, obwohl sie noch nicht den auf einer 3090-40E theoretisch möglichen Wert nahe 4 erreichte. Vermutlich hätten sich mit etwas mehr Programmieraufwand noch weitere Teile des Programms parallelisieren lassen, dazu wären aber SCHEDULE/DISPATCH-Konstrukte notwendig gewesen, auf die absichtlich verzichtet wurde.

4.1 Schlußfolgerung

Die Bearbeitung des Theorie-Codes hinterließ die folgenden Eindrücke:

Positive Erfahrungen:

- Die Autoparallelisierung und die Schleifenparallelisierung mit Direktiven ist durchaus brauchbar, wenn sie gezielt eingesetzt werden.

- Das Parallel-Trace-Protokoll ist unabdingbar für die Parallelisierung von Programmen, die man nicht selbst geschrieben hat.

Negative Erfahrungen:

- Das Verbot von CALLs in Schleifen ist eine arge Einschränkung.

- Auf eine globale Autoparallelisierung großer Programmpakete sollte man nicht vertrauen. Eigenleistung ist erforderlich.

Wünschenswert:

- CALLs in Schleifen sollten optional erlaubt sein. Zum Beispiel könnte der Schleifenkern mit dem gerufenen Unterprogramm zusammen parallele Tasks bilden, dann allerdings unter Aufgabe der garantierten Datensicherheit, analog zu SCHEDULE/DISPATCH.

- Der Compiler könnte sowohl sequentiellen wie parallelen Code erzeugen. Erst zur Laufzeit, wenn die Anzahl der Schleifeniterationen bekannt ist, würde entschieden welcher Pfad ausgeführt wird.

5 Parallelverarbeitung in einer Multiuserumgebung

Alle in diesem Beitrag gezeigten Ergebnisse bezogen sich bisher auf Messungen mit dedizierter Maschine. Man kann sich nun fragen, was Parallelisierung in einer typischen Rechenzentrumsumgebung mit vielen Benutzern bringt. Daher wurde das Monte-Carlo-Programm auch in nicht-dediziertem Modus getestet. Die Speedup Ergebnisse, gemittelt über eine Arbeitswoche, zeigt Abbildung 7. Man

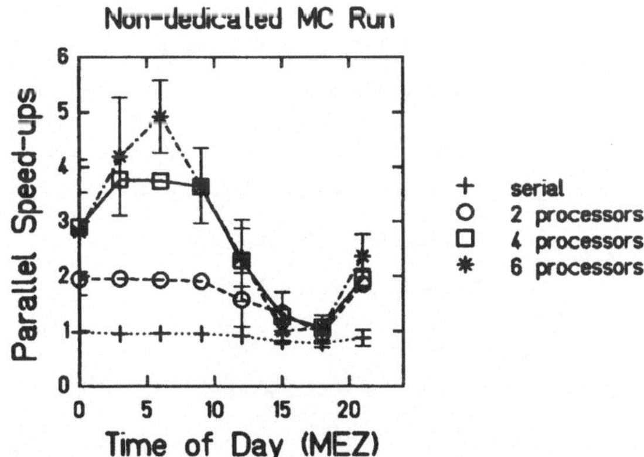

Abb. 7: Speedups des Monte-Carlo-Codes auf nicht-dedizierter 3090-60J als Funktion der Tageszeit und damit der Rechnerauslastung. Der Speedup ist hier definiert als Verhältnis CPU-Zeit durch Real-Zeit. Parameter der Kurven ist die Anzahl der maximal benutzten CPUs.

sieht, daß ein parallelisiertes Programm auch in einer Multiuserumgebung besser "bedient" wird als ein sequentielles, vor allem nachts, wenn die interaktive Last wegfällt. Sogar während der Zeit größter Belastung läßt sich noch ein Faktor ≈ 1.4 gegenüber rein sequentieller Abarbeitung gewinnen. Dies gilt natürlich nur dann, falls Parallelisierung eine Domäne einiger weniger dafür geeigneter Programme bleibt. In der Hauptsache dürften das solche mit großen Speicheranforderungen sein, die die Zeiten geringerer CPU-Auslastung besser nutzen können. Ebenso können "Langläufer"-Jobs davon profitieren.

Bei GSI ist zur Zeit die Anwendung von Parallel FORTRAN allen Benutzern freigestellt. Es wurde ein Leitfaden zur Parallelisierung erstellt, um die gewonnenen praktischen Erfahrungen weiterzugeben [7]. Es wird erwartet, daß der Großteil der Funktionalität von Parallel FORTRAN ins zukünftige VS-FORTRAN 2.5 aufgenommen wird.

Literatur

[1] Parallel FORTRAN on the IBM 3090VF
IBM Application Brief 1989

[2] IBM:
Parallel FORTRAN
Language and Library Reference, SC23-0431-0

[3] A. H. Karp and R. G. Babb,
A Comparison of 12 Parallel FORTRAN dialects,
IEEE Software, September 1988, pp. 52-67

[4] IBM:
VS FORTRAN Version 2 Release 3
Language and Library Reference, SC26-4221-1

[5] IBM:
OS PL/I Version 2 Release 2,
Language Reference,
SC26-4308-1

[6] A. Henne, Universität Frankfurt,
P. Malzacher, GSI Rechenzentrum,
Private Mitteilung, 1989

[7] M. Krämer,
Experiences with Parallel FORTRAN
A User's Guide
Rechenzentrum GSI Darmstadt, 1989

Parallelisierung von Mehrgitteralgorithmen auf der Alliant FX/80

W. Hiller, J. Behrens

Alfred-Wegener-Institut für Polar- und Meeresforschung
Am Handelshafen 12
2850 Bremerhaven

1 Einleitung

Ein wesentliches Ziel der numerischen Modellierung im Rahmen der Klimaforschung am AWI ist die Beschreibung der Funktion der polaren Ozeane im Gesamtklimasystem. Eine der Standard-Approximationen in numerischen Modellen der ozeanischen Zirkulation ist die "rigid-lid" Approximation, welche die schnellen Oberflächenwellen des physikalischen Systems aus den Modellen eliminiert. Dies ermöglicht einerseits längere Zeitschritte, wie sie für klimarelevante Probleme unterläßlich sind, andererseits ergibt sich daraus eine zu jedem Zeitschritt der Integration zu lösende elliptische Gleichung. Während die übrigen parabolisch-hyperbolischen Gleichungen relativ einfach zu vektorisieren und zu parallelisieren sind, erfordert die effiziente Lösung des elliptischen Problems eine im Hinblick auf den zur Verfügung stehenden Rechner sehr genaue Auswahl des Lösungsverfahrens sowie dessen spezifischer Implementierung. Darin liegt auch der Schwerpunkt dieser Arbeit.

Zu den untersuchten Algorithmentypen zur Lösung elliptischer Randwertprobleme gehören finite Differenzen Mehrgitterverfahren sowie finite Elemente Mehrgitterverfahren mit hierarchischen Basen. Beide Algorithmentypen sind optimal bzgl. numerischer Effizienz, Stabilität und Konvergenzeigenschaften und sind in der Literatur ausführlich beschrieben. Beide - Standard Mehrgitter wie auch hierarchische Basen - Verfahren benötigen $O(n)$ Operationen pro Iteration. Auf sequentiellen Universalrechnern des von Neumann Typ wird die Zeitkomplexität weitgehend durch die operationelle Komplexität eines Algorithmus dominiert. Auf der uns interessierenden Rechnerklasse der MIMD Rechner mit gemeinsamem Hauptspeicher und hierarchischer Speicherstruktur (zu dieser Klasse gehören die Multiprozessor Vektorrechner Cray 2, XMP, YMP, Alliant FX/80, ...), wird die Zeitkomlexität neben der operationellen Komplexität zusätzlich von Faktoren wie der Größe des sequentiellen Algorithmen Anteils, der Prozeß-Ganularität sowie durch die der Lastverteilungs-Synchronisations- und Datenflußeigenschaften bestimmt.

Die Alliant FX/80 - ein acht Prozessor MiMD Rechner mit shared memory Architektur und schnellem Synchronisationsbussystem - wurde als Entwicklungsrechner gewählt, um die parallelen Algorithmen auf Cray 2 Mehrprozessorsysteme portieren zu können, welche an den Standorten Universität Stuttgart (RUS) und Deutsches Klimarechenzentrum Hamburg als Produktionsrechner für die Modellierungsprojekte des AWI dienen.

Zu den Vorarbeiten gehörten empirische Tests zur Effizienz der unterschiedlichen Synchronisationsmechanismen der Alliant FX/80. U.a. wurden auch die Hockney-Benchmarks $(r_\infty, n_{1/2}, s_{1/2})$ durchgeführt. Als Grundlage für die Parallelisierung der elliptischen Probleme wurde für die finite Differenzen Diskretisierung der Poisson-Gleichung in einem Rechteck ein sequentieller MG-Algorithmus gewählt, welcher in der Literatur bzgl. der MG-Komponenten, der numerischen Stabilität und Konvergenz hinlänglich beschrieben ist (Trottenberg, Stüben, Witsch & al. [14], [32])

Zu den untersuchten Parallelisierungsansätzen gehören Gebietsaufteilungen, Verteilung von inneren Schleifen Modulo der Prozessoranzahl sowie verschiedene Formen der MG-Komponenten (Restriktion, Relaxation, Prolongation). Die Auswahl der Mehrgitterkomponenten ist einerseits problemabhängig, beeinflußt andererseits aber auch die Möglichkeiten der Vektorisierung und Parallelisierung je nach Algorithmentyp. Wegen der unterschiedlichen Arbeitslast des Mehrgitteralgorithmus auf den Fein- und Grobgitterebenen wurde außerdem ein Load-Balancing-Mechanismus implementiert. Verglichen wurde außerdem der Speedup durch reine Compileroptimierung gegenüber dem zusätzlichen Gewinn durch die genannten expliziten Parallelisierungsansätze.

Schließlich wurde für das gleiche elliptische Problem ein finite Elemente Mehrgitter-Algorithmus mit hierarchischen Basen (Yserentant, Bank, Dzuik [8]) nach den gleichen Kriterien optimiert. Interessant ist hier vor allem die Einführung einer 8-Farbenindizierung mittels derer eine weitgehende Parallelisierung des Verfahrens erreicht werden konnte.

Die zukünftigen Arbeiten werden sich auf eine Verallgemeinerung der obigen Ansätze im Hinblick auf den Einsatz von MG-Algorithmen in bestehenden und am AWI betriebenen numerischen Modellen konzentrieren. Dabei scheiden finite Elemente Diskretisierungen aus Konsistenzgründen vorerst noch aus, sollen jedoch bei zukünftigen numerischen Modellen mit irregulärer Berandung die traditionellen Kapazitätsmatrix-Verfahren ersetzen und Gitterverfeinerungen zulassen[*].

---

[*] Eine ausführliche Version dieser Arbeit liegt vor, in den "Berichten aus dem Fachbereich Physik" (Alfred-Wegener-Institut für Polar- und Meeresforschung, Bremerhaven) "Parallelisierung von Mehrgitteralgorithmen auf der Alliant FX/80", W. Hiller, J. Behrens, Report No. 7, August 1990. In der gleichen Reihe erscheint der Anwendungsbericht zum Einsatz der Helmholtz-Solver mit unterschiedlichen Randbedingungen, welche aus den in dieser Arbeit vorgestellten parallelen Prototyp-Poisson-Solvern entwickelt wurden.

2   Architekturbeschreibung der Alliant FX/80

Die Alliant FX/80 ist ein Rechner der MIMD-Klasse. Parallelität ist in ihrer Architektur auf mehreren Ebenen realisiert. Sie besitzt acht Prozessoren. Die Prozessoren unterstützen Vektorverarbeitung und es findet pipelining auf Instruktionsebene statt. Die acht Prozessoren teilen sich einen gemeinsamen Hauptspeicher mit maximal 256 MB Größe und einem bis zu 512 KB großen Cache Speicher. Abb. 1) zeigt die Rechnerarchitektur schematisch.

Im folgenden sind die Ressourcenklassen,

- die Prozessoren, ACEs (Advanced computational elements)
- der Prozessorenkomplex, CC (computational complex)
- die Ein/Ausgabe-Prozessoren, IPs (interactive processors)

kurz erläutert.

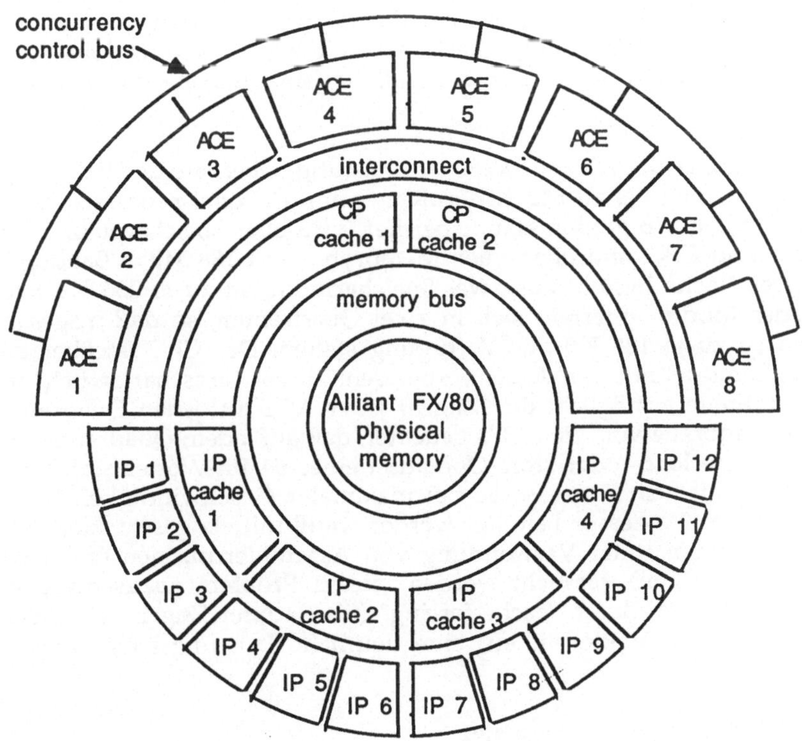

Abb. 1) Architekturschema der Alliant FX/80

Jede ACE ist ein microprogrammierter 64-bit pipelined Prozessor in hochintegrierter CMOS-Technik, basierend auf MC68020 Architektur mit integrierter Fließkomma- und Vektoreinheit sowie concurrency control unit (CCU). Die Taktzeit der Vektoreinheit beträgt 85 ns, wobei die einzelnen Funktionseinheiten parallel operieren können, so daß mit triadischen Operationen zwei Ergebnisse pro Takt produziert werden. Das ergibt für triadische Vektoroperationen eine theoretische Maximalleistung r_∞ von 23,6 Mflop/s pro Prozessor, also 188 Mflops Gesamtleistung. Jede ACE enthält je acht Addressenregister, Integerregister, Fließkomma- und Vektorregister. Die Vektorregister enthalten je 32 64-bit-Worte (siehe [3]).

Auf der Alliant FX/80 können mehrere Prozessoren zu einem Komplex zusammengebunden werden, dem "computational complex". Dieser Komplex wird als einzelne Ressource aufgefaßt. Für die Verbindung und Synchronisation zwischen den ACEs sorgt dabei der "concurrency control bus". Die oben erwähnten CCUs sind über den concurrency control bus miteinander verbunden. Der concurrency control bus sorgt allein für das Starten, Steuern und Synchronisieren der Prozessoren. Daten werden über diesen Bus nicht verschickt.

Die Interaktiven Prozessoren stellen eine weitere Ebene der Parallelität dar. In der Alliant FX/80 stehen bis zu 12 IPs zur Entlastung des computational complex bzw. der ACEs zur Verfügung. Sie führen interaktive Benutzerjobs, sowie I/O und andere Betriebssystemroutinen parallel zueinander und zu den ACEs aus.

Die Speicherhierarchie der Alliant FX/80 ist dreistufig. Oberhalb der Vektorregisterebene gibt es einen bis zu 512 KB großen "computational processor cache" (CPC) und einen 256 MB großen Hauptspeicher (virtueller Speicherplatz 2 GB). Hauptspeicher und CPC sind über einen Memorybus mit 188 MB/s Bandbreite verbunden. Der Cache besteht aus zwei Speichermodulen zu je 256 KB Speicherplatz. Jedes Modul unterteilt sich in zwei Quadranten, so daß insgesamt vier Quadranten zu je 128 KB zur Verfügung stehen. Der CPC ist über den "crossbar interconnect" mit den ACEs verbunden. Dieser "crossbar switch" mit 376 MB/s Bandbreite ermöglicht den Zugriff jeder ACE auf jeden Quadranten dec CPC. Die Bandbreite von 376 MB/s bedeutet, daß auf jedem Quadranten pro Takt von 85 ns eine load- oder store-Operation eines 64 Bit-Wortes stattfinden kann. Da jedoch mit acht Prozessoren bei maximaler Geschwindigkeit bis zu drei load/stores pro Prozessor benötigt werden, muß mittels geschickter Blokkung der Algorithmen unter Verwendung von Assemblerroutinen (geblockte BLAS 2,3-level Routinen) versucht werden, dieses Problem abzuschwächen. Unter anderem läßt sich durch "cache forcing" (überlappter Zugriff auf Blöcke mit Integereinheit und Vektoreinheit) eine deutliche Leistungssteigerung erreichen.

2.1 Diskussion der Leistungsparameter

Die Bezeichnungen der folgenden Diskussion der Leistungsparameter sind analog zu Hockney und Jesshope [19]. Wie oben schon erwähnt ergibt sich bei einer Taktzeit von 85 ns und "linked triads" die asymptotische Maximalleistung r_∞

der FX/80 mit 188 Mflop/s, d.h. daß ein Ergebnis mit zwei Operationen pro Takt erzeugt werden kann. Da acht Prozessoren mit je 23,5 Mflop/s existieren, erzielt die FX/80 theoretisch 188 Mflop/s. Da die Vektorpipelines 12-stufig segmentiert sind [1], dauert es 12 Takte, bis das erste Ergebnis aus der Vektorpipeline herauskommt. Danach kann pro Takt ein Ergebnis (bzw. zwei Operationen) produziert werden, bis die Vektorregister von 32 Worten abgearbeitet sind. Das heißt, für 32 Ergebnisse pro Vektorregister, benötigt die Alliant 44 Takte. Es ergibt sich daher als realistische peak performance 136.7 Mflop/s, oder 17,1 Mflop/s pro ACE. Verwendet man in Hockneys $(r_\infty, n_{1/2})$-Benchmark als Lastschleife eine Matrix-Vektoroperation (Spaltenalgorithmus), so erhält man verläßlichere Aussagen über die Vektorleistungsfähigkeit eines Prozessors (ACE). Die Ergebnisse dieses Tests sind in Abb. 2 a-f) dargestellt, wobei die Werte für Vektorlänge n > 256 weggelassen wurden, da das Problem nicht mehr in den Cache paßt. Ebenso wurden kleine Vektorlängen unter n = 8 eliminiert, da hier die Ungenauigkeit der Zeitmeßroutinen auf der Alliant (Getrusage, Systemroutine) nur Zufallsergebnisse liefert. Ermittelt wurden diese Werte auf einer Alliant FX/80 mit 8 Prozessoren (ACEs) 256 MB Hauptspeicher, 512 KB Cache. Deutlich erkennbar ist wieder der Einfluß der Vektorregisterlänge von 32 Worten. Die Geradengleichung der Regressionsgeraden in Abb. 2 a) für den $(r_\infty, n_{1/2})$-Benchmark auf einem Prozessor lautet t = .169 n + 2,814. Daraus folgt eine Maximalleistung für einen Prozessor von r_∞ = 5,9 Mflops und ein Wert von $n_{1/2}$ = 16,7 flop.

Dieser Wert belegt die kurze Vektor Startup-Zeit der Vektorfunktionseinheiten der ACE. Wie man unten bei der Diskussion des $f_{1/2}$ Parameters sieht, ist dies auch die für einen Prozessor erwartete Maximalleistung, aufgrund der Bandbreitenbeschränkung beim Cachezugriff. Eine Übersicht der Ergebnisse findet sich in der nachfolgenden Tabelle:

Prozessorzahl	r_∞ Mflop/s	$n_{1/2}$ bzw.$s_{1/2}$ flop	t_0 10^{-6} s
1	5.90	16.7	2.81
2	6.58	54.8	8.33
4	13.70	124.8	9.11
6	17.24	160.6	9.32
8	29.40	317.0	10.78

Tabelle 1

Die $(r_\infty, s_{1/2})$-Benchmarks auf 2, 4, 6 und 8 Prozessoren wurden lastverteilt durchgeführt, d.h. E_p = 1. Da die Parallelisierung über die äußere Schleife der Matrix-Vektormultiplikation erfolgt (COVI-Modus), läßt sich Lastverteilung einfach dadurch erreichen, daß n in der äußeren Schleife nur Modulo der Prozessoranzahl vergrößert wird. Dadurch hat man bei 8 Prozessoren nur noch 32 Meßwerte. Dies sieht man in den Abb. 2 a - e) an der abnehmenden Anzahl der Meßpunkte bei Zunahme der Prozessorzahl. Bei $E_p \neq 1$ ergibt sich eine starke Streuung der Leistungswerte, wobei die asymptotische Maximalleistung r_∞ um 13 % von 29,4 (für E_p = 1) auf 25,6 Mflops sinkt. Dies ist in den Abb. 2 e) und f) nur für den Fall von 8 Prozessoren gegenübergestellt.

Abb.2 a)

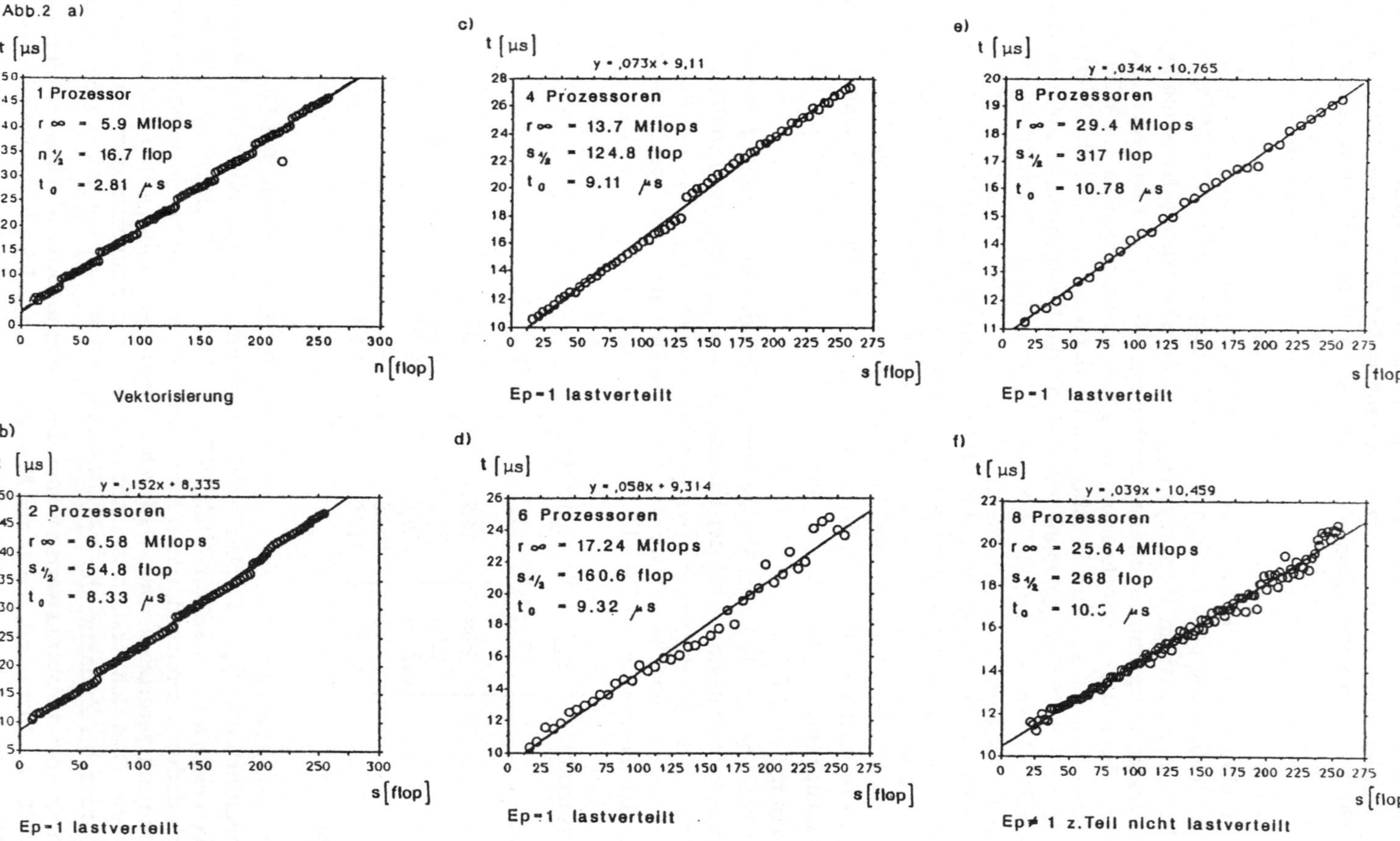

Abb. 2a–f) Hockney ($r∞$, $s_{1/2}$, $n_{1/2}$) - Benchmark für Matrix - Vektoroperation als Lastschleife auf der Alliant FX/80. Ausführungszeit skaliert mit 2s.

Aus den Abb. 2 a - e) ergeben sich Werte für $s_{1/2}$ zwischen 16,7 und 317 flop. Bei Variationen der Prozessorzahl steigt $s_{1/2}$ mit zunehmender Anzahl bis zum Wert von 317. Somit ist ein deutlicher Einfluß des Synchronisationsoverheads spürbar. Andererseits zeigt der Vergleich mit den entsprechenden Ergebnissen des $(r_\infty, n_{1/2})$-Benchmarks auf einer CPU der Cray 2 ([19] Hockney table 2.3, p. 154) mit den Werten von r_∞ = 75 Mflops und $n_{1/2}$ = 75, daß die Alliant mit 8 Prozessoren bei größeren Problemen fast 50 % der Leistung einer CPU der Cray 2 erreicht, allerdings bei erhöhtem Wert für die Halbleistungsgranularität.

Beim Datenzugriff existiert bei der Alliant FX/80 ein erheblicher Engpaß aufgrund der unzureichenden load/store-Bandbreite zum Cache. Für die Halbleistungs-Rechenintensität $f_{1/2}$ läßt sich ein rein theoretischer Wert ermitteln: Aufgrund der Bandbreitenbeschränkung kann im Mittel jeder Prozessor nur alle zwei Takte eine load/store Operation durchführen, d.h. die maximale asymptotische Leistung der load/store Funktionseinheit ist $r_\infty{}^m$ = 5.88 MW/s, hingegen war $r_\infty{}^a$ = 23,5 Mflops, d.h. $f_{1/2}$ = 4. Bei der Algorithmenwahl muß man deshalb möglichst Verfahren wählen, welche geblockte BLAS 3-level Implementierung zulassen. Dann ist in den entsprechenden Lastsegmenten des Algorithmus die Rechenintensität f = 2 und folglich f = 1/2 $f_{1/2}$, mithin pro Prozessor 25% der asymptotische Maximalleistung r_∞, also 5.88 Mflops möglich, resp. 47 Mflops Gesamtleistung für alle 8 Prozessoren. Der Wert von 5.88 Mflops stimmt sehr gut mit der empirisch ermittelten Einprozessor-Maximalleistung r_∞ = 5.9 Mflops (s. Abb. 2a) überrein. Daß dies eine "worst case" Betrachtung ist, legen die bei geschickter Implementierung des Linpack 1000 x 1000 Benchmarks (Blockung, Blas 3, Cache forcing) erreichten 69.3 Mflops nahe.

3   Optimierungskonzepte auf der Alliant FX/80

In diesem Kapitel werden die "Werkzeuge" für die Optimierung besprochen. Es bieten sich sowohl manuelles als auch automatisches Tuning an. Der automatisch optimierende Compiler (FX/Fortran) von Alliant, der auch parallelisieren kann, ist in vielen Bereichen schon sehr leistungsfähig. Auch die Möglichkeiten des manuellen Tunings sind sehr vielfältig und reichen von Direktiven zur Kontrolle des Datenflusses, zu Direktiven zur Vektorisierung, Parallelisierung (hier insbesondere Steuerung von Micro- und Macrotasking) sowie zur Synchronisation paralleler Programmteile.

3.1   Der FX/Fortran-Compiler

FX/Fortran-Compiler ist ein Fortran-77 Compiler welcher zusätzliche Sprachenkonstrukte des Fortran-8x ANSI Standard unterstützt, wie etwa Arrayoperationen, DO-WHILE-Schleifen und dynamische Arrays.

Drei verschiedene Optimierungsmöglichkeiten und deren Kombinationen sind mit der -O Option wählbar: g - "global optimization",
                                                       v - "vectorization",
                                                       c - "concurrency"

Mit der -Og Option wird die allgemeine Organisation bzw. Struktur des Fortran-Codes optimiert. Wichtiger für eine spürbare Beschleunigung der Verarbeitungszeit sind die

-Ovc Optionen für Vektorisierung und Parallelisierung. Hier lassen sich Speedup-Faktoren von zwei bis fünf durch Vektorisierung sowie von knapp acht durch Parallelisierung auf acht CE´s erreichen, zusammen also Beschleunigungsfaktoren über 30.

Es gibt mehrere "Modi", in denen Vektorisierung und Parallelisierung in verschiedener Weise miteinander kombiniert oder auch allein gewählt werden können:

- loop-collapsing:
  Dabei werden geschachtelte Schleifen mit mehreren Indizes zu einer einzigen Schleife mit nur einem Index zusammengefaßt.

- COVI (concurrent outer, vectorized inner):
  Schleifenblöcke oder Schleifen mit geschachtelten Array-Operationen werden innen vektorisiert und außen parallelisiert bis zur Schachtelungstiefe sieben. Der Compiler bevorzugt für die Parallelisierung die äußere Schleife und für die Vektorisierung die innere Schleife. Bei tieferer Schachtelung werden diejenigen Schleifen mit den größten Iterationszählern und mit Array-Operationen auf den größten Arrays oder Arraysektionen bevorzugt.

- vektor-concurrent:
  Einzelne Schleifen (nicht geschachtelt) können vektorisiert und auf mehrere Prozessoren verteilt werden.

- concurrent:
  Einzelne loops oder nicht geschachtelte Array-Operationen können für parallele Verarbeitung auf mehreren Prozessoren im skalar-Modus optimiert werden. In geschachtelten Schleifen bevorzugt der Compiler die äußere Schleife und diejenige Schleife mit dem größten Iterationszähler bzw. Operationen auf den größten Arraysektionen.

- vektor:
  Einzelne loops oder Array-Operationen können vektorisiert werden. Der Compiler bevorzugt die innere Schleife und diejenige Schleife mit dem vermeintlich größten Rechenaufwand.

Mit der -AS Option (AS steht für automatic ASsociativity) wird der Compiler wird in die Lage versetzt, bestimmte Teile des Codes als äquivalent zu Standardroutinen zu erkennen und diese Teile durch optimierten Code zu ersetzen, z.B. werden die Äquivalente der folgenden Funktionen erkannt:

- DOTPRODUCT: Inneres Produkt zweier Vektoren
- MATMULT: Matrix-Matrix-, Matrix-Vektor- oder Vektor-Matrix-Produkt
- MAXVAL, MIN-: Maximum/Minimum eines Vektors, einer Matrix entlang einer Dimension
- PRODUCT: Produkt aller Vektorelemente bzw. aller Matrixelemente entlang einer Dimension
- SUM: Summe eines Vektors, einer Matrix entlang einer Dimension

Weiterhin werden bestimmte einfache Datenabhängigkeiten, wie sie in linearen rekurrenten Systemen 1. und 2. Ordnung auftreten, erkannt und optimiert. Mit der -DAS Option wird außerdem die Anzahl der CE's während der Laufzeit angepaßt. DAS steht für Dynamic ASsociativity. Die -AS und die -DAS Option ist nur in Verbindung mit der -O(gvc) Option wirksam.

Die -alt Option versetzt den Compiler in die Lage, für bestimmte optimierte Code-Segmente, deren Iterationszähler erst zur Laufzeit bekannt sind, alternativen, nicht optimierten Code zu erstellen und während des Programmlaufs den jeweils besser geeigneten optimierten oder nicht optimierten Code zu wählen. Ist der Iterationszähler klein (z.B. < 32), so wird nicht optimierter Code ausgeführt, weil hier Startup- und Overhead-Zeiten die Optimierung beeinträchtigen können und effektiv zu einer schlechteren Performance führen. Bei großen Iterationszählern wird optimierter Code ausgeführt.

3.2 Manuelles Tuning

Die wichtigsten Compilerdirektiven zur Optimierung auf der Alliant FX/80 sind:

cvd$ altcode	Optimierungsabhängige Erzeugung von alternativen Codesegmenten
cvd$ assoc	assoziative Transformationen
cvd$ autoinline	automatisches Inlining
cvd$ cncall	parallele Unterprogrammaufrufe
cvd$ concur	Parallelisierung
cvd$ depchk	Aufdecken bzw. ignorieren von Datenabhängigkeiten
cvd$ eqvchk	EQUIVALENCE-Datenabhängigkeiten
cvd$ inline	Inlining
cvd$ select	Selektion eines Code-Segments zur Optimierung
cvd$ shortloop	Schleifenzähler kleiner oder gleich 32
cvd$ sync	Synchronisation von parallelen Programmteilen
cvd$ vector	Vektorisierung

Einige der Direktiven sind global für den gesamten Programmkontext mit den schon erwähnten Compiler-Optionen wählbar. Es tauchen die Optionen vektor (-Ov), concur (-Oc), inline (-autoinline), assoc (-AS, -DAS), altcode (-alt), cncall (-cncall) in Direktivenform wieder auf. In Direktivenform lassen sich die Optimierungen jedoch gezielter wählen und vom Programmkontext abhängig einsetzen.

Die wichtigsten Direktiven zur Vektorisierung und Parallelisierung sowie zur Synchronisation paralleler Tasks werden im Folgenden beschrieben.

• **Vektorisierung** geeigneter Programmsegmente (Schleifen und Array-Operationen) erfolgt mit dem Aufruf der Direktive cvd$ vektor. Wie im vorigen Abschnitt über den Autooptimierer schon erwähnt, lassen sich nur Schleifen und Array-Operationen vektorisieren. Wichtig ist weiter, daß zu kurze Schleifen nicht effektiv vektorisiert werden können. Der "Breakevenpoint", an dem die Vektorverarbeitung schneller wird als die Skalarverarbeitung, liegt bei der Alliant zwar extrem niedrig (schon bei einer Iterationszahl von 2 bis 3 ist vektor-Modus schneller, als skalar-Modus); trotzdem läßt sich mittels der Direktive cvd$ shortloop mitteilen, ob es sich um eine kurze Schleife handelt (d.h. weniger als 32 Elemente lang), die dann effektiver optimiert werden kann.

• **Parallelisierung** ist mit Hilfe von Direktiven möglich, sowohl für Microtasking, d.h. die Parallelisierung auf Schleifen- oder Statementebene als auch Macrotasking, d.h. Aufteilung verschiedener oder gleicher Subroutines auf mehrere Prozessoren. Dabei wird in beiden Fällen die Hardware-gestützte Alliant-concurrency control genutzt, die vergleichsweise geringe Startup- und Overheadzeiten aufweist.

Für die Nutzung der Alliant als Entwicklungsrechner für die Cray-2 stehen außerdem sogenannte CrayLib-Routinen (Software-Bibliothek des Lawrence Livermore National Lab.) zur Verfügung, mit deren Hilfe Macrotasking mit der Multitasking-Software der Cray (i.e. TSKSTART, TSKWAIT,...) durchgeführt werden kann. Im Unterschied zu der mittels Alliant-Direktiven gesteuerten Parallelisierung werden die Prozessoren dann nicht im verbundenen Komplex gehalten, sondern stehen als unabhängige, softwaregesteuerte Einzelprozessoren zur Verfügung (das taskstart wird über Unix-fork und -join realisiert, Kommunikation erfolgt über statisch allokierte shared memory Bereiche). Sie stehen also nach der parallelen Arbeit sofort wieder für andere Aufgaben zur Verfügung. Andererseits ist der Synchronisations-Overhead (z.B. bei der Implementierung der BARRIER Subroutine) und Kommunikationsaufwand so groß, daß nennenswerte Rechenbeschleunigung nicht oder nur bei sehr grober Granularität und unabhängigen Tasks erreicht werden kann. Die CrayLib-Routinen sollen daher nicht weiter diskutiert werden, sie sind nur dann interessant, falls Macrotasking- Programme für die Cray auf der Alliant entwickelt werden sollen.

• **Microtasking** ist mit der Direktive cvd$ concur ähnlich unproblematisch wie die Vektorisierung. Der Autooptimierer beherrscht diese Art der Parallelisierung. Bemerkenswert ist, daß im Concurrent-Modus auch einfache Datenabhängigkeiten optimiert werden können. Dabei läßt sich (wie generell bei allen FX/Fortran Direktiven) der Wirkungskreis der Direktive (bis zum Ende des Schleifenblocks, bis zum Ende der Routine, global ...) geeignet steuern.

• **Macrotasking** setzt voraus, daß die Synchronisation zwischen den Tasks funktioniert und daß keine Datenabhängigkeiten oder Doppelspeicherungen in den einzelnen Tasks auftreten. Für das Macrotasking ist daher meist eine sehr genaue Kenntnis des Programmablaufs notwendig. Andererseits ist die Granularität der Prozesse auf Subroutine-Ebene in der Regel erheblich größer, so daß weniger Synchronisations- und Startoverhead entsteht.

Die Parallelisierung auf Subroutineebene wird mit Hilfe von "concurrent calls" realisiert. Die Subroutines werden innerhalb von Schleifen aufgerufen, denen die Direktive cvd$ cncall vorangestellt ist. Im einzelnen müssen derartige mit "concurrent calls" gerufene Subroutines folgende Bedingungen erfüllen:

- sie müssen reentrant übersetzt und als solche kenntlich sein (Compileroption -recursive und Kennzeichnung als "recursive subroutine"),
- sie dürfen keine I/O-Statements enthalten,
- sie sollten keine COMMON-Blocks beschreiben, es sei denn sie sind "gelockt" (siehe unten, Abschnitt über Synchronisation),
- sie dürfen keine Datenabhängigkeiten erzeugen.

Ein solcher "concurrent call" zur parallelen Abarbeitung einer reentrant programmierten Subroutine SUB1 auf z.B. acht Prozessoren von Subroutines kann so aussehen:

```
      NPROC = 8
cvd$ cncall
      DO I = 1,NPROC
         Taskid = I
         CALL SUB1 (Taskid, NPROC,...)
      END DO
         .
         .
         .
      RECURSIVE SUBROUTINE SUB1 (Taskid, NPROC,...)
         .
         .
      END
```

• **Synchronisation** paralleler Prozesse erfolgt (für das Microtasking) mittels der Direktive cvd$ sync. Diese Direktive läßt sich einfach handhaben. Vor die Schleife, in der parallele Prozesse gestartet werden, wird die Direktive cvd$ sync, im Falle von möglichen Datenabhängigkeiten, die Direktive cvd$ nosync, falls keine Abhängigkeiten auftreten, gesetzt. Die Synchronisation übernehmen dann die concurrency control units.

Beim Macrotasking versagt diese Form der Synchronisation. Es stehen jedoch zwei andere Möglichkeiten zur Verfügung. Die einfachste ist sicher die

• **Synchronisation durch einen erneuten Subroutinecall.** Die zu synchronisierenden Teile werden in einzelne Routinen auseinandergeschrieben. Diese werden dann nacheinander mit cvd$ cncall aufgerufen. Wegen der extrem kurzen Startupzeit für parallele Tasks, ist diese Art der Synchronisation derjenigen mit Direktive cvd$ sync nicht unterlegen. Das zeigt der

Vergleich der optimalen Relaxationsroutinen mit Microtasking und Macrotasking bei der Optimierung der MG-Komponente (s.u.)

Eine andere Form der Synchronisation ist Nutzung der

- **Lock Synchronisations-Primitive** zur Steuerung von parallelen Prozessen. Es handelt sich dabei um Subroutines zum Schützen gemeinsamer kritischer Speicherbereiche. Mit den Subroutineaufrufen call lock(var) und call unlock(var) können jedoch auch Prozesse angehalten oder wieder gestartet werden. Dem Prozess, der "lock" ruft, wird der Zugriff zur Variable var exklusiv gewährt. Ruft ein anderer Prozess mit "lock" nach dieser Variable (die im COMMON-Block stehen muß), so wird ihm solange der Zugriff verwehrt, bis der berechtigte Prozessor ein "unlock" ausspricht. Diese Art der Synchronisation läßt sich ähnlich anwenden, wie die EVENTS Aufrufe der Cray Macrotasking Software. Von der Art der Implementierung erzwingt die Verwendung von Locks allerdings eine Sequentialisierung für alle anderen wartenden parallelen Prozesse.

Diese Synchronisationsprimitive lassen sich natürlich auch zur Konstruktion einer "BARRIER"-Routine nutzen. Dies wird im Abschnitt über die Optimierung der Red/Black Relaxation genauer beschrieben, wo eine selbstgeschriebene BARRIER-Routine zur Synchronisation des roten bzw. schwarzen Relaxationsschrittes verwendet wird.

4 Finite Differenzen Mehrgitterverfahren

Für eine Einführung in die Theorie der Mehrgitterverfahren (MG Verfahren) sei auf die Arbeiten von Stüben und Trottenberg [32] und Hackbusch [18] verwiesen. Dort findet man auch weiterführende Literatur. Die formalen Bezeichnungen für das MG Verfahren sowie die Operatorschreibweise sind [32] entnommen. Als Grundlage der Implementierung der MG Verfahren wurde die MG00 Bibliothek der GMD verwandt [14].

Als Modellfall wird eine Poissongleichung mit Dirichlet-Randbedingungen auf dem Einheitsquadrat angenommen:

$$
\begin{aligned}
L^\Omega u &= -\Delta u = f^\Omega(x) \quad \text{mit } x \in \Omega = (0,1)^2 \\
L^\Gamma u &= u = f^\Gamma(x) \qquad x \in \Gamma = \partial(0,1)^2
\end{aligned}
\tag{4.1}
$$

Diese Gleichung wird auf einem quadratischen h-Gitter mit der gewöhnlichen 5-Punktstern-Approximation diskretisiert:

$$
L^\Omega_h = -\Delta_h = \frac{1}{h^2}\begin{bmatrix} & -1 & \\ -1 & 4 & -1 \\ & -1 & \end{bmatrix}_h
\tag{4.2}
$$

Als Relaxationsverfahren wird das Halbschrittverfahren (Gauß-Seidel-Relaxation) mit red-black-Partitionierung gewählt.

Als Restriktion wird im nachfolgend optimierten Programm wird die "half injection" verwendet, die durch den Stern

$$\frac{1}{8}\begin{bmatrix} & 1 & \\ 1 & 4 & 1 \\ & 1 & \end{bmatrix}^{h}_{2h} \tag{4.3}$$

repräsentiert ist.

Eine übliche Interpolation ist die bilineare Interpolation, die in der konkreten MG-Iteration Anwendung findet. Sie ist beschrieben durch

$$\frac{1}{4}\begin{bmatrix} 1 & 2 & 1 \\ 2 & 4 & 2 \\ 1 & 2 & 1 \end{bmatrix}^{2h}_{h} \tag{4.4}$$

Die FMG-Interpolation im anschließenden Verfahren ist durch verschiedene Sterne auf verschiedenen Punkten repräsentiert:

1. Diejenigen h-Gitterpunkte, die im 2h-Gitter enthalten sind, werden einfach übertragen:

$$u_h(i,j)=u_{2h}(ic,jc), \text{ für alle } i=2^*ic,\ j=2^*jc. \tag{4.5a}$$

2. Die geraden h-Gitterpunkte, $u_h(i,j)$ für i+j gerade, welche dann noch frei sind, werden mit einem um 45° gedrehten und modifizierten 5-Punktstern interpoliert, der sich in der Form

$$\frac{1}{2h^2}\begin{bmatrix} -1 & & -1 \\ & 4 & \\ -1 & & -1 \end{bmatrix}_{h} \tag{4.5b}$$

darstellt.

3. Auf den übrigen (ungeraden) Punkten wird einfach ein schwarzer Relaxations-Halbschritt ausgeführt, repräsentiert durch den Stern

$$\frac{1}{h^2}\begin{bmatrix} & -1 & \\ -1 & 4 & -1 \\ & -1 & \end{bmatrix}_{h} \tag{4.5c}$$

Die Komponenten des MG-Verfahrens (Gauß-Seidel-Relaxation, "half injection", bilineare Interpolation, FMG-Interpolation) sind so gewählt, daß sie dem einfachen Modellproblem, das im folgenden Kapitel berechnet wird, gerecht werden. Für kompliziertere Probleme müssen andere, numerisch aufwendigere Komponenten gewählt werden (sie z.B. [18], [33], [35], sowie Kap.7).

Erste Erfahrungen zur Parallelisierung dieser Verfahren auf "shared memory" MiMD Rechnern (z.B. Cray X-MP/2, Alliant FX/8) findet man bei Lemke [24]. Leider wurden dort aus Zeitgründen die Tests auf der Alliant FX/8 nur autoparallelisiert (FX/Fortran Compiler). Die von Lemke angegebenen Methoden zur Vektor/Parallelisierung von MG Komponenten auf der Cray X-MP/2 sind jedoch auf die Alliant FX/80 übertragbar und wurden bei den folgenden Untersuchungen und Vergleichen der Optimierung von MG Komponenten mit berücksichtigt.

5 Optimierung des MG-Verfahrens

Um einen Überblick von der Arbeitsverteilung unter den einzelnen Subroutines der MG Komponenten zu bekommen, wurde eine Aufschlüsselung der Rechenzeiten der einzelnen Unterroutinen erstellt. Die Ergebnisse sind in Abb. 3 a),b) dargestellt.

Den weitaus größten Anteil an der Rechenarbeit in der MG-Routine hat die Relaxation, so daß sich die Optimierungsversuche zunächst auf diese Routine konzentrieren.

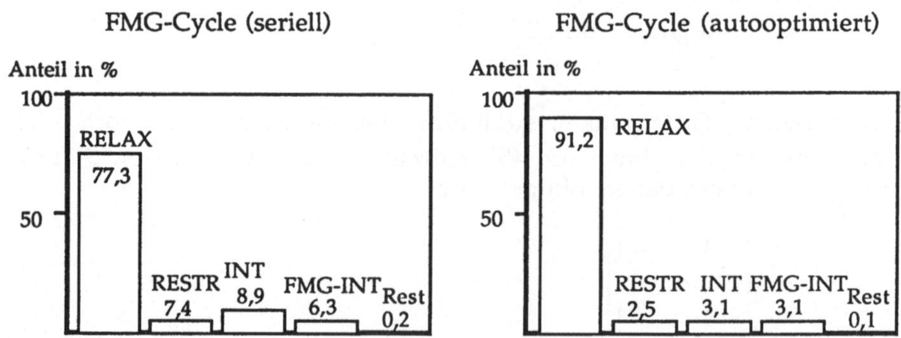

Abb. 3 a),b) Anteile der einzelnen Unterroutinen am FMG-Zyklus (gemessen für ein $(129)^2$-Gitter)

Der Code der Originalroutine ist gekennzeichnet von der Operationen sparenden Vorausberechnung der Diagonalsummen und der Zwischenspeicherung der Werte in einem eindimensionalen Workarray W. Weiterhin ist der rote und der schwarze Halbschritt vom gleichen Codesegment repräsentiert: Zwischen den roten und den schwarzen Punkten wird mit Hilfe eines Schalters, IS, unterschieden, der den Anfangswert des Laufindizes für die innere Schleife zwischen 2 und 3 alterniert. Da der IS-Schalter in der äußeren Schleife gesetzt wird, somit also quasi eine Datenabhängigkeit der inneren Schleife vom jeweiligen Wert von IS besteht, kann der Code nicht vollständig (d.h. nicht im COVI-Modus) optimiert werden. Nur die innere Schleife wird vektor-concurrent optimiert.

Die Diagonalsummenvorausberechnung erweist sich in dieser Form als untauglich, da die algorithmische Rechenintensität f zu klein ist (siehe Diskussion von f, $f_{1/2}$ in Abschnitt 2.1)

Optimierung mit Microtasking

Als erster Ansatzpunkt für die Optimierung bietet sich die Elimination des IS-Schalters an. Dies geschieht am einfachsten durch die Aufteilung der äußeren Schleife in zwei Schleifenblöcke mit jeweils Increment zwei, wobei die geraden Spalten (mit Anfangswert IS = 2 in der inneren Schleife für die roten Punkte) und danach die ungeraden Spalten (mit entsprechendem Anfangswert IS = 3) berechnet werden. Es entstehen also insgesamt 4 Schleifenblöcke pro Schritt.

Ein anderer Ansatzpunkt ist die Verbesserung der Rechenintensität f. Unter Aufgabe der Diagonalsummen-Vorausberechnung und damit unter Einbeziehung einer weiteren arithmetischen Operation pro Punkt, erhält man ein Verhältnis von 7 load/store-Operationen zu 5 arithmetischen Operationen ($f = 0,7$) im Gegensatz zu 8 load/store-Operationen zu 4 arithmetischen Operationen ($f = 0,5$) beim Originalcode.

Mit beiden Optimierungsansätzen sind deutliche Leistungsverbesserungen zu erzielen. Loop-unrolling, d.h. das Zusammenfassen mehrerer Schritte in einem Iterationsschritt einer Schleife, erbringt auf der Alliant keine spürbaren Leistungsgewinne. Eine Kombination aus Aufgabe der Diagonalsummenvorausberechnung und entfernen des IS-Schalters mittels zweier Schleifenblöcke pro Halbschritt ergibt die mit 18,5 Mflop/s leistungsfähigste Routine.

Optimierung mit Macrotasking

Im Unterschied zum Microtasking ist es beim Macrotasking nicht einfach möglich, den Code so beizubehalten, wie er auf einem seriellen Rechner auch programmiert würde. Hier muß die Verteilung auf die Prozessoren "von Hand" vorgenommen werden. Auch die Synchronisation muß manuell erfolgen.

Da aus den Versuchen mit Microtasking schon bekannt ist, wie die Hardware auf Optimierungen wie loop-unrolling, etc. reagiert, wurde hier auf solche Optimierungen verzichtet. Es gibt jedoch beim Macrotasking verschiedene Möglichkeiten, die Arbeit zu verteilen.

Macrotasking ist von Vorteil, da die Kontrolle über die Arbeitsverteilung und die Anzahl der Prozessoren erhalten bleibt. Die Prozessorzahl kann während des Programmlaufs dynamisch an die Problemgröße angepaßt werden.

Zunächst wird der Versuch unternommen, das Gebiet spaltenweise in Teilgebiete aufzuteilen. Stehen beispielsweise vier Prozessoren zur Verfügung, so wird das Gebiet mit n Spalten in vier Teilgebiete mit je (n/4) aufeinanderfolgenden Spalten geteilt, auf denen jeweils ein Prozessor arbeitet.

Die Synchronisation, die zwischen dem roten und dem schwarzen Relaxations-Halbschritt notwendig ist, wird durch den Neustart der Routine realisiert. Dabei gibt es je eine gesonderte Routine für die roten und die schwarzen Punkte. Diese Form der Synchronisation stellt sich auf der Alliant als recht geeignet heraus, weil sie zur Übersicht beiträgt, einfach zu handhaben und schnell ist. Das Neustarten von parallelen Tasks dauert nur 12 clockcycles (siehe [1]), im Vergleich dazu benötigt die Cray-2 dafür durchschnittlich 245.000 clockcycles (Cray-2 Multitasking Programmer's Manual).

Ein anderer Ansatz ist die Verteilung der Spalten modulo der Prozessoranzahl. Stehen beispielsweise 4 Prozessoren zur Verfügung, so bekommt der erste Prozessor die Spalten 1, 5, 9,..., der zweite Prozessor die Spalten 2, 6, 10,... usf. Fast perfektes load-balancing wird dadurch garantiert. Da diese Aufteilung am ehesten der automatischen Aufteilung des Compilers entspricht, sind auch ähnliche Ergebnisse zu erwarten. Da mit einer geraden Anzahl Prozessoren gerechnet wird, entfällt der IS-Schalter. Die Synchronisation wird, wie oben, durch Neustart der Tasks vorgenommen.

Die so optimierte Routine erreicht in etwa die gleiche Leistung wie die bestoptimierte Microtasking-Routine. Vorteilhaft ist, daß bei der Macrotasking-Relaxation zusätzlich die Möglichkeit der Steuerung der Prozessorzahl bei Wechsel von feinen zu groben Gittern im MG-Algorithmus gegeben ist. Dies ist möglich, da die Macrotasking-Relaxationsroutine reentrant programmiert wurde, also erst beim Aufruf die Anzahl der beteiligten Prozessoren dynamisch zugewiesen bekommt. Somit besteht die Möglichkeit, z. B. auf einem 5 x 5 Gitter anstelle von 3 Prozessen nur 1 Prozeß zu starten, der pro Relaxationsschritt zunächst zwei rote und danach einen schwarzen Relaxations-Halbschritt durchführt.

Praktische Versuche ergaben allerdings, daß durch die architekturbedingten günstigen Werte von $n_{1/2}$ und $s_{1/2}$ bei der Alliant FX/80 ab einer Gittergröße von 17 x 17 immer 8 Prozessoren effizient eingesetzt werden können. Beim Wechsel von feinen zu groben Gittern erfolgt deshalb lediglich ein Umschalten von 8 auf 1 Prozessor. Aufgrund der geringen arithmetischen Last auf den Grobgitter-Ebenen verbessert dies jedoch die Gesamtleistung des optimierten MG-Codes nur wenig. Zudem sind alle Prozessoren statisch im Komplex allokiert, stehen also nicht frei für andere Benutzerprozesse (im Multi-Processing-Mode) zur Verfügung.

Die Synchronisation, die hier mit Hilfe eines Neustarts jeweils einer speziellen Routine für den roten oder schwarzen Teilschritt realisiert wird, kann bei nur geringen Leistungseinbußen auch mit Hilfe einer selbstgeschriebenen BAR-RIER-Routine durchgeführt werden. Dazu werden die Bibliotheksroutinen lock und unlock verwendet, die im dritten Abschnitt vorgestellt wurden.

Es werden fünf Integer-Hilfvariablen in einem COMMON-block benötigt. Die Variable *npro* enthält die zum Ausführungszeitpunkt verfügbare Anzahl der Prozessoren. Die Variable, *icount* dient zur Sicherung des Prozesszählers *iicount*. *isyn* ist die Variable, die die BARRIER bildet und *not_ready* sichert die Barriere davor "überholt" zu werden. Der Code der BARRIER in Fortran sieht folgendermaßen aus:

```fortran
      recursive subroutine bar
            common /syn/ icount, iicount, npro, isyn, not_ready
c
c ermittele die anzahl der prozessoren
            npro = lib_number_of_processors()
c
c sperre die barrier gegen "ueberholen" bei kleiner last
            call lock(not_ready)
            call unlock(not_ready)
c
c sichere den prozesszaehler, bevor er hochgezaehlt wird
            call lock(iicount)
            icount = icount + 1
c
c ueberholsperre aktivieren, falls alle prozesse an der
c barrier angekommen sind
            if(icount.eq.npro) call lock(not_ready)
            call unlock(iicount)
c
c falls anzahl prozesse erreicht, entsichere die barrier
            if(icount.eq.npro) call unlock(isyn)
            call lock(isyn)
c
c zaehler herunterzaehlen, vorher sichern
            call lock(iicount)
            icount = icount - 1
c
c ueberholsperre deaktivieren, falls alle prozesse
c weiterlaufen
            if(icount.eq.0) call unlock(not_ready)
c
c der letzte prozess hinterlaesst eine aktivierte barrier
            if(icount.ne.0) call unlock(isyn)
            call unlock(iicount)
c
            return
            end
```

Mit diesem Werkzeug läßt sich nun eine Relaxationsroutine mit einem roten und einem schwarzen Halbschritt synchronisieren. Die Routine enthält eine äußere Schleife, in der die Iteration der Relaxation realisiert werden. Innerhalb dieser Schleife finden die roten und schwarzen Halbschritte statt. Die Parallelisierung findet, wie oben, durch Verteilung der Spalten modulo der Prozessorzahl statt. Nach jedem Halbschritt wird die BARRIER-Routine aufgerufen, die alle Prozesse synchronisiert.

Mit dieser Relaxationsroutine lassen sich Rechenleistungen erzielen, die nur ca. 5% unter denen der optimalen Routinen liegen. Diese etwas schwächere Leistung resultiert aus der Sequentialisierung bedingt durch Verwendung von LOCK/UNLOCK Primitiven zur BARRIER-Synchronisation. Die Leistung liegt mit sechs Prozessoren bei maximal 12,5 Mflop/s.

Mit Hilfe der dargestellten Optimierungen läßt sich die Relaxation in der Leistung um den Faktor 20 gegenüber serieller Verarbeitung und um den Faktor 10 gegenüber automatischer Optimierung beschleunigen.

Die übrigen Mehrgitterkomponenten werden nur durch einfache Änderungen beispielsweise der Indexberechnungen oder des Speicherzugriffs optimiert. Insgesamt bleibt ihr Anteil an der Rechenzeit des MG-Verfahrens gegenüber der seriellen Verarbeitung konstant.

Deutlich ist der Speedup des Gesamtpogramms für den MG-V Zyklus. Der Beschleunigungsfaktor gegenüber dem automatisch optimierten Originalcode liegt bei 3, solange kein "Cache"-Überlauf auftritt. Da der Speicherbedarf bei $(256)^2$ zu berechnenden Gitterpunkten schon den Cache-Speicherplatz übersteigt, sinkt der Faktor bis auf 1,9 bei $(512)^2$ Gitterpunkten. Ähnliche Beschleunigungen erhält man gegenüber dem autooptimierten Originalprogramm beim FMG-Zyklus. Die mittlere Rechenleistung des handoptimierten FMG-Verfahrens beträgt 6 Mflop/s.

Ein guter Indikator für Cache-Probleme ist der Beschleunigungsfaktor der Macrotasking-Relaxation, die im optimierten MG-Code verwendet wird. Der Faktor beträgt gegenüber der autooptimierten Original-Relaxation nur noch 2.0 bei $(256)^2$ Gitterpunkten im Vergleich zu 6,4 bei $(65)^2$.

Der Leistungsvergleich der seriellen, automatisch- und handoptimierten parallelen Versionen des MG-Algorithmus ist in Abb. 4 a)b) für den FMG und den MG-Zyklus dargestellt.

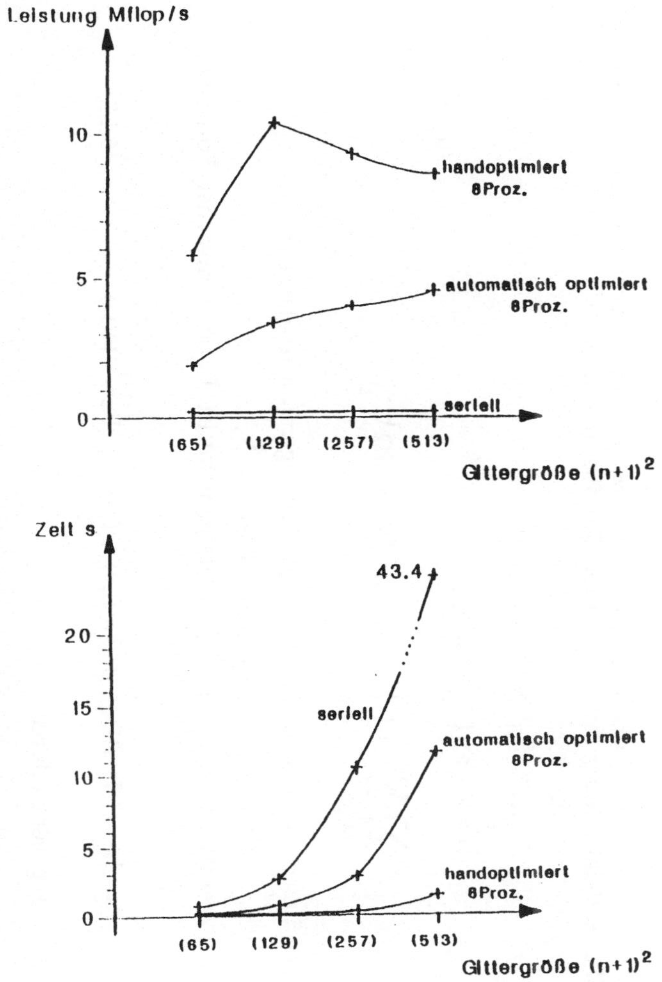

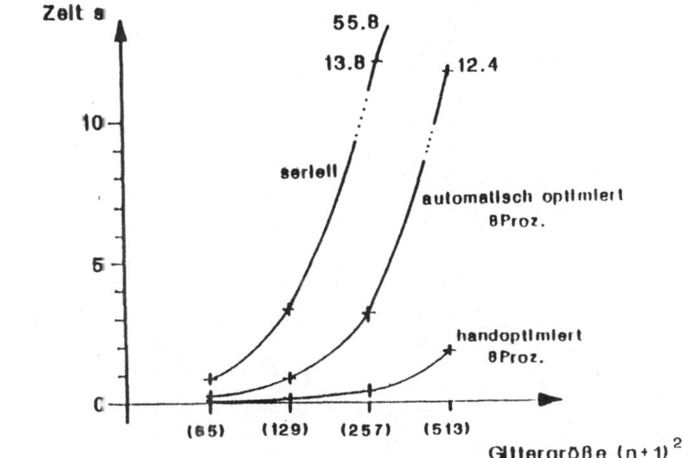

Abb. 4a)   Leistungsvergleich MG–V Zyklus

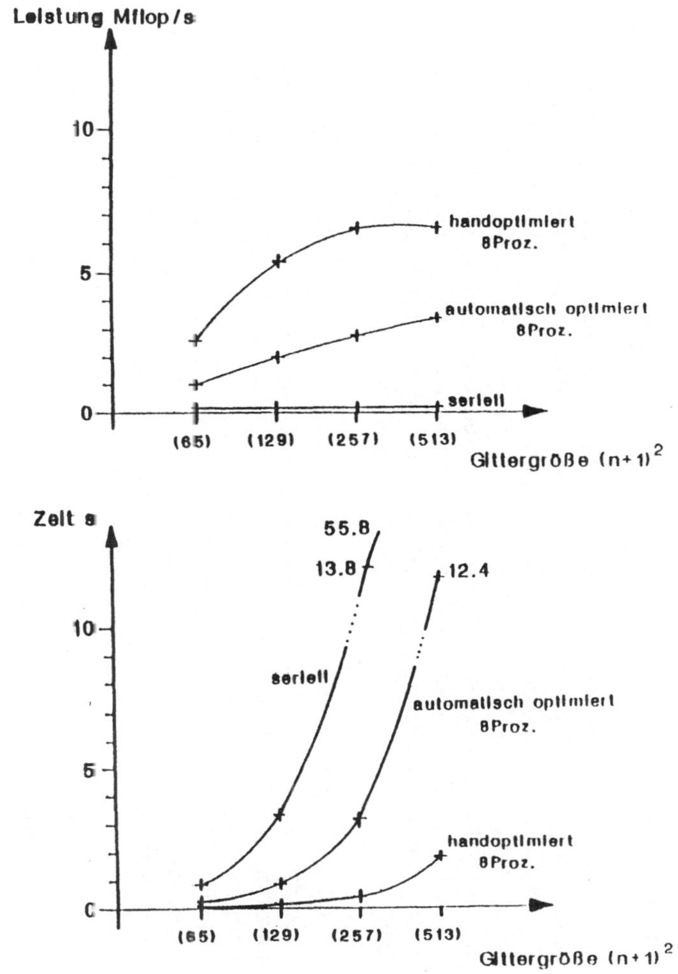

Abb. 4b)   Leistungsvergleich MG–FMG Zyklus

55

6 Das Hierarchische Basen Finite Elemente Verfahren

Im Gegensatz zu Differenzenverfahren, bei denen der Differentialoperator diskretisiert wird, approximieren Finite Elemente Verfahren die Lösungsfunktion u im unendlichdimensionalen Funktionenraum durch Funktionen u_h aus endlichdimensionalen Unterräumen des Lösungsraumes. Diese diskreten Funktionenräume lassen sich mit endlich vielen Basisfunktionen aufspannen und man kann zeigen, daß sich mit entsprechend gewählten Basisfunktionen schwach besetzte Gleichungssysteme aufstellen lassen, die genau eine Lösung besitzen.

Die Wahl der Basis ist entscheidend für die Kondition der Matrix des Gleichungssystems und damit für die Konvergenzeigenschaft des verwendeten Lösungsverfahrens. Bei komplizierteren Gebieten und höheren Diskretisierungsordnungen steigt beim Mehrgitterverfahren der Aufwand für die Interpolation und die Restriktion überproportional [34]. Das wird beim hierarchischen Basen Multigrid vermieden, weil die gröberen Gitter in den feineren Gittern enthalten sind. Mit den hierarchischen Basisfunktionen läßt sich die Kondition der Matrix so verbessern, daß ein präkonditioniertes CG-Verfahren eine annähernd optimale Konvergenzrate aufweist.

6.1 Hierarchische Basen und Mehrgitterstruktur

Das hierarchische Basen Mehrgitterverfahren, wie es hier vorgestellt wird, lehnt sich an die Darstellung in [8] an. Bank, Dupont und Yserantant beschreiben in [8] die hierarchische Basis Mehrgittermethode für allgemeine selbstadjungierte positiv definite elliptische Randwertprobleme. Deshalb sei (etwas allgemeiner als in (4.1)) das Randwertproblem gegeben durch:

Es sei $\Omega \subset R^2$ ein Polygongebiet. Als Modellproblem betrachten wir die Differentialgleichung mit gemischten Randbedingungen.

$$-\sum_{i,j=1}^{2} \partial_j \left(a_{ij} \partial_i u \right) = f \quad \text{auf } \Omega,$$

$$u = 0 \quad \text{auf } \Gamma_1 \subseteq \partial\Omega,$$

$$\sum_{i=1}^{2} \left(\sum_{j=1}^{2} a_{ij} n \Big|_j \right) \partial_i u = 0 \quad \text{auf } \Gamma_2 = \partial\Omega \setminus \Gamma_1, \tag{6.1.1}$$

n der äußere Normaleneinheitsvektor. Lösungsraum ist dann

$$H(\Omega) = \left\{ u \in H^1(\Omega) : u = 0 \text{ auf } \Gamma_1 \right\},$$

wobei u=0 im Sinne des Spuroperators gemeint ist. In der schwachen Formulierung

$$\text{"suche } u \in H(\Omega), \text{ so daß } a(u,v) = f(v) \text{ für alle } v \in H(\Omega) \tag{6.1.2}$$

ist $a(\cdot,\cdot)$ gegeben durch

$$a(u,v) := \int_{\Omega} \sum_{i,j=1}^{2} a_{ij} \, \partial_j u \, \partial_i v \, dx \, ,$$

(6.1.3)

wobei a_{ij} beschränkte meßbare Funktionen sind mit $a_{ij}=a_{ji}$ derart, daß $a(\cdot,\cdot)$ koerzive Bilinearform auf $H(\Omega)$ ist. Weiter induziert $a(\cdot,\cdot)$ durch $||u||^2 = a(u,u)$ eine Norm auf $H(\Omega)$, die Energienorm, sodaß $H(\Omega)$ ein Hilbert Raum ist. Der Darstellungssatz von Riesz garantiert eine eindeutige Lösung von (6.1.2).

Weiter sei eine (grobe) Triangulierung des Gebietes Ω gegeben. Eine Folge ineinander geschachtelter Verfeinerungen T0, T1, T2,... sei so konstruiert, daß ein Dreieck τ aus Tk+1 entweder

  (i)   ein Dreieck aus T_k oder

  (ii) ein regulär verfeinertes Dreieck aus T_k (Abb. 5 a) oder

  (iii) ein irregulär verfeinertes Dreieck aus T_k (Abb. 5 b) ist.

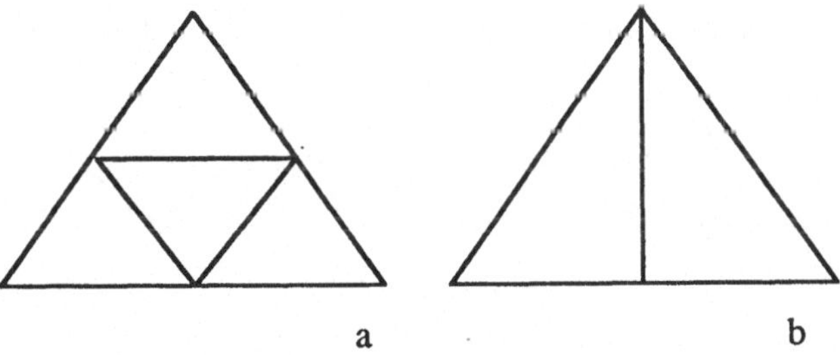

a   b

Abb. 5) Verfeinerung der Ausgangstriangulierung

Die irreguläre Verfeinerung birgt das Risiko, daß die inneren Winkel der Dreiecke zu klein werden. Es wird daher angenommen, daß die inneren Winkel durch eine Konstante nach unten beschränkt sind. Zu jeder Triangulation T_k gibt es die Menge der Knoten N_k der k-ten Verfeinerungsstufe und den Finite-Elemente-Raum S_k der k-ten Verfeinerung. S_k enthält Funktionen, die stetig sind auf $\bar{\Omega}$, linear auf allen $T \in T_k$ und 0 auf Γ_1. Es gilt

$N_k \subseteq N_{k+1}$, $S_k \subseteq S_{k+1}$ und
$u \in S_k$ ist bestimmt durch die Knotenwerte $u(x)$ an $x \in N_k$

(6.1.4)

Zu S_k gibt es nun zwei Mengen Basisfunktionen, die folgendermaßen definiert werden:
1. Die nodalen Basen,

$$1. \quad \hat{b}_i^{(k)} \in S_k \quad (1 \le i \le n_k),$$

$$\hat{b}_i^{(k)}(x_j) = \delta_{ij}, \quad x_j \text{ alle Knoten in } N_k \backslash \Gamma_1.$$

(6.1.5)

2. Die hierarchischen Basen,

$$\textbf{2.}\quad b_i \quad (1 \le i \le n_k),$$

i. in S_0 ist $\quad b_i = \hat{b}_i$, $\quad (1 \le i \le n_0)$,

ii. in S_k $(k \ge 1)$ ist $\quad b_i = b_i$, $\quad (1 \le i \le n_{k-1})$ und

$$b_i = \hat{b}_i^{(k)}, \quad (n_{k-1} + 1 \le i \le n_k).$$

$$(6.1.6)$$

Das heißt, die hierarchischen Basen bestehen aus den nodalen Basen der jeweils "neuen" Knoten in jeder Verfeinerung (siehe Abb. 6 für den eindimensionalen Fall).

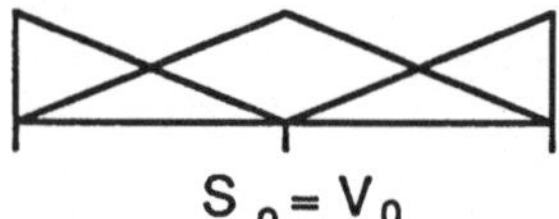

hierarchische Basen   nodale Basen

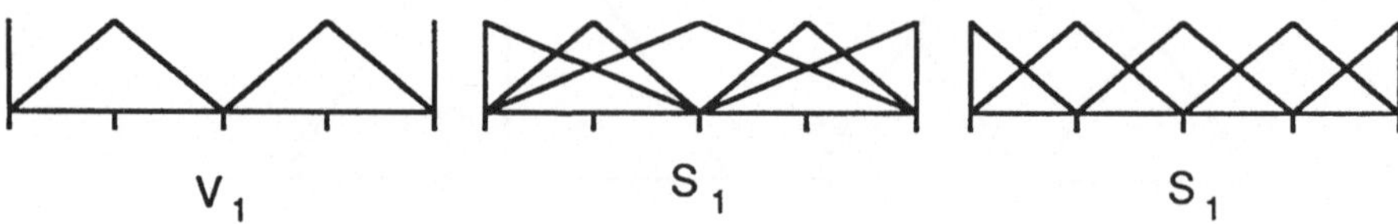

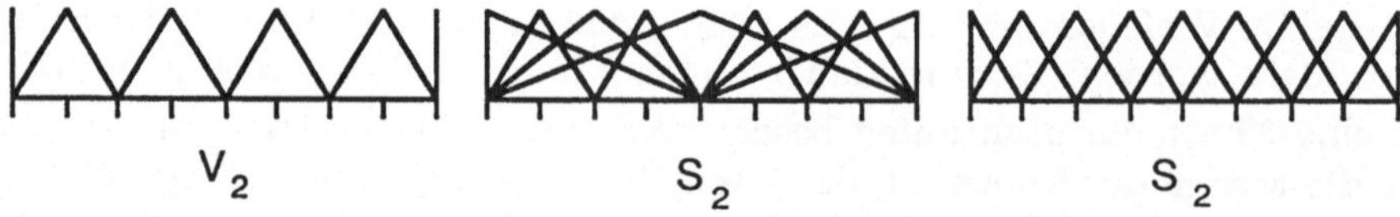

Abb. 6) hierarchische und nodale Basen in einer Dimension

Wesentliches Merkmal der hierarchischen Basis von S_k ist, daß sie eine Partition von S_k induziert: Sei $V_k := \mathrm{span}\{b_i: x_i$ ist Knoten der k-ten Verfeinerung$\}$. Dann ist S_k direkte Summe der V_i $(1 \le i \le k)$:

$$S_k = V_0 \oplus V_1 \oplus \ldots \oplus V_k.$$

$$(6.1.7)$$

Sei $S = S_j$ fest. Dann kann $u \in S$ eindeutig geschrieben werden als

$$u = \sum_{i=1}^{j} u_i, \quad u_i \in V_i.$$

$$(6.1.8)$$

J_k sei als Interpolationsoperator definiert:

$$J_k:S \to S_k, \qquad (0 \le k \le j),$$

$$J_k u = \sum_{i=0}^{k} u_i.$$

$$(6.1.9)$$

J_k ist eindeutig, S_k ist Bild von J_k und für $1{\le}k{\le}j$ ist V_k Bild von J_k-J_{k-1}, d.h. $u \in S$ hat eine eindeutige Darstellung

$$u = J_0 u + \sum_{k=1}^{j}(J_k u - J_{k-1} u),$$

$$(6.1.10)$$

womit eine andere Darstellung der Partition offensichtlich wird. Mit Hilfe dieser Ergebnisse wird nun das Gleichungssystem

$$Ax = f \qquad\qquad (6.1.11)$$

bezüglich der hierarchischen Basis aufgestellt. Das Gleichungssystem bezüglich der nodalen Basis sei mit

$$\hat{A}\hat{x} = \hat{f} \qquad\qquad (6.1.12)$$

bezeichnet. Man kann zeigen, daß die Kondition der Matrix A zu $O(\log(1/n)^2)$ gegenüber $O((1/n)^2)$ bei der Matrix $\hat{A}$ verbessert wird (n = Anzahl der Unbekannten). Ein mit Gauß-Seidel-Iteration präkonditioniertes conjugate-gradient-Verfahren benötigt dann $O(jn|\log \varepsilon|)$ Operationen, um den Fehler in der Energienorm um den Faktor ε zu reduzieren (siehe [8]).

Für j=2 läßt sich (6.1.11) in Blockstruktur schreiben

$$\begin{bmatrix} A_{11} & A_{12} \\ A_{21} & A_{22} \end{bmatrix}\begin{bmatrix} x_1 \\ x_2 \end{bmatrix} = \begin{bmatrix} f_1 \\ f_2 \end{bmatrix}.$$

$$(6.1.13)$$

(6.1.12) hat die Form

$$\begin{bmatrix} \hat{A}_{11} & \hat{A}_{12} \\ \hat{A}_{21} & \hat{A}_{22} \end{bmatrix}\begin{bmatrix} \hat{x}_1 \\ \hat{x}_2 \end{bmatrix} = \begin{bmatrix} \hat{f}_1 \\ \hat{f}_2 \end{bmatrix}.$$

$$(6.1.14)$$

Ziel ist es, die Werte in $\hat{x}_1$, $\hat{x}_2$ zu ermitteln, weil die Koeffizientenvektoren gerade die Werte der diskreten Lösung an den Knoten enthalten. Sei S die nichtsinguläre Matrix, die Funktionen in S_k bezüglich der nodalen Basis in die Funktionen bezüglich der hierarchischen Basis überführt. S hat die Blockstruktur

$$\begin{bmatrix} E & 0 \\ R & E \end{bmatrix} \quad \text{mit E Einheitsmatrix}.$$

$$(6.1.15)$$

d.h., die Nebendiagonaleinträge von S sind 0, außer für höchstens zwei Werte ungleich Null in jeder Zeile von R, deren Werte 1/2 sind. Dann ist

$$A = S^T \hat{A} S$$

$$f = S^T \hat{f} \text{ und} \qquad\qquad (6.1.16)$$

$$\hat{x} = S x$$

Für S bzw. S^T lassen sich einfache Algorithmen angeben, die die Multiplikation eines Vektors mit der entsprechenden Matrix vornehmen. Für die Matrix S bedeutet dies, daß eine Finite-Elemente-Funktion $u \in S_j \cap H(\Omega)$, gegeben bezüglich der hierarchischen Basis von S_j, an den Knoten $x \in N_j \backslash \Gamma_1$ berechnet werden muß. Das geschieht rekursiv. Die Werte von u an den Knoten $x \in N_0 \backslash \Gamma_1$ sind nach Definition durch die Koeffizienten bezüglich der hierarchischen Basis gegeben. Sind die Knotenwerte an allen $x \in N_{k-1} \backslash \Gamma_1$ bekannt, so wird zunächst J_{k-1} an allen $x \in N_k \backslash (N_{k-1} \cap \Gamma_1)$ berechnet. Dazu werden die Werte von $J_k u - J_{k-1} u$ an diesen Knoten addiert, die ja im Koeffizientenvektor bezüglich der hierarchischen Basis stehen. Damit sind aber die Werte u an $x \in N_k \backslash \Gamma_1$ bekannt. In (pseudo-) Fortran geschrieben liest sich der Algorithmus:

```
        do 10 k=1, j
          do 20 i ∈ Mk
            x(i) = x(i)+ (x(k1(i))+ x(k2(i)))/ 2
 20         continue
 10       continue
```

Dabei seien im Eingabearray x die Koeffizienten bezüglich der hierarchischen Basis abgelegt, M_k sei die Menge der Indizes i, für die $x_i \in N_k \backslash N_{k-1}$ und in k1, k2 seien die Indizes der jeweiligen beiden Nachbarknoten aus der (k-1)-ten Verfeinerung zu einem Knoten aus der k-ten Verfeinerung gespeichert (siehe Abb. 7). Der Algorithmus benötigt keinen zusätzlichen Speicherplatz, außer den Indexspeichern k1 und k2. Die Anzahl der Operationen beträgt weniger als 2n Additionen und n Divisionen (bzw. Multiplikationen mit dem Inversen).

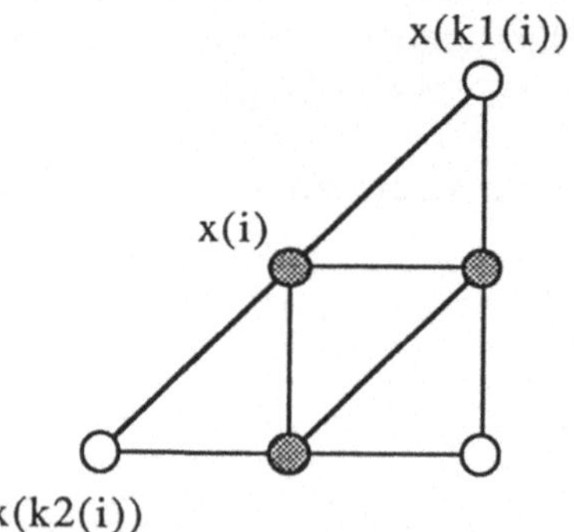

Abb. 7) Speicherung der Nachbarknoten

Mathematisch gesehen ist der Algorithmus eine Faktorisierung der Matrix S in

$$S = S_j S_{j-1} \cdots S_1. \tag{6.1.17}$$

S_k ist die Einheitsmatrix mit zwei zusätzlichen Einträgen pro Spalte/Zeile:
$$S_{k(i, k1(i))} = 1/2 \text{ und } S_{k(i, k2(i))} = 1/2.$$

für $i \in M_k$. (6.1.17) führt zu der Darstellung

$$S^T = S_j^T S_{j-1}^T \cdots S_1^T. \tag{6.1.18}$$

und bedeutet, daß die Berechnung von $S^T x$ genauso einfach ist, wie Sx. Wie oben läßt sich schreiben:

```
      do 10 k=j, 1, -1
        do 20 i ∈ M_k
          x(k1(i)) = x(k1(i))+ x(i)/ 2
          x(k2(i)) = x(k2(i))+ x(i)/ 2
 20       continue
 10     continue
```

Damit läßt sich mit A, f und x wie in (6.1.16) leicht rechnen. Man kann zeigen, daß ein conjugate gradient Verfahren (ohne Präkonditionierung) $O(n\log(n)\,|\log(\varepsilon/2)|)$ Operationen benötigt um den Fehler in der Energienorm um den Faktor ε zu reduzieren (siehe [36]).

6.2 Das Hierarchische Basen Finite Elemente Modellverfahren

Beim untersuchten Modellproblem handelt es sich, wie beim MG-Verfahren um eine Poissongleichung auf dem Einheitsquadrat mit Dirichlet-Randbedingungen auf dem ganzen Rand (siehe 4.1), obwohl, wie in 6.1 dargestellt, die gesamte Theorie der hierarchischen Basen Mehrgitterverfahren wesentlich allgemeiner gilt. Das Gebiet Ω wird in der Ausgangstriangulierung mit zwei Dreiecken unterteilt (Abb. 7 a). Ω wird regulär verfeinert, so daß nach j Schritten ein Gitter mit $(2^j+1)^2$ Knoten und $2*4^j$ Dreiecken entsteht (siehe Abb. 8 b) für j=3)).

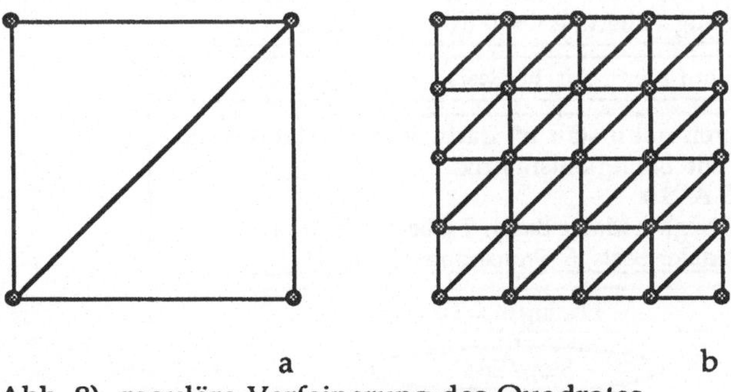

a   b

Abb. 8) reguläre Verfeinerung des Quadrates

Es werden lineare konforme finite Elemente verwendet, d.h. die Knoten liegen an den Ecken der Dreiecke, die Finite-Elemente-Funktionen sind linear auf allen Dreiecken $T \in T_k$ der Triangulation einer Stufe und stetig über ganz $\bar{\Omega}$. Insbesondere stimmen die Kanten benachbarter finiter Elemente überein. Für die Diskretisierung werden die Integrale

$$\sum_{i=1}^{2}\int_{\Omega}\partial_i b_k\,\partial_i b_l\,dx \qquad k,l \text{ in } N_k \tag{6.2.1}$$

gelöst. Da die Dreiecke der feinen Triangulierungen alle ähnlich zum Ausgangsdreieck sind, in dem sie liegen, nehmen die Basisfunktionen sehr einfache Form an. Daher sind die Integrale nicht jedesmal von neuem zu lösen, sondern es genügt die Elementsteifigkeitsmatrizen nur für die Ausgangsdreiecke aufzustellen.

Statt für die Diskretisierung der rechten Seite die Integrale

$$\int_\Omega f^\Gamma b_i \, dx \qquad i \in N_k$$

(6.2.2)

zu lösen wird eine Quadraturformel verwendet (Ciarlet [9]). Zur Lösung des entstehenden Gleichungssystems wird ein Standard-CG-Verfahren verwendet. Implizit wird auf die Darstellung der Finiten-Elemente-Funktionen bezüglich hierarchischer Basis umgeschaltet. Das geschieht mit Hilfe der im letzten Abschnitt beschriebenen Algorithmen für die Matrix S. Ein Flußdiagramm für den Ablauf des Programms ist in Abb. 9) dargestellt. Bis auf die Abbildung von Funktionen bezüglich nodaler Basis auf Funktionen bezüglich hierarchischer Basis und umgekehrt, sowie die spezielle Wahl des Lösungsverfahrens dürfte dies die allgemeine Form eines Finite Elemente Algorithmus sein.

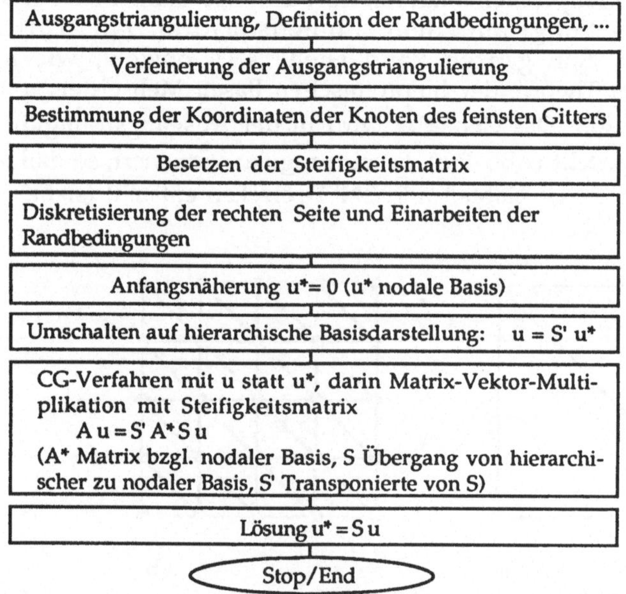

Abb. 9) Flußdiagramm FEM-Verfahren mit hierarchischen Basen

7   Optimierung des FEM-Verfahrens

Der Optimierung liegen zwei Codes zugrunde, die beide ein Verfahren wie in 6.2 beschrieben realisieren (Dziuk, Universität Bonn, Inst. f. Angew. Mathematik).

Im ersten Fall handelt es sich um ein Programm, bei dem die Steifigkeitsmatrix nicht gespeichert wird. Die Optimierung findet mit unterschiedlichen Strategien in den Routinen für die Multiplikation mit der Diskretisierungsmatrix, in den hierarchischen Basen Routinen für die Multiplikation mit S bzw. S^T und im CG-Verfahren statt. Die Strategien werden in Unterabschnitten behandelt.

Das zweite Programm speichert die Steifigkeitsmatrix und spart damit bei der Matrixmultiplikation eine beträchtliche Anzahl Operationen. Bei der Optimierung dieser Routine stellen sich daher andere Probleme als beim ersten Programm. Multiplikation mit S bzw. S^T sowie das CG-Verfahren sind wie im ersten Programm. Dafür wird der Aufwand zur Aufstellung der Steifigkeitsmatrix sehr groß. Die Optimierung dieser Routine wird, wie alle anderen Optimierungen, in Unterabschnitten diskutiert.

Den Versuchen in diesem Kapitel liegt wiederum ein Poisson-Modellproblem mit homogenem Dirichlet-Rand und $f(x, y) = 2(x + y - x^2 - y^2)$ zugrunde (s. 4.1). Bei der Optimierung wird zunächst nur Microtasking mittels Compiler-Direktiven angewendet. Dies geschieht wegen der einfacheren Handhabung und Implementierung. Im Abschnitt 5 wurde ja bereits gezeigt, daß bei relativ kleinen Prozessgranularitäten kein Unterschied zwischen Microtasking- und Macrotasking-Optimierung besteht. Im CG-Verfahren, das in der Iteration eine stark rekurrente Struktur aufweist, ist eine feine Granularität gegeben.
Beim zweiten Programm wird jedoch bei der Optimierung der Aufstellung der Steifigkeitsmatrix auf Macrotasking zurückgegriffen, um eine bessere Übersichtlichkeit zu wahren.

7.1 Programm ohne Speicherung der Steifigkeitsmatrix

Sieht man sich Abb. 9) als Aufbau eines FEM-Programms an und vergleicht diesen Aufbau mit der Struktur des hier untersuchten Algorithmus, so fällt das Fehlen der Aufstellung der Steifigkeitsmatrix auf. Sie wird nicht gespeichert, da ein Verfahren mit gespeicherter Matrix etwa 40 % mehr Speicherplatz benötigt.

Andererseits wird der Nachteil dieses Verfahrens schnell deutlich: In der Ersatzroutine für die Multiplikation mit der Steifigkeitsmatrix, die in jedem Iterationsschritt aufgerufen wird, müssen knapp 50% mehr Operationen durchgeführt werden.

7.1.1 Rechenzeitverteilung des Originalprogramms

Ein Profiling vom unoptimierten Programm zeigt, daß in der CG-Routine (inclusive der Matrixmultiplikation) 95-96% der Gesamtrechenzeit zugebracht wird. Von den übrigen Routinen, die alle zur einmaligen Definitionsphase des Problems gezählt werden können, ist die Gitterverfeinerung die aufwendigste. Sie ist stark rekursiv und kann daher nur seriell gerechnet werden. An zweiter Stelle steht die Diskretisierung der rechten Seite. Automatisch optimiert verändert sich dieser Eindruck nicht.

Das CG-Verfahren aufgeschlüsselt nach den Vektoroperationen, sowie den Matrixmultiplikationen mit S, S^T und der Steifigkeitsmatrix zeigt bei weitem den größten Rechenzeitverbrauch bei der Routine MATRIX, welche die Multiplikation mit der Steifigkeitsmatrix durchführt (ca. 58% am CG-Verfahren). An zweiter Stelle stehen die Vektoroperationen (ca. 20%), dahinter mit jeweils ca. 10% die Routinen zur Multiplikation mit S bzw. S^T. Vor allem in der Multiplikation mit der Steifigkeitsmatrix ergibt sich keine Beschleunigung durch automatische Optimierung. Die Leistung der im Lösungsverfahren relevanten Routinen beträgt beim seriellen Code 0,3 Mflop/s, beim automatisch optimierten Programm etwa 0,4 Mflop/s. Die Optimierungen, die in den folgenden Unterabschnitten beschrieben sind, beschränken sich im wesentlichen auf die folgenden Routinen:

- Multiplikation mit Steifigkeitsmatrix (MATRIX)
- Multiplikation mit S bzw. S^T (S1 bzw. S2)
- Vektoroperationen des CG-Verfahrens

Die Diskretisierung der rechten Seite (MASSE) wird ebenfalls optimiert, da die Struktur dieser Routine große Ähnlichkeit mit der der Routine MATRIX hat. Außerdem wird der Anteil von MASSE an der Gesamtrechenzeit bei Optimierung der übrigen Programmteile dominierend.

7.1.2 Die Optimierung von MATRIX und MASSE

Die Originalroutine für die Multiplikation eines Vektors mit der Steifigkeitsmatrix, MATRIX, hat die in Abb. 10) dargestellte Struktur.

Es ist auf den ersten Blick erkennbar, daß die Berechnung der Elementsteifigkeitsmatrizen nicht jedesmal von neuem erfolgen muß. MATRIX wird ja in jeder Iteration des CG-Verfahrens aufgerufen.
Erste Optimierung wird daher sein, die Berechnung der Elementsteifigkeitsmatrizen nur einmal durchzuführen. Da die Dreiecke aller Verfeinerungen und damit insbesondere die der feinsten Stufe ähnlich zum Ausgangsdreieck sind, in dem sie liegen (bis auf die Orientierung), sind auch die Elementsteifigkeitsmatrizen alle identisch. Es braucht daher nur für jedes Ausgangsdreieck eine Elementsteifigkeitsmatrix berechnet zu werden.
Zur Optimierung des Hauptteils dieser Routine, der Berechnung der Knotenwerte, bedarf es einer etwas genaueren Analyse der Daten- und Rechenstrukturen. In einer Schleife über alle Dreiecke der feinsten Triangulierung werden jeweils die drei Eckpunkte eines Dreiecks neu berechnet. Dabei gehen zur Berechnung des neuen Knotenwertes die drei alten Knotenwerte gewichtet mit den jeweiligen Koeffizienten der Elementsteifigkeitsmatrix ein. Diese Werte werden jeweils auf den neuen Knotenwert addiert.

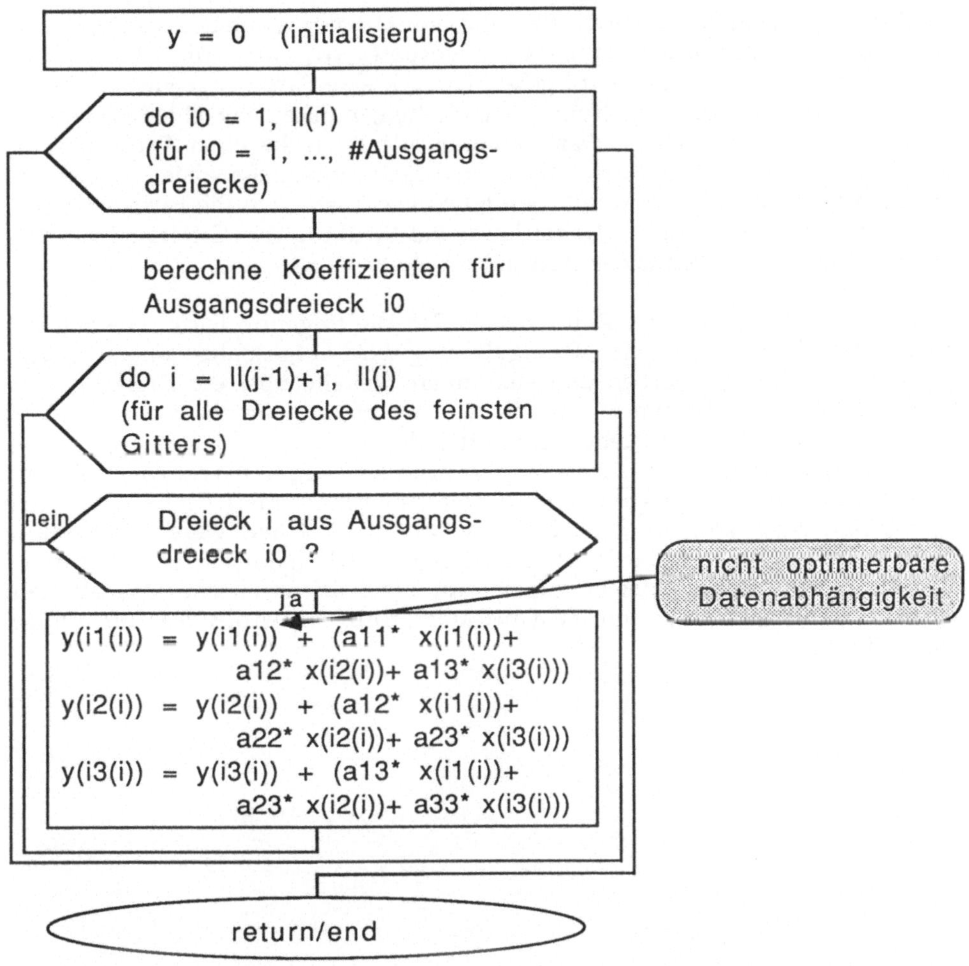

Abb. 10)   Flußdiagramm MATRIX

Dies stellt eine (automatisch) nicht lösbare Datenabhängigkeit dar. Es ist nämlich aufgrund der Nummerierung der Dreiecke nicht vorhersagbar, in welcher Reihenfolge auf den jeweiligen Knoten zugegriffen wird.
Eine mögliche Strategie diese Abhängigkeit aufzulösen wäre die Verwendung der in Abschnitt 3.2 beschriebenen "locks". Diese Strategie erscheint aber wegen der relativ komplizierten Implementierung (für jeden Speicherplatz müßte eine "Zeigervariable" existieren, die gelockt werden kann) und wegen des großen Overheads (die locks müßten in jedem Iterationsschritt bis zu sechs mal gesetzt und wieder gelöst werden) schon a priori nicht sehr vielversprechend.

Es wird daher auf ein anderes Prinzip der Entkoppelung der Abhängigkeit gesetzt. Jeder Punkt wird bis zu sechs mal neu bewertet, je nach Anzahl der

Dreiecke, in denen der Punkt enthalten ist. Wenn zwischen jeder neuen Addition synchronisiert wird, d.h. alle Punkte nur einmal zwischen zwei Synchronisationspunkten "angefaßt" werden, so kann die Berechnung parallelisiert erfolgen. Dazu wird jedem Dreieck eine Farbe zugewiesen. Die bis zu sechs Dreiecke, die den Knoten i enthalten, müssen verschiedene Farben besitzen und das für alle i. Dann können alle Dreiecke einer Farbe parallel berechnet werden, kein Punkt wird mehrfach (unsynchronisiert) bewertet, keine Datenabhängigkeit tritt auf. Besonders leicht läßt sich die Farbzuordnung mit acht Farben realisieren. Dabei kann die Struktur der Gitterverfeinerung leicht ausgenutzt werden (siehe Abb. 11) .

Damit erhält die optimierte Routine MATRIX die folgende Form. Die Schleife über alle Dreiecke der feinsten Triangulierung wird aufgespalten in eine äußere Schleife über die acht Farben und eine innere Schleife über die Dreiecke einer Farbe. Dabei kann die innere Schleife voll optimiert werden, d.h. im vektor concurrent Modus laufen (siehe Abschnitt 3.1).
Darüber hinaus läßt sich der Datenzugriff noch leicht optimieren. Die drei alten Knotenwerte, auf die insgesamt je dreimal innerhalb eines Schleifenschrittes zugegriffen wird, können in Skalaren zwischengespeichert werden, so daß je zwei Vektorzugriffe gespart werden. Es ergibt sich dann ein sehr günstiges Verhältnis von einem Speicherzugriff auf zwei arithmetische Operationen, wobei das Verhältnis von Additionen und Multiplikationen genau ausgeglichen (also 1:1) ist.

Abb. 11) Farbverteilung

Das sind annähernd optimale Bedingungen für die Rechnerarchitektur der Alliant. Allein der nichtkonstante Stride beim Speicherzugriff und die Vektorlänge (Anzahl Dreiecke / (Anzahl Farben * Anzahl Prozessoren)) könnten hier Einbußen bewirken. Im Programmzusammenhang erreicht die so optimierte Routine Matrix 12,2 Mflop/s Rechenleistung.

Die Struktur der Routine MASSE, der Diskretisierung der rechten Seite, ist weitgehend ähnlich mit der Struktur der Routine MATRIX. Genauso wie in MATRIX kann auch hier mit der Einteilung der Dreiecke in Farbklassen und der unabhängigen Berechnung der Dreiecke innerhalb einer Farbklasse effektiv optimiert werden. Auch hier kann mit kleinen Verbesserungen beim Speichermanagement (Zwischenspeicherung in Skalare) ein besseres Verhältnis von Speicherzugriffen zu arithmetischen Operationen erziehlt werden.

7.1.3 Optimierung der Routinen S1 und S2

Mit je etwa 10% Anteil an der Rechenzeit des CG-Verfahrens lohnt sich die Optimierung der Routinen für die Multiplikation mit der Matrix S bzw. S^T, S1 bzw. S2.

Der Algorithmus der Routine S1 enthält keine unoptimierbare Datenabhängigkeit. Die Berechnung der neuen Knotenwerte auf der Stufe k ist nur abhängig von den Ergebnissen auf der Stufe k-1, aber auf der Stufe k unabhängig. Die Direktive cvd$ nodepchk veranlaßt den Compiler, die innere Schleife im vektor-concurrent Modus laufen zu lassen. Damit erreicht die Routine S1 maximal 7,4 Mflop/s Rechenleistung.

Die Optimierung der Routine S2 gestaltet sich dagegen schwieriger. Hier wird in umgekehrter Reihenfolge zu S1 vorgegangen. Aus den Punkten der k-ten Verfeinerung werden die Punkte der (k-1)-ten gröberen Verfeinerung berechnet. Dabei kann auf einen Knoten der (k-1)-ten Stufe bis zu sechs mal zugegriffen werden. Da die Reihenfolge hier nicht mit der Nummerierung der Dreiecke zusammenhängt, kann das Konzept der Einteilung in und der Synchronisation über die Farbklassen nicht angewendet werden. Hier wird eine andere Strategie verfolgt.

Dazu werden in einem Hilfsfeld zu jedem Knoten die Nummern der Nachbarknoten gespeichert, in einem zweiten Hilfsfeld die Anzahl der Nachbarn. In einer geschachtelten Schleife, die außen über die Knoten der (k-1)-ten Stufe läuft und innen über die Nachbarpunkte, wird nun die Berechnung der Knoten der k-ten Stufe durchgeführt. Dabei kann die äußere Schleife parallelisiert und die innere Schleife vektorisiert werden (COVI-Modus). Trotz der kurzen Vektorlänge kommt diese Routine auf 5,5 Mflop/s. Durch programmiertechnische Sonderbehandlung der Randknoten und Ausprogrammierung der inneren Schleife kann man noch eine Erhöhung der Vektorlängen erreichen, welche die Leistung geringfügig auf 6 Mflop/s erhöht.

7.1.4 Optimierung der Operationen in der CG-Routine

Beim Standard-CG-Verfahren treten im wesentlichen folgende Operationen auf:
- Matrix-Vektor-Multiplikation (mit Steifigkeitsmatrix),
- Vektor-Vektor-Multiplikation (Vektorprodukt),
- triadische Vektoroperation (Vektor mal Skalar plus Vektor),
- Maximum eines Vektors bestimmen.

Die auftretenden Matrix-Vektor-Multiplikationen sind in den Abschnitten 7.1.2 und 7.1.3 schon behandelt worden. Die anderen Operationen werden durch optimierte Bibliotheksroutinen ersetzt. Für die Vektor-Vektor-Multiplikation stellt Alliant eine Funktion DOTPRODUCT zur Verfügung. Aus der lmath-Bibliothek steht die Routine DDOT zur Verfügung. Eigene Tests haben ergeben, daß die Routine DOTPRODUCT mit bis zu 34.9 Mflop/s erheblich höhere Leistungen erzielt, als DDOT mit maximal 16,8 Mflop/s. Wichtig ist beim Aufruf von DOTPRODUCT, daß keine increment-Maske oder Feldbegrenzungen angegeben werden, da sonst nicht vollständig optimiert werden kann. Für die Bestimmung des Maximums eines Vektors steht die optimierte Funktion MAXVAL zur Verfügung. Die übrigen Vektoroperationen lassen sich im Alliant FX/Fortran schreiben. Sie sind automatisch voll optimierbar. Sehr deutlich ist der Einfluß der Compileroption -DAS (siehe Abschnitt 3.1). Sie ermöglicht erst die effektive Ausführung der optimierten Routinen und verbessert auch spürbar die Ausführung der Vektoroperationen. Der Code des optimierten CG-Verfahrens sei hier, nicht zuletzt wegen der eleganten kurzen Form, eingefügt:

```
      subroutine cg(n, y, b)
      real h(n), y(n), r(n), xp(n), b(n)
c
      err = 1.e-7
      call matrix(y,h)
      r = b- h
      xp = r
      xpn = maxval(xp)
c
      do while (xpn.gt.err)
c
         call matrix(xp,h)
c
         rtr = dotproduct(r, r)
         s2 = dotproduct(xp, h)
         ak = rtr/ s2
c
         y = y+ ak* xp
         r = r- ak* h
c
         sum = dotproduct(r, r)
         bk = sum/ rtr
c
         xp = r+ bk* xp
         xpn = maxval(xp)
c
      end do
c
      return
      end.
```

7.1.5 Ergebnisse der Optimierungen

Die Darstellung der erzielbaren Gesamtleistung des FEM-Verfahren ohne gespeicherte Steifigkeitsmatrix sowie die Leistung der darin enthaltenen optimierten Routinen Matrix und CG erfolgt in Abb. 12) . Wie man sieht, ist das autooptimierte Programm nur um einen Faktor 1,2 schneller als die serielle Programmversion. Der Beschleunigungsfaktor des handoptimierten gegenüber dem seriellen Programm beträgt 16,2. Das bedeutet, daß die Vektorisierungs- und Parallelisierungsmöglichkeiten auf dem Rechner nicht voll genutzt werden können. Großen Einfluß auf die Rechenzeit hat beim optimierten Programm die rekursive Gitterverfeinerung in der Initialisierungsphase, die aufgrund ihrer Struktur nicht optimierbar ist. Sie macht, je nach Problemgröße, zwischen 20% und 40% der Rechenzeit aus. Problematisch ist außerdem, daß schon bei relativ kleinen Problemen (Gittergröße 129 x 129 Punkte) der Speicherbedarf so groß wird, daß es zum Cacheoverflow kommt, der die Rechenleistung dämpft. Der Speedup des handoptimierten gegenüber dem automatisch optimierten Programm beträgt etwa 13,3. Der Arbeitsaufwand für die Optimierung ist also eine lohnende Investition. Die Rechenleistungen der am CG-Verfahren beteiligten Routinen des handoptimierten Programms liegen trotz Cacheoverflow bei 5,5 bis 10,0 Mflop/s. Solche Leistungen sind dank der optimierten Bibliotheksroutinen und des günstigen Speicherzugriffs-Arithmetik-Quotienten in der Routine MATRIX erreichbar.

Leistung Mflop/s
handoptimiert
8Proz.
automatisch optimiert
8Proz.
seriell
(65)² (129)² (257)² (513)²
Gittergröße (n+1)²

Leistung Mflop/s
Matrix
CG
s   seriell
h   handoptimiert
     8Prozessoren
a   automatisch optimiert
     8 Prozessoren
h
h
a
s
a
(65)² (129)² (257)² (513)²
Gittergröße (n+1)²

Zeit s
2395.94
2050.83
seriell
automatisch optimiert
8Proz.
handoptimiert
8Proz.
(65)² (129)² (257)² (513)²
Gittergröße (n+1)²
Leistungsvergleich FEM-Verfahren
ohne gespeicherte Steifigkeitsmatrix (gesamt)

Zeit s
1800.63
1358.60
a
s
s
h
a
h
Matrix
CG
s   seriell
h   handoptimiert
a   automatisch optimiert
(65)² (129)² (257)² (513)²
Gittergröße (n+1)²
Leistungsvergleich FEM-Verfahren
ohne gespeicherte Steifigkeitsmatrix

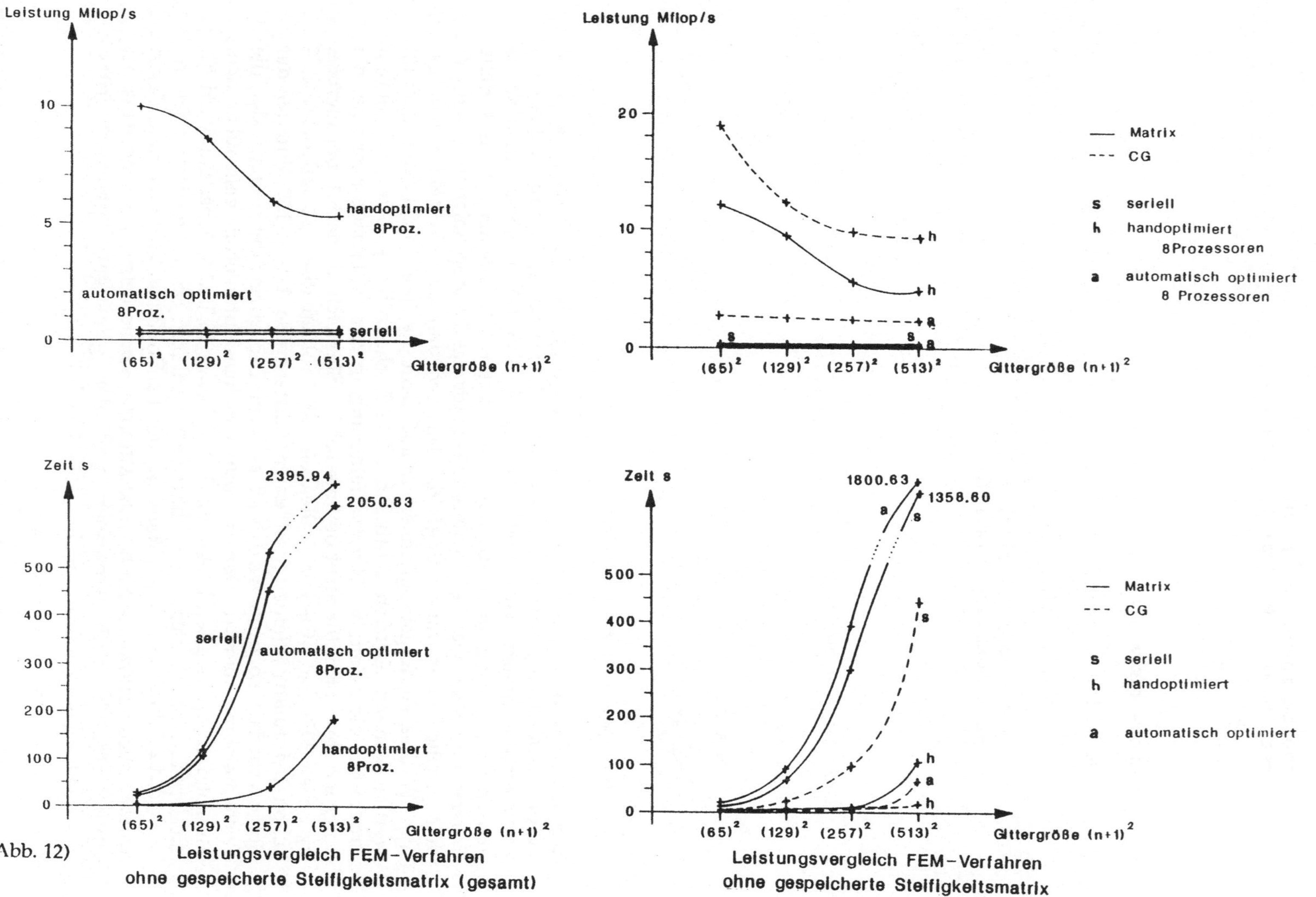

Abb. 12)

7.2 Programm mit Speicherung der Steifigkeitsmatrix

Bei der zweiten Variante des FEM-Verfahrens handelt es sich um ein
Programm, bei dem die Steifigkeitsmatrix aufgestellt und gespeichert wird. Als
Lösungsverfahren des Gleichungssystems wird ein standard CG-Verfahren
gewählt.

7.2.1 Rechenzeitverteilung des Originalprogramms

Die Anteile der einzelnen Unterroutinen an der Rechenzeit des Lösungsverfahrens sind in Abb. 13) dargestellt. Eine Optimierung erscheint bei der Multiplikation mit der Steifigkeitsmatrix (MATRIX), sowie bei den Routinen S1 und
S2, der Transformation von der hierarchischen zur nodalen Basis und umgekehrt am sinnvollsten. Bei den am CG-Verfahren beteiligten Operationen (CG)
setzt der optimierende Compiler die hochoptimierten Bibliotheksroutinen beispielsweise für Vektormultiplikation (Skalarprodukt) ein.

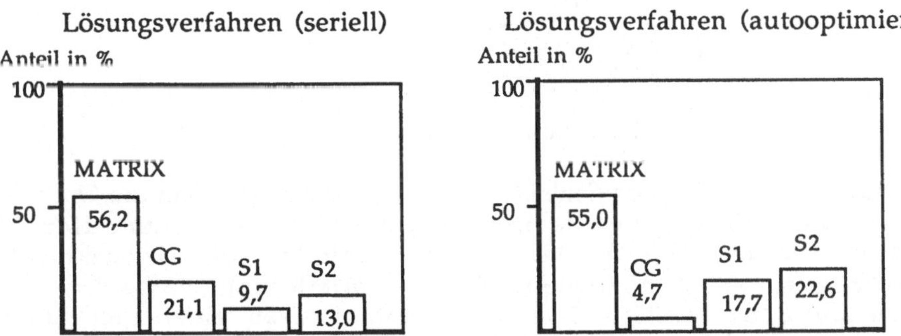

Abb. 13 a),b) Anteile der einzelnen Routinen am Lösungsverfahren (gemessen
für ein $(129)^2$-Gitter)

7.2.2 Optimierung der Routine MATRIX

Die Originalroutine für die Multiplikation eines Vektors mit der
Steifigkeitsmatrix ist aufgebaut, wie eine Standard-Matrixmultiplikation. In
einer äußeren Schleife über alle Zeilen wird in einer inneren Schleife über die
sieben Elemente, die in einer Zeile maximal besetzt sind, auf das neue
Vektorelement das Produkt aus Matrixelement und altem Vektorelement (an
der entsprechenden Stelle) addiert. Da nicht in jeder Zeile alle sieben Spalten
besetzt sind (Randwerte) und da die Matrix nicht voll gespeichert ist, wird in
der inneren Schleife zunächst der Index für das alte Vektorelement gesucht
und dann mit Hilfe einer IF-Abfrage nur dann auf das neue Vektorelement
addiert, wenn der Indexwert nicht Null ist (siehe Abb. 14).

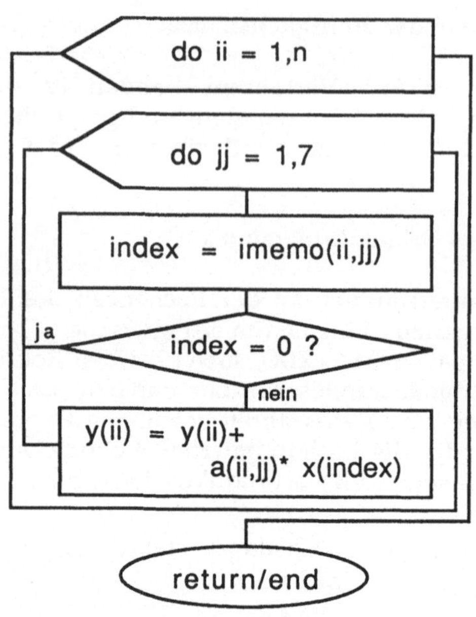

Abb. 14) Flußdiagramm MATRIX

Die IF-Abfrage in der inneren Schleife wirkt sich stark negativ auf die Optimierung aus. Zusätzlich sollte die Indizierung der Felder A und IMEMO umgedreht werden, um in der inneren Schleife einen konsekutiven Speicherzugriff zu ermöglichen. Diese Optimierung verbessert die Rechenleistung um ca.30%. Das kann einerseits an einer nicht hoch optimierten gather/scatter-Einrichtung auf der Alliant liegen, andererseits - und das ist wahrscheinlicher - an der Tatsache, daß der Datenzugriff mit Stride n erfolgt, n aber ein Vielfaches von acht ist, da bei regulärer Verfeinerung des quadratischen Gebiets $n=(2^j)^2=(8^{j-3})^2$ für $j\geq 3$ ist (j = Anzahl der Verfeinerungsstufen). Ein Vielfaches von acht beim Stride verringert die Leistung, weil immer wieder auf die selbe Speicherbank zugegriffen wird (siehe Abschnitt 2.1 und [12], [22]).

Eine Möglichkeit, die IF-Abfrage zu umgehen, ist folgende: Für x, den zu multiplizierenden Vektor, wird ein Hilfsvektor xh definiert, der um eine Stelle mit dem Index Null erweitert ist. In xh stehen die Werte von x und zusätzlich an der Stelle Null eine Null. Nun braucht nicht mehr abgefragt zu werden, ob im Indexspeicher wirklich ein positiver Wert steht. Es entstehen wenige zusätzliche Operationen (Addition mit Null) an den Randpunkten. Um im Alliant vektor-concurrent-Modus, der aus dieser Optimierung für die innere Schleife resultiert, größere Vektorlängen zu erzielen, wird die innere Schleife ausprogrammiert. Abb. 15) zeigt ein Flußdiagramm des neuen Codes.

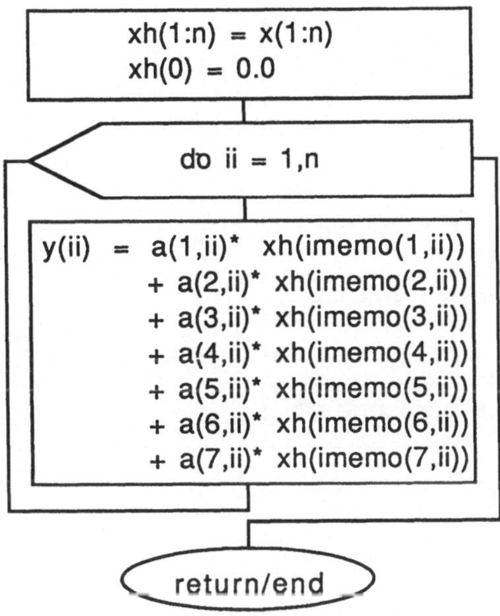

Abb. 15) Flußdiagramm MATRIX optimiert

Die Rechenleistung der Routine MATRIX erhöht sich dadurch von 0,9 auf 8,1 Mflop/s.

7.2.3 Optimierung der Routine STEIF

Der Einfluß der Aufstellung der Steifigkeitsmatrix auf die Gesamtrechenzeit nimmt bei automatischer Optimierung stark zu und wird mit ca. 30-40% dominierend. Eine Optimierung dieser Routine ist daher sehr vielversprechend. Dabei sind die Erfahrungen aus der Optimierung des Programms ohne gespeicherte Matrix sehr hilfreich, weil die Struktur des Codes ähnlich ist. Bei der Berechnung der Koeffizienten der Steifigkeitsmatrix wird im Originalcode in einer Schleife über alle Dreiecke des feinsten Gitters zunächst die Elementsteifigkeitsmatrix für jedes Dreieck berechnet und anschließend auf die Koeffizienten der Steifigkeitsmatrix aufaddiert. Diese Addition ist, neben anderen Elementen, eine automatisch nicht optimierbare Datenabhängigkeit (siehe Abb. 16).

Um den Rechenaufwand zu verringern, kann die Berechnung der Elementsteifigkeismatrix für jedes Element der feinsten Triangulierung entfallen; es reicht, die Elementsteifigkeitsmatrizen für die Ausgangstriangulierung aufzustellen Wie bei der Routine MATRIX beim Programm ohne gespeicherte Matrix, ist die Addition auf die Koeffizienten der Steifigkeitsmatrix abhängig von den Knoten, wobei die Schleife über die Dreiecke läuft. Wie dort kann auch hier die Einteilung in Farbklassen dazu dienen, den Zugriff auf die Knotenwerte und damit auf die Koeffizienten zu synchronisieren.

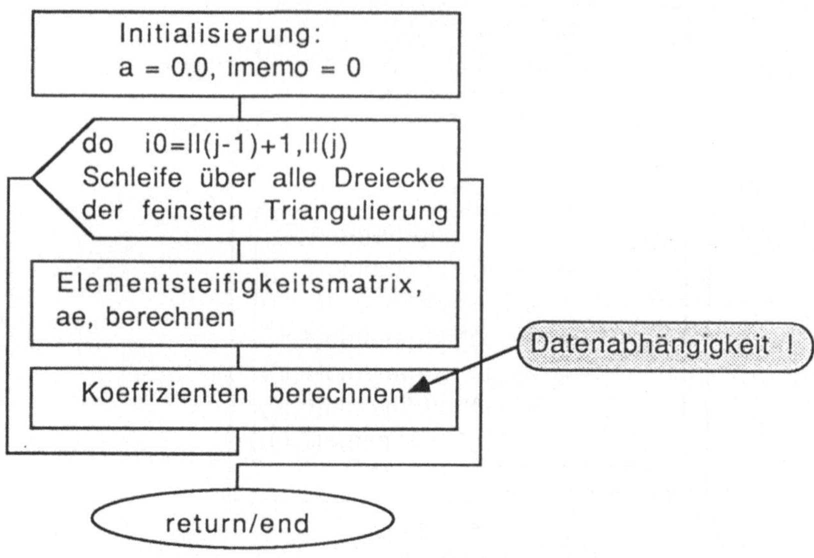

Abb. 16) Flußdiagramm STEIF

Die Schleife über alle Dreiecke der feinsten Triangulierung zerfällt also in drei geschachtelte Schleifen:

1. über die Ausgangsdreiecke (hier werden die Elementsteifigkeitsmatrizen berechnet),
2. über die acht Farben,
3. über die Dreiecke einer Farbklasse (eines Ausgangsdreiecks).

Innerhalb der dritten (inneren) Schleife kann nun die Aufstellung der Koeffizienten, d.h. die Addition auf die Koeffizienten, parallelisiert werden. Um den Code übersichtlicher zu halten, wird hier das entsprechende Segment in einer recursive subroutine (siehe Abschnitt 3.2) untergebracht, die parallel gerufen wird. Mit dieser Optimierung kann der Anteil der Routine STEIF an der Gesamtrechenzeit auf 11-13% gebracht werden. Die Beschleunigung gegenüber der seriellen Routine beträgt im Durchschnitt 14,5. Die optimierte Form der Routine STEIF ist in Abb. 17) dargestellt.

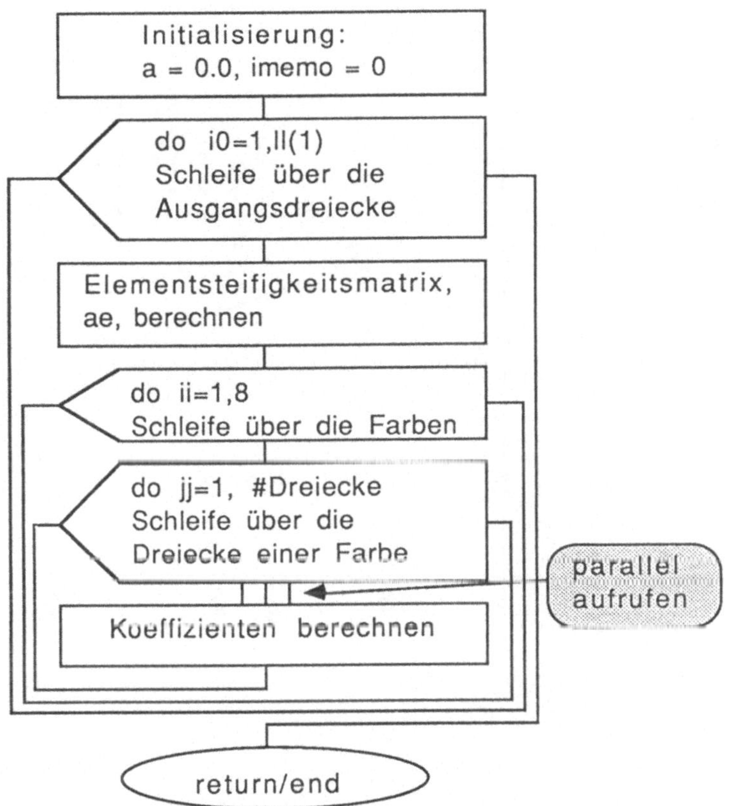

Abb. 17) Flußdiagramm STEIF optimiert

7.2.4 Ergebnisse der Optimierungen

Der handoptimierte Code des FEM-Verfahrens mit gespeicherter Steifigkeitsmatrix bringt eine weitere Beschleunigung um einen Faktor von 3,8. Der Speedup des handoptimierten gegenüber dem seriellen Programm beträgt 21, ist also besser als beim Programm ohne gespeicherte Matrix. Betrachtet man allein die am Lösungsverfahren beteiligten Routinen, so kommt man sogar auf Beschleunigungsfaktoren von 36 gegenüber dem seriellen Originalprogramm, bzw. 5 gegenüber der autooptimierten Version. Die gemittelte Rechenleistung dieser Routinen beträgt etwa 9 Mflop/s. Die Darstellung der erzielbaren Gesamtleistung des FEM-Verfahrens mit gespeicherter Steifigkeitsmatrix sowie die Leistung der darin enthaltenen optimierten Routinen Matrix und CG erfolgt in Abb. 18).
Da auf der Alliant FX/80 durch Vektorisierung und Parallelisierung Beschleunigigungsfaktoren von über 30 erreichbar sind, werden auch bei der hier optimierten Variante des FEM-Verfahrens die Möglichkeiten des Rechners nicht voll genutzt. Hauptanteil daran trägt wieder die nicht optimierbare rekursive Gitterverfeinerung sowie der ungünstige Stride beim Datenzugriff.

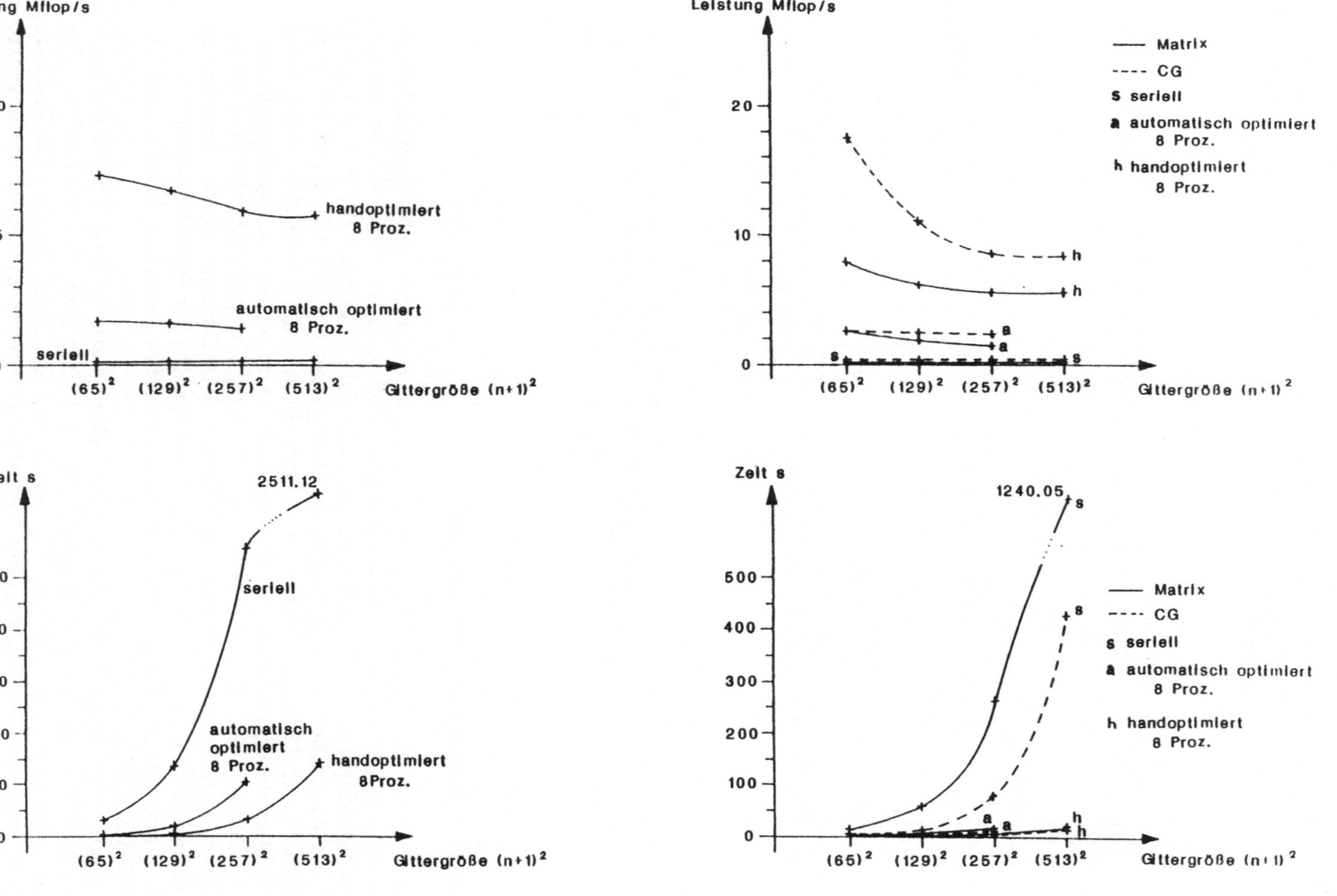

Abb. 18) Leistungsvergleich FEM-Verfahren mit gespeicherter Steifigkeitsmatrix

7.3 Vergleich der beiden Verfahren und Ausblick

Beim Vergleich der beiden Programme aus 7.1 bzw. 7.2 fällt auf, daß zwar die Anzahl der Operationen beim Programm mit gespeicherter Matrix auf ca. 60% zurückgeht, aber die Rechenzeit nicht wesentlich unter der des Programms ohne Matrixspeicherung liegt. Die Rechenleistung des ersteren liegt deutlich unter der des Programms ohne Matrix. Das läßt sich wohl in erster Linie auf die ungünstige Struktur der Routine MATRIX zurückführen. Speziell bei kleinen Problemen (z.B. 65 x 65 Unbekannte), bei denen der Cache-Speicherplatz noch ausreicht und der Datenzugriff noch relativ Problemlos funktioniert, braucht die Multiplikation mit der gespeicherten Matrix aufgrund des aufwendigen Speicherzugriffs vergleichsweise lange. Bei großen Problemen macht sich die Einsparung der Operationen hingegen bemerkbar. Dort wird das Programm mit gespeicherter Matrix ca. 25% schneller, als das Programm ohne Matrix.

Beim Vergleich mit den Zahlen des optimierten MG-Verfahrens aus Abschnitt 5 sollte man im Auge behalten, daß das MG-Verfahren in der Auswahl seiner Komponenten auf gute Optimierbarkeit und schnelle Lösung des Modellproblems, einer Poissongleichung auf einem regulär verfeinerten Quadrat zugeschnitten ist. Das Finite-Elemente-Verfahren hingegen ist in seinen Komponenten weitaus vielseitiger und reagiert daher auf das einfache Modellproblem schwerfälliger. Dies macht sich umso dann bemerkbar, wenn bei der Gebietsgeometrie etwa nichtreguläre Gebietsgrenzen, also Polygongebiete oder krummlinig berandete Gebiete auftreten.
Sollen die Gebietsränder andere Formen als Quadrate oder Rechtecke annehmen, so ist beim FEM-Verfahren lediglich eine andere Anfangstriangulierung notwendig (im Falle eines Polygongebietes). Zusätzlich müssen die Randpunkte auf den krummen Gebietsrand projeziert werden. Das geschieht in der Verfeinerungsroutine bzw. in der Routine zur Berechnung der Knotenkoordinaten mit minimalem zusätzlichen Aufwand. Bei der Aufstellung der Steifigkeitsmatrix kann es zu wenigen zusätzlichen Operationen kommen, da die Randdreiecke nicht mehr ähnlich zu den Ausgangsdreiecken sind (das ist bei nichtregulärer Gitterverfeinerung sowieso der Fall). Diese Operationen treten aber alle nur einmal vor dem eigentlichen Lösungsverfahren auf. Das Iteratonsverfahren selbst bleibt unverändert.
Beim MG-Verfahren muß eine Shortley-Weller-Approximation der Randpunkte durchgeführt werden. Das führt zu unterschiedlichen Operatoren in der Nähe der Ränder. Die Operatoren müssen in der Relaxation, der Interpolation und gegebenenfalls in der FMG-Interpolation geändert werden. Die Abstände der Randpunkte zu den inneren Nachbarn müssen entweder in der Anfangsphase des Programms berechnet und dann gespeichert werden, oder während des Lösungsprozesses jeweils durch Funktionsaufruf berechnet werden.
Beim FEM-Verfahren kommt es zu keinem zusätzlichen und/oder leistungsmindernden Rechenaufwand im Lösungsverfahren. Im Gegensatz dazu schlägt sich eine andere Gebietsgeometrie im MG-Verfahren in zusätzlichem Rechenaufwand sowohl in der Anfangsphase, als auch im Lösungsteil nieder. Dies führt zu zum Teil erheblichen Leistungsminderungen (siehe [34], [35]).

Speziell bei den ozeanischen Zirkulationsmodellen wie sie im Alfred-Wegener-Institut betrieben werden, wird häufig die Lösung von anderen Gleichungen als Poissongleichungen, z.B. Helmholtzgleichungen gefordert. Zum Teil werden auch Neumann-Randbedingungen oder gemischte Randbedingungen auftreten. In einigen Anwendungen können höhere Diskretisierungsordnungen auftreten.

Beim MG-Verfahren ist bei der Helmholtz-Gleichung noch nicht mit sehr viel zusätzlichem Aufwand zu rechnen, da hier nur der Koeffizient für den Differenzenstern der Diskretisierung zu ändern ist. Die einfachste Diskretisierung für die biharmonische Gleichung wird jedoch von einem 13-Punkt Differenzenstern repräsentiert (siehe [18]). Wieder müssen die Operatoren im MG-Verfahren geändert und an den Rändern modifiziert werden mit den entsprechenden Folgen für den Operationsaufwand und die Optimierbarkeit (siehe [34]).

Wie zuvor schlägt sich die zusätzliche Anforderung im MG-Verfahren durch zusätzliche Operationen im Lösungsteil nieder, im FEM-Verfahren aber nur in der Definitionsphase.

Es läßt sich festhalten, daß bei allen zusätzlichen Anforderungen seitens der Differentialgleichung an das Verfahren beim MG-Verfahren mit zusätzlichem Rechenaufwand und Behinderung der Optimierungsmöglichkeiten im Lösungsteil zu rechnen ist. Bei beiden Verfahren sind zusätzliche Operationen in der Definitionsphase notwendig, die sich beim FEM-Verfahren auf ein Minimum begrenzen lassen, weil sie in den meisten Fällen lediglich im Referenzdreieck anfallen.

Der Vergleich von Rechenzeiten auf der Cray X-MP aus [24] und [34] für das einfache MG00 zur Lösung einer Poissongleichung auf dem Einheitsquadrat bzw. für das flexiblere MG01 zur Lösung einer Helmholtzgleichung auf krummlinig berandeten Gebieten zeigt, daß das MG-Verfahren schnell an Geschwindigkeit verliert. Das optimierte MG00 von Lemke im FMG-Modus löst eine Poissongleichung auf ca. 16100 inneren Gitterpunkten in 6,9 ms. Das von Strauß optimierte MG01 benötigt für eine Poissongleichung auf dem Einheitskreis mit ca. 8500 inneren Gitterpunkten 57,8 ms. Das ist in etwa eine Verlangsamung um den Faktor 15.

Ein weiterer Punkt, der in Betracht gezogen werden sollte, ist die Verwendung solcher Lösungsverfahren in Timestepping-Modellen. Eine Klasse dieser Modelle löst zu jedem Zeitschritt einfache elliptische Randwertprobleme (Helmholtz-Gleichung mit Dirichlet-Rand oder gemischten Randbedingungen), wobei die Gebietsgeometrie ein Rechteck ist. Für diese Modellklasse kann aus dem in dieser Arbeit vorgestellten MG-Prototyp-Solver ein effizienter Löser implementiert werden. Hierbei muß jedoch von der Anwendungsschnittstelle speziell Rücksicht auf die Erfordernisse von Time-Stepping-Modellen genommen werden; z.B. Steuerung der wichtigsten MG-Parameter von außen über ein Call-Interface. Dies ist notwendig, da im allgemeinen in der Startphase dieser Modelle schlechte Näherungslösungen vorhanden sind, also z.B. FMG-Modus mit Nachiteration gerechnet werden muß, während in der stationären Modellphase wenige Iterationen eines MG-V-Zyklus ausreichen, da der vorherige Zeitschritt bereits eine gute Näherungslösung liefert. Die zweite Klasse von Modellen arbeitet auf irregulär berandeten Gebietsgeometrien, wobei bisher mit standard-finite Differenzen Diskretisierung und Kapazitätsmatrixmethoden gearbeitet wird. Bei dieser Klasse von Modellen bietet sich zukünftig der Einsatz der oben beschriebenen FEM-Verfahren an. Nach Aufstellung der Steifigkeitsmatrix, in die fast alle zusätzlichen Operationen beim FEM-Verfahren eingehen, können die optimierten Lösungsroutinen in allen Zeitschritten unbehindert rechnen. Gerade bei ozeanischen Zirkulationsmodellen, wie sie am Alfred-Wegener-Institut gerechnet werden, treten häufig mehrere zehntausend Zeitschritte auf, so daß der Einfluß deutlich spürbar werden kann.

Zusätzliche Einsparungen an Rechenaufwand sind beim FEM-Verfahren durch lokale Gitterverfeinerung möglich. Da die Struktur des Gitters nicht in den Lösungsprozess eingeht, kommt es wieder nur im Definitionsteil zu zusätzlichen Operationen.

Bibliographie

[1]   Alliant Product Summary Alliant Computer Systems Corp., Littleton Mass., 1988

[2]   Alliant FX/Fortran Programmer's Handbook, Alliant Computer Systems Corp., Littleton Mass., 1988

[3]   Alliant FX/Series Architecture Manual, Alliant Computer Systems Corp., Littleton Mass., 1988

[4]   W.F. Ames, Numerical Methods for Partial Differetial Equations, Academic Press, New York, San Francisco, 1977

[5]   D.V. Anderson,A.R. Fry, R. Gruber, A. Roy, Gigaflop Speed Algorithm for the Direct Solution of Large Tridiagonal Systems in 3D Physics Applications, Lawrence Livermore National Laboratory, 1987

[6]   P. Andrich,P. Delecluse, C. Levy, C. Madec, A Multitasked General Circulation Model of the Ocean, in: Science and Engineering on Cray Supercomputers, Proceedings of the Fourth International Symposium, Minneapolis, Minnesota, October 1988, Cray Research Inc. book, Minneapolis, Minnesota, 1988

[7]   O. Axelsson, V.A. Barker, Finite Elemente Solution of Boudary Value Problems: Theory and Computation, Academic Press, New York, London, 1984

[8]   R.E. Bank, T.F. Dupont, H. Yserentant, The Hierarchical Bases Multigrid Method Reprint SC-87-2, Konrad-Zuse-Zentrum für Informationstechnik, Berlin, 1987

[9]   P.G. Ciarlet, The Finite Element Method for Elliptic Problems, North-Holland Publishing Company, Amsterdam, New York, Oxford, 1978

[10]   A.W. Craig, O.C. Zienkiewicz, A Multigrid Algorithm using a Hierarchical Finite Element Basis

[11]   W. Dax, Optimierung von Programmen auf der Cray-2, Große Studienarbeit, Institut für Kernenergetik und Energiesysteme, Stuttgart, 1988

[12]   C. Eoyang, H. Sakagami, R.H. Mendez, The Performance of the Alliant FX/8 on Two Sets of Benchmarks, in: Springer Lecture Notes in Engineering No. 36, Japanese Supercomputing; architecture, algorithms and applications (Eds. Mendez, R. H.; orszag, S. A.), New York, 1988

[13]   M.J. Flynn, Some Computer Organizations and Their Effectiveness in: IEEE TRANS ON COMPUTERS C-219, Sept. 1972

[14] H. Foerster, K. Witsch, Multigrid Software for the Solution of Elliptic Problems on Rectangle Domains: MG00 (Release 1) in: Springer Lecture Notes in Mathematics No. 960, Multigrid Methods, Proceed. Köln Porz 1981, 1982

[15] W. Gentzsch, Multitasking auf der Cray X-MP und auf der Cray-2, Fachhochschule Regensburg, 1987

[16] I. Gladwell, R. Wait, A Survey of Numerical Methods for Partial Differential Equations, Clarendon Press, Oxford, 1979

[17] W. Hackbusch, Multigrid Methods and Applications, Springer-Verlag, Berlin, Heidelberg, 1985

[18] W. Hackbusch, Theorie und Numerik elliptischer Differentialgleichungen, B.G. Teubner, Stuttgart, 1986

[19] R.W. Hockney, C.R. Jesshope, Parallel Computers 2, Architecture, Programming and Algorithms (2nd. Edition), Adam Hilger, Bristol, Philadelphia, 1988

[20] F. Hoßfeld, Neue numerische Methoden für die Physik, DPG-Schule für Physik, Physikzentrum Bad Honnef, 1988

[21] B. Hubbart, Numerical Solution of Partial Differential Equations - II, Proceedings of the Second Symposium on the Numerical Solution of Partial Differential Equations Synspade 1970, Academic Press, New York, London, 1971

[22] J.M. van Kats, A.J. van der Steen, Minisupercomputers, a new perspective? Benchmarktests on an Alliant FX/8, a Convex C-1, an FPS 64/60 and an SCS-40, Technical Report TR-24, State University of Utrecht, 1987

[23] F. Kremer, W.G. Schmidt, MG00 Mehrgitterverfahren, RRKZ-Handbuch 6.2.6, 1987

[24] M. Lemke, Erfahrungen mit Mehrgitterverfahren für Helmholtz-ähnliche Probleme auf Vektorrechnern und Mehrprozessor-Vektorrechnern, Diplomarbeit, Universität Bonn, 1987

[25] J.T. Marti, J.R. Whiteman, Introduction to Sobolev Spaces and Finite Element Solution of Elliptic Boundary Value Problems, Academic Press, London, 1986

[26] A.R. Mitchell, R. Wait, The Finite Element Method in Partial Differential Equations, John Wiley & Sons, London, New York, Sydney, Toronto, 1977

[27]   D.J. Paddon, H. Holstein, (Eds.), Multigrid Methods for Integral and Partial Differential Equations, Clarendon Press, Oxford, 1985

[28]   A. Peano, Hierarchies of Conforming Finite Elements for Plane Elasticity and Plate Bending, Comp. & Maths. with Appls., Vol. 2, pp 211-224, 1976

[29]   W. Schönauer, Scientific Computing on Vector Computers, North-Holland, Amsterdam, New York, Oxford, Tokyo, 1987

[30]   J. Stoer, Einführung in die Numerische Mathematik I (4. Aufl.), Springer-Verlag, Berlin, Heidelberg, 1983

[31]   J. Stoer, R. Bulirsch, Einführung in die Numerische Mathematik II (2. Aufl.), Springer-Verlag, Berlin, Heidelberg, 1978

[32]   K. Stüben, U. Trottenberg, Multigrid Methods: Fundamental Algorithms, Model Problem Analysis and Applications, GMD-Studien Nr. 96, Gesellschaft für Mathematik und Datenverarbeitung, St. Augustin, 1984

[33]   J. Straub, Multitasking auf der Cray-2, Große Studienarbeit, Institut für Kernenergetik und Energiesysteme, Stuttgart, 1988

[34]   H. Strauß, Untersuchung von Vektorisierungsmöglichkeiten bei Mehrgitterverfahren am Beispiel des Programmes MG01, Diplomarbeit TU Braunschweig, 1986

[35]   P. Weidner, B. Steffen, Vektorisierung von Mehrgitterverfahren: Tests auf einer Cray X-MP, in: GMD Studien Nr. 88, Rechnerarchitekturen für die numerische Simulation auf der Basis superschneller Lösungsverfahren (Eds. Trottenberg, Wypior), Workshop "Rechnerarchitektur" Erlangen 14.-15. Juni 1984, Gesellschaft für Mathematik und Datenverarbeitung, St. Augustin, 1984

[36]   H. Yserentant, On the Multi-Level Splitting of Finite Element Spaces Numer. Math. 49, 379-412, 1986

Strömungsmechanische Anwendungen
auf Convex C220

G. Bachler

AVL Prof. List GmbH
Kleiststraße 48
A - 8020 Graz

ZUSAMMENFASSUNG

In dieser Arbeit werden die Ergebnisse der Vektorisierung und Parallelisierung des Strömungsprogrammes FIRE[®] (Flows In Reciprocating Engines) auf dem Zweiprozessor Rechner CONVEX C220 dargestellt. Dabei kann die Vektorisierung, soweit es die Komplexität der Strömungsprobleme und die verwendete Diskretisierungsmethode zulassen, als abgeschlossen betrachtet werden. Weitere Verkürzungen der Rechenzeiten sind nur mehr durch einen schnelleren Rechner oder durch grundlegende Modifikationen am Algorithmus möglich. Die Parallelisierung wurde bisher nur für den rechenintensivsten Teil des Programmes, nämlich für die Lösung großer linearer Gleichungssysteme (10^5 Gleichungen und mehr) durchgeführt. Obwohl der Parallelisierungsgrad einzelner Programmabschnitte in vielen Fällen größer als 90 % war, konnte die Gesamtdurchsatzleistung doch nur auf das 1.4 - 1.5fache von der eines Einzelprozessors erhöht werden. Gründe dafür sind der immer noch sehr hohe serielle Programmanteil (I/O, Rekursionen etc.), die implizite zeitliche Kopplung und das indirekte Adressierungsschema. Erschwerend kommt noch hinzu, daß in einer industriellen Umgebung mit sehr vielen rechenintensiven Applikationen fast zu keiner Zeit alle vorhandenen Prozessoren für eine einzelne Berechnung zur Verfügung stehen.

1. EINLEITUNG

Die Motivation zur Berechnung dreidimensionaler komplexer Strömungsvorgänge im Automobilbau ist einerseits durch die ständig steigenden Versuchskosten und andererseits durch den Zwang, der infolge steigender Umweltbelastungen immer kürzer werdenden Entwicklungszeiten für schadstoffarme und verbrauchsgünstige Motoren, gegeben [1].
Die, für diese Berechnungen, nötigen Werkzeuge wurden erst durch die jüngsten Entwicklungen auf dem Computersektor (insbesonders der sog. Midrange-Supercomputer) in voller Breite zur Verfügung gestellt. Dabei konnte durch konsequente Anwendung der Vektorisierungs- und Parallelisierungsmöglichkeiten eine Verkürzung der Rechenzeiten von bis zu zwei Zehnerpotenzen (!) gegenüber der rein seriellen (od. skalaren) Datenverarbeitung erreicht werden. Für praktische Anwendungsfälle, etwa für die Berechnung der Strömung in einem Zylinder mit zeitlich veränderlichen Ventil- und Kolbenpositionen, bedeutet das eine Reduktion der Rechenzeiten von einigen Monaten auf einige Tage.

Im Zusammenhang mit Strömungsberechnungen muß allerdings vor dem weit verbreiteten Irrtum gewarnt werden, daß eine raschere Problemlösung allein durch die Computerentwicklung möglich ist. Ein ganz wesentlicher Teil der erzielbaren Rechenzeitverkürzungen beruht nämlich auf dem Einsatz ausklügelter Algorithmen zur Lösung der gekoppelten strömungsmechanischen Differentialgleichungen. Auch die Ansätze zur Parallelisierung von Strömungsproblemen fallen in den Bereich der Algorithmenentwicklung. Die meisten der bisher entwickelten Algorithmen arbeiten nach dem Prediktor-Korrektor-Prinzip; wobei die "vorhergesagte" Lösung, die aus den Impulsgleichungen erhalten wird, mit Hilfe der Lösung, die von der Kontinuitätsgleichung herrührt, korrigiert wird. Die korrigierte Lösung wird dann wiederum in die ursprüngliche Gleichung eingesetzt und ergibt damit eine neue Vorhersage. Das Ganze kann sich über mehrere Zwischenstufen hinziehen, woraus die mehrstufigen Prediktor-Korrektor-Verfahren resultieren. Alle derartigen Verfahren können auf Gleichungsebene nicht vollständig parallelisiert werden.

Eine oft benutzte Alternative ist die Unterteilung des Rechengebietes in mehrere Teilgebiete (domain decomposition). Jedes Teilgebiet wird von einem Prozessor bearbeitet und von Zeit zu Zeit wird die Lösung im gesamten Gebiet auf den neuesten Stand gebracht. Die Kopplung der einzelnen Teilgebiete ist explizit.
Bei kompressiblen Strömungen kann dies zu Unstetigkeiten in den Druck- und Dichtegradienten führen. Erfolgreich angewandt wurde diese Methode bisher nur auf einfache 2D- und einfachste 3D-Geometrien.

Im folgenden wird auf die physikalischen und mathematischen Grundlagen der numerischen Strömungssimulation näher eingegangen. Nach einer kurzen Diskussion der
grundlegenden Differentialgleichungen werden die Modifikationen am Lösungsalgo-
rithmus und deren Beitrag zur Rechenzeitverkürzung besprochen. Danach werden die
Vektorisierung und Parallelisierung im Allgemeinen und im Speziellen auf CONVEX
C220 Computern dargestellt; wobei den Performance-Steigerungen im Hinblick auf
lineare Gleichungslösung besondere Bedeutung zukommt. Den Schluß bildet ein
Ausblick auf zukünftige Modifikationen am Algorithmus und einige typische Anwendungsfälle aus der industriellen Forschung.

2. PHYSIKALISCHE UND MATHEMATISCHE GRUNDLAGEN

2.1 Erhaltungsgleichungen in kartesischen Koordinaten

Die Grundlage der numerischen Strömungsanalyse bilden die Erhaltungssätze der
Masse, des Impulses und der Energie [2]. Diese werden üblicherweise als ein Satz
gekoppelter, nichtlinearer, partieller Differentialgleichungen für drei Kompo
nenten des Geschwindigkeitsvektors, Druck, Temperatur und andere relevante
Größen dargestellt. Der Einfluß der Turbulenz auf die Strömungsstruktur wird
meist mit Hilfe des k-ε Modells [3] berücksichtigt. Dabei werden zusätzlich 2
Differentialgleichungen für die turbulente kinetische Energie k und ihre Dissi
pationsrate ε gelöst.

In kartesischen Koordinaten lassen sich die oben angeführten Gleichungen folgendermaßen darstellen:

$$\frac{\partial}{\partial t} (\rho\emptyset) + \frac{\partial}{\partial x_i} \left(\rho u_i \emptyset - \Gamma_\emptyset \frac{\partial \emptyset}{\partial x_i}\right) = S_\emptyset \qquad (1)$$

wobei $\emptyset=1$ für die Kontinuitätsgleichung und $\emptyset=\{u,v,w,h,k,\varepsilon\}$ für die 3 Impulsgleichungen, die Energiegleichung bzw. die Gleichungen des Turbulenzmodells ist.
$\Gamma_\emptyset$ stellt den molekularen Austauschkoeffizienten und $S_\emptyset$ den in der jeweiligen
Gleichung vorhandenen Quellterm dar.

2.2 Erhaltungsgleichungen in nichtorthogonalen Koordinaten

Zur genaueren Darstellung komplizierter Berechnungsgebiete wie Rohrverzweigun-
gen, Einlaßkanäle, Brennraummulden, usw. ist es notwendig anstelle von kartesischen Koordinaten sogenannte konturangepaßte Koordinaten zu verwenden. Diese

nichtorthogonalen Koordinaten sind mit dem kartesischen Basissystem durch die Transformation $\xi^i = \xi^i(x_1, x_2, x_3)$ verknüpft. Die fundamentalen Differentialgleichungen in dem allgemeinen Koordinatensystem lauten:

$$\frac{\partial}{\partial t}(\rho\phi) + \frac{1}{J}\frac{\partial}{\partial\xi^j}\left(\rho\tilde{u}_i\phi - \Gamma_\phi\frac{1}{J}\frac{\partial\phi}{\partial\xi^n}\gamma_i^{\,n}\right)\gamma_i^{\,j} = S_\phi \qquad (2)$$

dabei sind die Transformationskoeffizienten $\gamma_i^{\,j}$ und die Determinante J der Transformationsmatrix wie folgt gegeben:

$$\gamma_i^{\,j} = \begin{pmatrix} \dfrac{\partial x_2}{\partial\xi^2}\dfrac{\partial x_3}{\partial\xi^3} - \dfrac{\partial x_2}{\partial\xi^3}\dfrac{\partial x_3}{\partial\xi^2} & \dfrac{\partial x_2}{\partial\xi^3}\dfrac{\partial x_3}{\partial\xi^1} - \dfrac{\partial x_2}{\partial\xi^1}\dfrac{\partial x_3}{\partial\xi^3} & \dfrac{\partial x_2}{\partial\xi^1}\dfrac{\partial x_3}{\partial\xi^2} - \dfrac{\partial x_2}{\partial\xi^2}\dfrac{\partial x_3}{\partial\xi^1} \\[14pt] \dfrac{\partial x_1}{\partial\xi^3}\dfrac{\partial x_3}{\partial\xi^2} - \dfrac{\partial x_1}{\partial\xi^2}\dfrac{\partial x_3}{\partial\xi^3} & \dfrac{\partial x_1}{\partial\xi^1}\dfrac{\partial x_3}{\partial\xi^3} - \dfrac{\partial x_1}{\partial\xi^3}\dfrac{\partial x_3}{\partial\xi^1} & \dfrac{\partial x_1}{\partial\xi^2}\dfrac{\partial x_3}{\partial\xi^1} - \dfrac{\partial x_1}{\partial\xi^1}\dfrac{\partial x_3}{\partial\xi^2} \\[14pt] \dfrac{\partial x_1}{\partial\xi^2}\dfrac{\partial x_2}{\partial\xi^3} - \dfrac{\partial x_1}{\partial\xi^3}\dfrac{\partial x_2}{\partial\xi^2} & \dfrac{\partial x_1}{\partial\xi^3}\dfrac{\partial x_2}{\partial\xi^1} - \dfrac{\partial x_1}{\partial\xi^1}\dfrac{\partial x_2}{\partial\xi^3} & \dfrac{\partial x_1}{\partial\xi^1}\dfrac{\partial x_2}{\partial\xi^2} - \dfrac{\partial x_1}{\partial\xi^2}\dfrac{\partial x_2}{\partial\xi^1} \end{pmatrix}$$

$$J = \sum_{j=1}^{3}\frac{\partial x_1}{\partial\xi^j}\gamma_1^{\,j} \qquad (3)$$

die Größen $\tilde{u}_i$ sind die kontravarianten Geschwindigkeitskomponenten. Sie sind mit den kartesischen Komponenten durch die Transformation $\gamma_i^{\,j}$ verknüpft:

$$\begin{aligned} \tilde{u}_1 &= u_1\gamma_1^{\,1} + u_2\gamma_2^{\,1} + u_3\gamma_3^{\,1} \\ \tilde{u}_2 &= u_1\gamma_1^{\,2} + u_2\gamma_2^{\,2} + u_3\gamma_3^{\,2} \\ \tilde{u}_3 &= u_1\gamma_1^{\,3} + u_2\gamma_2^{\,3} + u_3\gamma_3^{\,3} \end{aligned} \qquad (4)$$

Der zweite Ausdruck in Gleichung (2) bedeutet den gesamten Massen-, Impuls- oder Energiefluß durch eine Fläche normal zur jeweiligen allgemeinen Koordinatenrichtung ξ^i.

2.3 Diskretisierung

Zur Herleitung der diskretisierten Gleichungen wird das Berechnungsgebiet in eine Anzahl von kleinen Elementen oder Volumina zerlegt (Fig. 1). Über jedes dieser Kontrollvolumina wird sowohl räumlich als auch über ein kleines Zeitintervall δt integriert:

$$
\frac{1}{\delta t} \int_{t}^{t+\delta t} \Bigg\{ \int_{V_P} \frac{\partial}{\partial t} (\rho\phi)\, dV_P +
$$

$$
+ \int_{A_{23}} \left[\rho\tilde{u}_1\phi - \frac{\Gamma_\phi}{J} \sum_{i,k=1}^{3} \frac{\partial\phi}{\partial\xi^k} \gamma_i{}^k \gamma_i{}^1 \right]_w^e d\xi^2 d\xi^3 +
$$

$$
+ \int_{A_{13}} \left[\rho\tilde{u}_2\phi - \frac{\Gamma_\phi}{J} \sum_{i,k=1}^{3} \frac{\partial\phi}{\partial\xi^k} \gamma_i{}^k \gamma_i{}^2 \right]_s^n d\xi^1 d\xi^3 +
$$

$$
+ \int_{A_{12}} \left[\rho\tilde{u}_3\phi - \frac{\Gamma_\phi}{J} \sum_{i,k=1}^{3} \frac{\partial\phi}{\partial\xi^k} \gamma_i{}^k \gamma_i{}^3 \right]_l^h d\xi^1 d\xi^2 -
$$

$$
- \int_{V_P} S_\phi dV_P \Bigg\} dt = 0 \tag{5}
$$

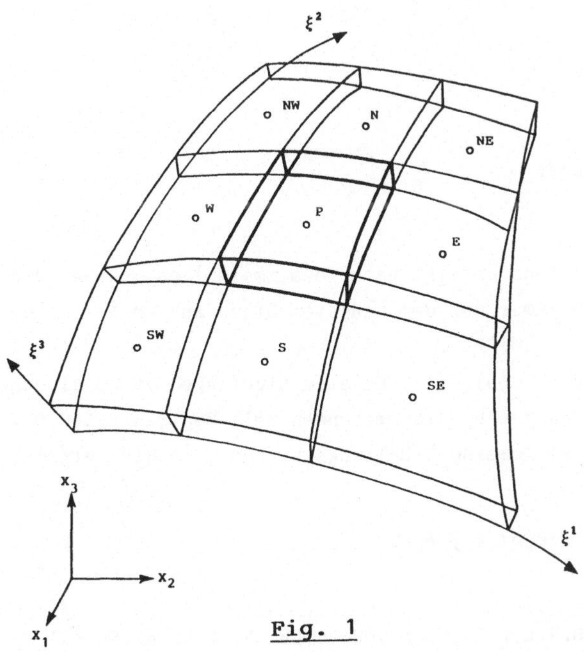

$$\underline{\text{Fig. 1}}$$

Um die Zentren der Kontrollvolumina von ihren Begrenzungsflächen zu unterscheiden, werden die Zentren in einer Art Kompaßnotation mit den Großbuchstaben P = Pole, E = East, W = West ... und die Mittelpunkte der Begrenzungsflächen mit den Kleinbuchstaben {e,w,n,s,h,l} versehen. Zur Ausführung der Integrationen in (5) müssen sog. Profil-Annahmen über die Variation der Größe ø zwischen zwei Kontrollvolumszentren (z.B. P und E) getroffen werden. Nimmt man nach [4] eine lineare Variation an, dann ergeben sich folgende Ausdrücke

Instationäres Glied:

$$\frac{1}{\delta t} \int_{t}^{t+\delta t} \int_{V_P} \frac{\partial \rho \o}{\partial t} \, dV_P dt = \frac{(V_P \rho \o)^n - (V_P \rho \o)^o}{\delta t} \tag{6}$$

Konvektion:

$$\int_{A_{23}} \left[\rho \tilde{u}_1 \o \right]_W^e d\xi^1 d\xi^2 = (\rho \tilde{u}_1)_e \o_e - (\rho \tilde{u}_1)_w \o_w = \dot{m}_e \o_e - \dot{m}_w \o_w \tag{7}$$

Diffusion:

$$- \int_{A_{23}} \left[\frac{\Gamma_\o}{J} \frac{\partial \o}{\partial \xi^1} G_1{}^1 \right]_W^e d\xi^2 d\xi^3 = - \left(\frac{\Gamma_\o}{J} aG_1{}^1 \right)_e \frac{1}{\Delta \xi^1{}_{E/P}} [\o_E - \o_P]$$
$$+ \left(\frac{\Gamma_\o}{J} aG_1{}^1 \right)_w \frac{1}{\Delta \xi^1{}_{P/W}} [\o_P - \o_W] \tag{8}$$

Quellterm:

$$\int_{V_P} S_\o \, dV = S_\o . V_P \tag{9}$$

Die zeitliche Integration erfolgt nach dem impliziten Schema, d.h. alle Strömungsvariablen werden immer auf dem neuesten Stand zur Zeit t+δt gehalten.

Setzt man die Ausdrücke (6)-(9) für alle Richtungen in Gleichung (5) ein und ordnet das Ergebnis nach den entsprechenden Zell-Zentren P,E,W,N,...,HN,HW dann ergibt sich folgende allgemeine Erhaltungsgleichung in diskretisierter Form:

$$A_P \o_P = \sum_c A_c \o_c + S_\o \tag{10}$$

$$c = \{S,E,N,W,L,H,SW,SE,NE,NW,LS,LE,LN,LW,HS,HE,HN,HW\}$$

Die Lösung dieses linearen Gleichungsystems erfolgt durch iterative Methoden und wird im nächsten Kapitel behandelt. Dabei wird insbesonders auf die Kopplung zwischen dem Geschwindigkeitsfeld und dem Druckfeld näher eingegangen.

2.4 Druck-Geschwindigkeitskopplung

Die diskretisierte Form der Impulsgleichung für die kartesische Komponente $i=1,2,3$ läßt sich für das Zentrum P des Kontrollvolumens folgendermaßen schreiben:

$$A_P u_{iP} = \sum_C A_c u_{ic} + S_i - \sum_{j=1}^{3} \left(\delta p_j \gamma_i{}^j \right)_P \tag{11}$$

dabei wurde, aus später ersichtlichen Gründen, der Beitrag des Druckgradienten aus dem Quellterm S_i herausgezogen. Gleichung (11) ergibt sich aus (10) durch die Substitution $\phi = u_i$; wobei der Teil des instationären Terms (6) mit dem Index n in den Polekoeffizienten A_P und der Teil mit dem Index o in die explizite Quelle S_i eingeht.

Die integrierte Form der Kontinuitätsgleichung ist gegeben durch

$$\frac{(V\rho)^n - (V\rho)^o}{\delta t} + (\rho \tilde{u}_1)_e - (\rho \tilde{u}_1)_w + (\rho \tilde{u}_2)_n - (\rho \tilde{u}_2)_s + (\rho \tilde{u}_3)_h - (\rho \tilde{u}_3)_l = 0 \tag{12}$$

Die Indizes "n" und "o" kennzeichnen den neuen $(t+\delta t)$ und den alten (t) Zeitpunkt, für die das Produkt aus Dichte und Volumen berechnet wird. Der gesamte Term verschwindet im Fall einer inkompressiblen Strömung mit zeitlich konstantem Berechnungsnetz.

Die Hauptaufgabe der numerischen Strömungsmechanik besteht nun darin, Druck- und Geschwindigkeitsverteilungen zu finden, die die Gleichungen (11) und (12) simultan erfüllen.

Die benutzte Technik der Kopplung von Druck und Geschwindigkeit geht auf die Arbeiten von Caretto et. al [5] zurück und ist unter dem Namen SIMPLE-Algorithmus (für Semi-Implicit Method for Pressure-Linked Equations) bekannt. In der ersten Stufe des Verfahrens wird jede abhängige Variable ϕ durch einen Näherungswert ϕ^* und einen Korrekturwert ϕ' dargestellt, d.h. für Druck und Geschwindigkeit:

$$p = p^* + p'$$

$$\rho = \rho^* + \left(\frac{\partial \rho}{\partial p}\right)_T p'$$

$$u_i = u_i{}^* + u_i{}' \tag{13}$$

Da der Druck p nur als Normalspannung in die Quelle der Impulsgleichungen bzw. als Zeitableitung in die Energiegleichung eingeht und da für p keine eigene Strömungsgleichung existiert, muß eine weitere Beziehung zwischen Druck und Geschwindigkeit hergeleitet werden. Dazu wird die Kontinuitätsgleichung mit Hilfe der Impulsgleichungen in eine Gleichung für die Druck-Korrektur p' umgewandelt:

Zunächst werden die Impulsgleichungen für ein angenommenes Geschwindigkeits- und Druckfeld am Ort P gelöst:

$$A_p u_{ip}{}^* = \sum_c A_c u_{ic}{}^* + S_i - \sum_{j=1}^{3} \left(\delta p_j{}^* \gamma_i{}^j\right)_P \tag{14}$$

Dann wird Gleichung (14) von Gleichung (12) subtrahiert; wobei die Beiträge der Nachbarzellen, $\Sigma A_c(u_{ic} - u_{ic}{}^*)$, vernachlässigt werden. Daraus ergibt sich eine Geschwindigkeitskorrektur-Gleichung für das Zell-Zentrum P:

$$u_{iP}{}' = u_{iP} - u_{iP}{}^* = -\frac{1}{A_P} \sum_{j=1}^{3} \left(\delta p'_j \gamma_i{}^j\right)_P \tag{15}$$

Diese Geschwindigkeitskorrektur wird nun in geeigneter Weise auf die Zellflächen {e,w,n,s,h,l} übertragen und das Resultat in die Kontinuitätsgleichung (12) eingesetzt. Die Kontinuitätsgleichung ist damit in eine Gleichung für die Druck-Korrektur p' übergeführt. Für eine detaillierte Diskussion der Geschwindigkeitsübertragung auf die Zellflächen in nicht-versetzten Gittern sei auf die Arbeit von Rhie und Chow [6] verwiesen.

Die Lösung von (15) in (13) eingesetzt ergibt die Korrektur des Drucks, der Dichte und der Geschwindigkeiten. In weiterer Folge werden die Energie- und Turbulenzgleichungen sowie weitere Gleichungen für passive Transportgrößen gelöst. Der Vorgang wiederholt sich so lange, bis alle Gleichungen simultan erfüllt sind.

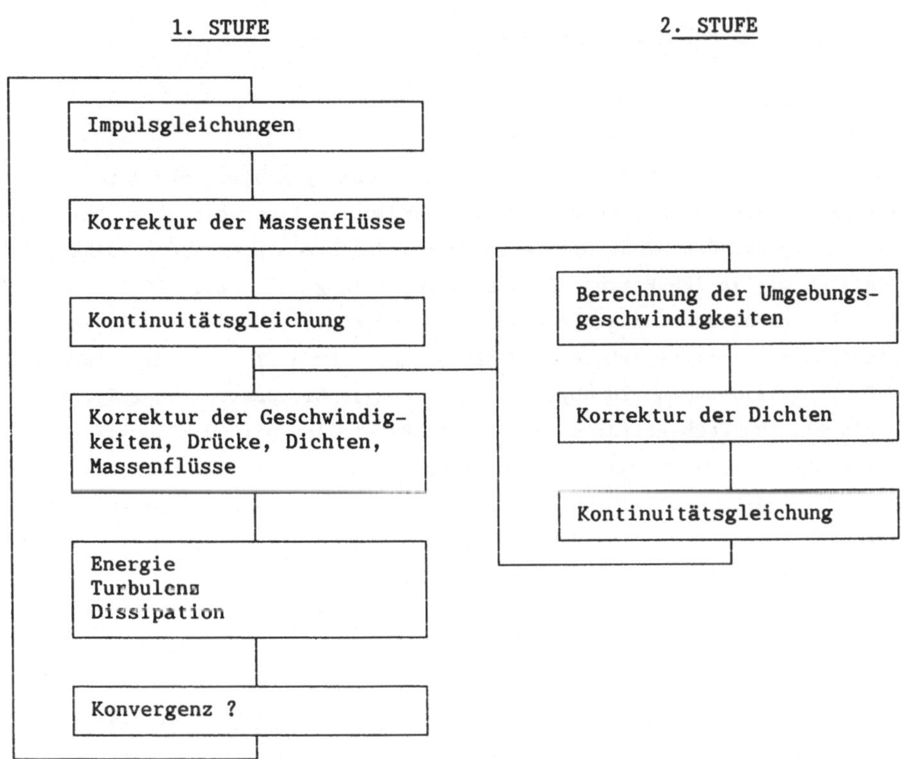

Fig. 2 Iteratives Druck-Korrektur Verfahren

Die wesentlichsten Punkte der bisherigen Vorgangsweise sind in Fig. 2 nochmals zusammengefaßt. Die rechte Hälfte von Fig. 2 zeigt eine Erweiterung des Algorithmus durch nochmaliges Lösen der Kontinuitätsgleichung, wobei die früher vernachlässigten Geschwindigkeitsbeiträge der Nachbarzellen im Quellterm der Kontinuitätsgleichung berücksichtigt werden. Das Ergebnis dieser Modifikationen ist eine wesentlich raschere Konvergenz der Impuls- und Kontinuitätsgleichung sowie eine Verkürzung der Gesamtrechenzeiten durch Erhöhung der Courant-Zahl[1].

---

[1] Die Courant-Zahl $c=u_c \delta t/\delta x$ ist ein Kriterium für die numerische Stabilität der Lösung der Differenzengleichungen. Für kompressible Strömungen ist u_c die Schallgeschwindigkeit, δt der Zeitschritt und δx die Maschenweite des Berechnungsgitters. Numerische Stabilität ist bei expliziten Verfahren nur für $c<1$ gewährleistet; implizite Verfahren dagegen sind für jeden Wert von c numerisch stabil. In der Praxis liegt c für einstufige Korrekturverfahren zwischen 1 und 10 und für zweistufige Korrekturverfahren zwischen 10 und 100. Das ermöglicht bei konstanter Maschenweite δx einen wesentlich größeren Zeitschritt δt um den stationären Zustand zu erreichen.

3. VEKTORISIERUNG UND PARALLELISIERUNG

3.1 Convex C220

Die Rechner der Convex C200 Serie sind shared memory Systeme bestehend aus 1 bis 4 Vektorprozessoren, die über spezielle Kommunikationsregister zu Multiprozessorsystemen verbunden sind. Die Vektorunit jedes Einzelprozessors enthält 8 Vektorregister mit je 128 Worten (á 64 Bit) Vektorlänge. Der Zugriff ins Memory erfolgt über Hochgeschwindigkeitskanäle mit 200 MByte/Sekunde. Die Größe des Zentralspeichers variiert zwischen 32 MByte und 2 GByte (für die hier durchgeführten Rechnungen standen 128 MByte zur Verfügung). Die Taktzeit beträgt 40 ns und die theoretische Peak-Performance wird vom Hersteller mit 60 Mflops für den Einzelprozessor angegeben. An Software stehen neben zahlreichen Netzwerk-Protokollen (TCP/IP, NFS, ...) ein Unix-Betriebssystem sowie vektorisierende FORTRAN-, C- und ADA-Compiler zur Verfügung. Fig. 3 zeigt die Einbindung der Convex C220 in die derzeitige Rechnerlandschaft der AVL.

3.2 Vektorisierung

Unter Vektorisierung versteht man im weitesten Sinn eine Parallelverarbeitung, wobei jeder "virtuelle Prozessor" ein und dieselbe Instruktion auf einem Datenfeld ausführt. Aus dieser Betrachtungsweise geht bereits hervor, daß eigentlich nur FORTRAN DO-Schleifen (oder analoge Gebilde in anderen Programmiersprachen) sinnvoll zu vektorisieren sind. Obwohl die heutigen Compiler, und insbesonders der Convex-Compiler, in hohem Maße Fähigkeiten zur Autovektorisierung besitzen, ist es dennoch günstig, bereits beim Erstellen der Software einige Grundregeln zu beachten. Diese Grundregeln wurden bei der Entwicklung des Strömungsprogrammes FIRE strikt eingehalten und werden an dieser Stelle nochmals zusammengefaßt.

- Elimination von Unterprogramm/Funktions Aufrufen
- Keine I/O-Anweisungen
- Kurze Schleifen außen - lange innen
- Aufspalten von Schleifen (Vektor Register Spills)
- Umsortieren von Anweisungen (minimale "Processing"-Distanzen)
- Vermeiden von linearen Rekursionen
- Kein vorzeitiger Ausstieg
- Arithmetisierung von IF's
- Keine komplizierten Abfragen

ETHERNET
22 VAX-Work-Stations
CAD-WKST
12 VAX -3100
LOCAL AREA VAXCLUSTER
Bootserver VAX-3600
Bootserver VAX-3600
Bootserver MicroVAX II
9 VAX-Workstations
50 Disks
Silicon Graphics 210
32 MB Memory
500 MB Diskspace
PC-Silicon Graphics
16 MB Memory
200 MB Diskspace
SUN - 4
16 MB Memory
150 MB Diskspace
DEC-Station 3100
16 MB Memory
100 MB Diskspace
30 Personal-Computer
CONVEX C220
123 MB Memory
2 CPU
4 x 1 GB
Terminal-Server
700 Devices
ENGINE-TEST EQUIPMENT
1 VAX -8200
MicroVAX II
2 PDP 11/44
4 DEC-Server
2 Disks
1 Tape
MIXED INTERCONNECT
VAX - CLUSTER
5 CAD-Workstations
VAX-6420 96 MB Memory
VAX-8600 44 MB Memory
VAX-8350 28 MB Memory
CI-Bus
I / O Server
20 Disks
14 GB
VAX-3300 20 MB Memory
VAX-3300 20 MB Memory
VAX-3100 8 MB Memory
VAX-2000 6 MB Memory
VAX-2000 4 MB Memory
VAX-2000 4 MB Memory
VAX-3600 16 MB Memory
MODEM
TU - Graz
AVL-Subsidiaries
VALBONNE
AVL - GRAZ
Computer-Center
Fig. 3

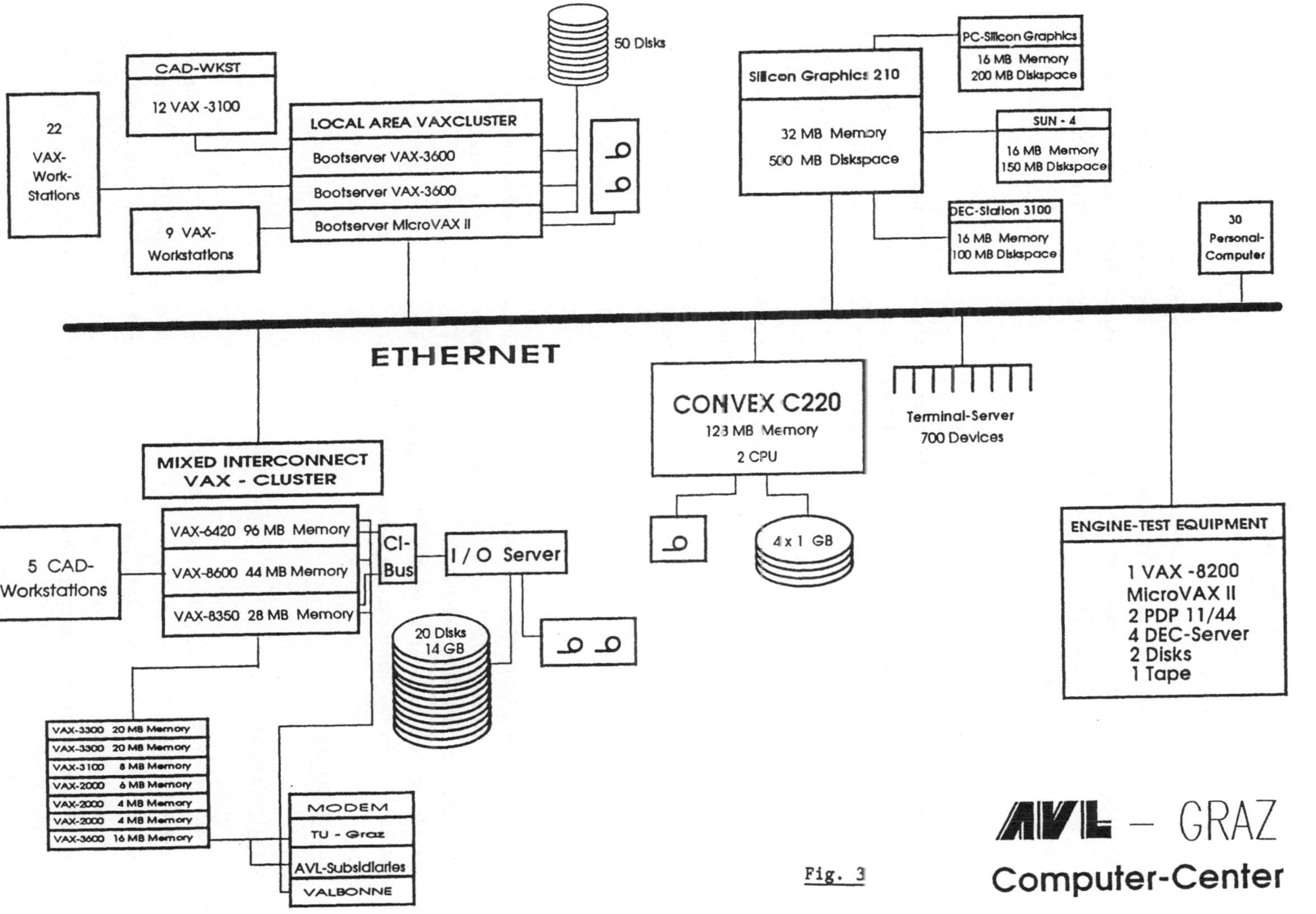

Fig. 3

- Gather/Scatter, Masking (automatisch)
- Vermeidung tief geschachtelter ELSE IF-Konstrukte

Die im vierten Punkt angeführte Aufspaltung von Schleifen ist keine allgemeine Regel, sondern bezieht sich auf Maschinen mit einer relativ geringen Zahl von Vektorregistern. Dabei kommt es im ungünstigsten Fall zu kurzzeitigen Überladungen der Vektorregister, wodurch eine große Zahl unnötiger Load/Store Operationen auf den Registern ausgelöst wird.

3.3 Parallelisierung

Die Parallelisierung auf CONVEX C220 Systemen erfolgt im wesentlichen auf zwei Ebenen, auf Loop- bzw. Block-Ebene und auf Subroutine-Ebene. Auf Loop-Ebene erzeugt der Compiler zunächst automatisch parallelen Code mit optimaler Vektorlänge bis zu maximal 128 Vektorelementen. Zur Run-time verteilt ein System, genannt ASAP (Automatic Self Allocating Processors) die Last der CPU's im Hinblick auf maximale Durchsatzgeschwindigkeit. Der so generierte parallele Code ist dabei vorerst unabhängig von der Zahl der Prozessoren. Die automatische Parallelisierung unterbleibt, wenn Datenabhängigkeiten im Loop (Loop carried dependencies) oder Loop-unabhängige Datenabhängigkeiten (Loop independent dependencies) auftreten, letzteres sind z.B. Subroutine-Calls innerhalb des Loops. In beiden Fällen kann durch Loop-Splitting oder durch Compiler-Direktiven Parallelisierung erreicht werden.

Parallelisierung auf höherer Ebene erfolgt durch Definition einzelner "Tasks", das sind Programmabschnitte, die außerhalb von Loops liegen oder selbst Loops bzw. Subroutine-Calls beinhalten und dabei in ihrer Datenstruktur vollkommen unabhängig voneinander sind. Die Zahl und Größe dieser "Tasks" ist ebenfalls unabhängig von der Zahl der vorhandenen Prozessoren.

4. ANWENDUNGEN

4.1 Algorithmus

Um den Einfluß des Algorithmus auf die Rechenzeiten zu demonstrieren, wurde ein relativ kleines Testbeispiel mit etwa 4000 aktiven Zellen gewählt. Es handelt sich dabei, wie Fig. 4 zeigt, um ein Segment eines Turboladers. Die Strömungsrechnung wurde für zwei verschiedene Zeitschritte ($\delta t = 10^{-4}$ und $\delta t = 10^{-5}$) bis zur selben Gesamtzeit durchgeführt. Dem kleineren Zeitschritt entspricht eine

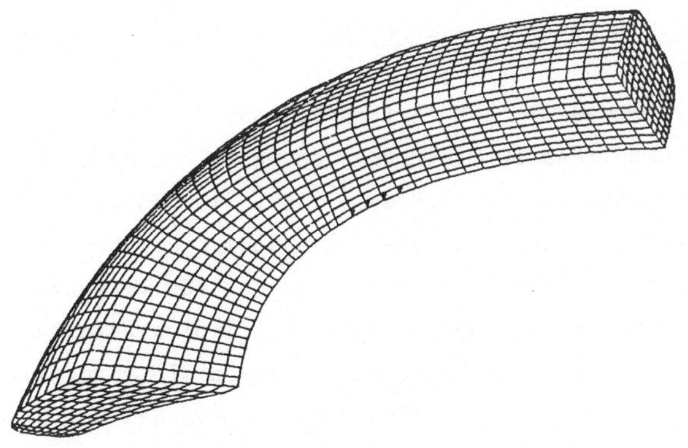

<u>Fig. 4</u> 3D-Berechnungsnetz eines Turboladers

CPU [sec]	$\delta t = 10^{-5}$ sec		$\delta t = 10^{-4}$ sec	
	1. STUFE PC	2. STUFE PC	1. STUFE PC	2. STUFE PC
KEINE UR	944.5	1188.3	DIVERGENZ	DIVERGENZ
KONST. UR	1807.7	2053.6	1072.5	678.3
DYNAM. UR	1308.3	1487.3	572.1	297.6

<u>Tab. 1</u> CPU-Zeitvergleiche für verschiedene Varianten des Algorithmus

Courant-Zahl von c = 2 und dem größeren Zeitschritt eine Courant-Zahl von c = 20. Die CPU-Zeiten dieser Rechnung sind in Tab. 1 für verschiedene Druck-Korrektur Stufen in Abhängigkeit vom Unter-Relaxationsfaktor[2] (UR) dargestellt.

Die Ergebnisse in Tab. 1 zeigen, daß die zweistufige Druck-Korrektur zusammen mit dynamisch gesteuerter UR bei c = 20 die absolut beste Rechenzeit liefert. Je mehr man in den expliziten Bereich kommt (c -> 1), desto unbedeutender wird die zweite Stufe der Druckkorrektur (PC) und die UR. Man sieht an diesem Beispiel, das bereits geringfügige Änderungen am Algorithmus die Gesamtrechenzeiten erheblich beeinflussen. Alle angegebenen CPU-Zeiten wurden im Vektormodus gemessen.

---

[2] UR ist eine wichtige Methode zur Stabilisierung des Konvergenzverhaltens von iterativen Verfahren zur Lösung nichtlinearer Gleichungssyteme [1]. Die UR bestimmt den Grad der Dämpfung einer Lösung von einem Iterationsschritt auf den nächsten. Dynamische UR-Steuerung bedeutet, daß die UR-Faktoren permanent entsprechend der Konvergenz-Vorgeschichte geändert werden. Die hier benutzten UR-Faktoren variieren zwischen 0.1 und 1 (keine UR).

4.2 <u>Vektorisierung und Parallelisierung der linearen Gleichungslöser</u>

In 3D-Strömungsproblemen mit 10^4 aktiven Rechenzellen (oder 80.000 Gleichungen) liegt der Anteil der linearen Gleichungslösung an der gesamten CPU-Zeit je nach Lösungsmethode zwischen 40 und 70 Prozent. Bei 10^5 Zellen steigt dieser Anteil auf über 90 Prozent an. Daher war die vollständige Optimierung dieser rechenintensiven Programmanteile eine der Hauptaufgaben der vergangenen Jahre. Fig. 5 zeigt die derzeit im Strömungsprogramm FIRE implementierten Gleichungslöser. In allen 3 Fällen erfolgt die Lösung des linearen Gleichungssystems Ax = b iterativ, d.h. jede Gleichung wird so lange gelöst bis das Verhältnis der Residuen der m-ten Iteration zur 0-ten Iteration kleiner als eine vorgegebene Schranke $\varepsilon = 10^{-3}$ ist. Das Residuum der m-ten Iteration ist definiert als

$$R^m = \sum_{n=1}^{N} [A_P \phi_P{}^m - \Sigma A_C \phi_C{}^m - S_i] \qquad (16)$$

N ist die Zahl der aktiven Rechenzellen. Der Quellterm S_i und die Koeffizienten A_C sowie A_P bleiben während der iterativen Lösung kontant. Im folgenden beschränken wir uns auf die Diskussion der Ergebnisse der linearen Gleichungslösung und die durchgeführten Optimierungen.

Für eine grundlegende Darstellung des TDMA-Lösungsalgorithmus (Tri-Diagonal-Matrix-Algorithmus) sei auf die Arbeit von Patankar [4] verwiesen. Details der Orthomin-Methode können in [7] und in der Übersichtsarbeit von Young [8] gefunden werden.

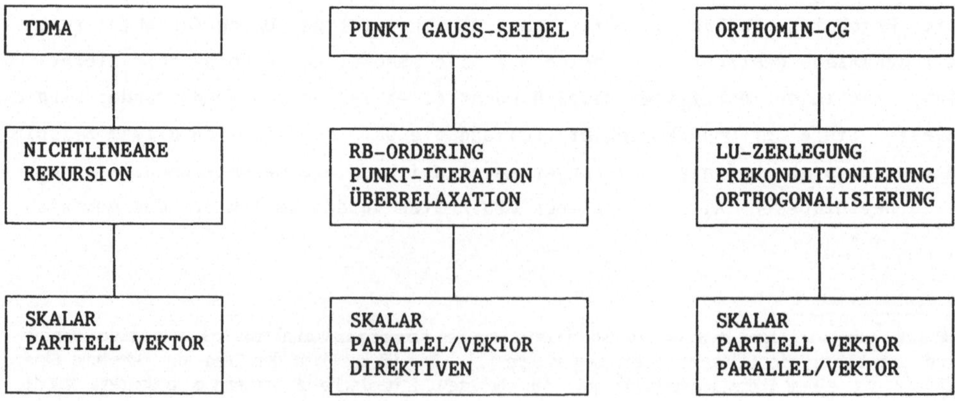

<u>Fig. 5</u> Methoden zur Lösung linearer Gleichungssysteme

Zum Testen der durchgeführten Optimierungen wurde die Kontinuitätsgleichung auf einem 3D-Netz mit N = 15.000 aktiven Zellen gelöst. Die Koeffizientenmatrix des linearen Gleichungssystems ist eine spärlich besetzte NxN-Matrix deren Struktur im Wesentlichen unbekannt ist. Die Matrix-Elemente sind auf eindimensionalen Feldern abgespeichert und die Kopplung der Feld-Elemente erfolgt über Adress-vektoren.

Die zeitliche Diskretisierung δt wurde so gewählt, daß die diagonale Dominanz des Pole-Koeffizienten A_p gewährleistet und damit die Stabilität des Gleichungssystems gesichert ist. Im Detail wurden folgende Optimierungen durchgeführt:

TDMA

In diesem "Line by Line"-Algorithmus werden die Koeffizienten und der Lösungs-vektor entlang einer allgemeinen Koordinatenrichtung ξ^i (Traverse) rekursiv berechnet. Die Rekursion ist nichtlinear und daher nicht vektorisierbar. Der einzige vektorisierbare Teil ist die Berechnung der expliziten Quelle. Dazu muß allerdings eine weitere Schleife zur Berechnung temporärer Adressvektoren einge-führt werden. Modifikationen dieser Art brachten auf Convex C220 keinen Perfor-mance-Gewinn. Dabei muß betont werden, daß aus Gründen der Portierbarkeit der Software auf jegliche Systemroutinen verzichtet wurde. Die Analyse der CPU-Zeiten und Mflops in Tab. 2 zeigt die deutlichen Unterschiede zwischen skalarer <S>, partiell vektorieller <Vp> und vektorieller/paralleler <PV> Verarbeitung. In der ersten und der letzten Schleife (line 27 und 197) werden die Residuen (16) berechnet. Das geschieht außerhalb der Iterationsschleife und trägt daher

Line #	# Exec	Cpu Secs	Wallclock Secs	Parallel Eff.	Mflops	
					Min	Max
27 <PV>	2	0.03312	0.01881	0.88	11.58	11.82
69 <Vp>	370620	51.69632	68.11133	–	0.80	1.70
91 <S>	370620	19.64775	35.21289	–	0.18	0.73
118 <Vp>	176436	50.91192	59.67578	–	0.46	1.85
140 <S>	176436	16.66589	24.37695	–	0.11	0.76
163 <Vp>	271440	47.53699	59.66602	–	0.93	2.27
185 <S>	271440	17.96502	29.22455	–	0.16	0.81
197 <PV>	2	2.84155	1.49437	0.95	12.50	14.90

Tab. 2 TDMA: CPU-Zeiten und Mflop-Raten

nichts zur gesamten CPU-Zeit bei. Die angegebene parallele Effizienz ist definiert als das Verhältnis Wallclock/CPU-Zeit bezogen auf die Zahl der Prozessoren. Der theoretische Wert 1 bedeutet vollständige Parallelisierung.

Von den übrigen Schleifen in Tab. 2 gehören jeweils eine Schleife mit <Vp> und <S> zu einer Traverse (z.B. line 69 und 91). In der partiell vektorisierbaren Schleife <Vp> werden die Quellterme und die Koeffizienten entlang einer Koordinate ξ^i berechnet und in der skalaren Schleife <S> in umgekehrter Richtung der Lösungsvektor. Danach wird die Raumrichtung zweimal gewechselt bis das gesamte Gebiet mit Traversen überzogen ist. Der Grund warum dieser Gleichungslöser weiterhin verwendet wird ist seine hohe numerische Stabilität auch bei Vorhandensein großer lokaler Quellen wie sie insbesondere während der instationären Phase einer Berechnung auftreten.

Gauss-Seidel

Dieser Gleichungslöser ergibt sich aus der TDMA-Methode durch Reduktion der Traversenlänge auf eine einzige Zelle. Vom Standpunkt der skalaren Datenverarbeitung gesehen, ist dies ein Rückschritt der Gleichungslöser-Entwicklung in die Zeit der mechanischen Rechenmaschinen. Stellt man sich auf den Standpunkt hochparalleler Datenverarbeitung, dann ist das Gegenteil der Fall. Die Methode läßt sich bei Vernachlässigung sämtlicher impliziten Kopplungen zu benachbarten Zellen vollständig vektorisieren und parallelisieren. Die Entkopplung erfolgt durch Red/Black-Ordering des Rechengebietes. Die Vektorisierung und Parallelisierung wird durch Compiler-Direktiven (NO_RECURRENCE, FORCE_VEKTOR, FORCE_PARALLEL) erzwungen.

Tab. 3 zeigt die CPU-Zeiten und Mflop-Raten für diese Lösungsmethode. Die relativ hohe CPU-Zeit resultiert aus der großen Zahl der durchgeführten Iterationen bis zum Erreichen des Konvergenzkriteriums.

Zur Stabilisierung des Konvergenzverhaltens wurden außerdem Überrelaxationsparameter benutzt.

Line #	# Exec	Cpu Secs	Wallclock Secs	Parallel Eff.	Mflops	
					Min	Max
36 <PV>	7504	47.95618	25.61328	0.93	8.59	10.57

Tab. 3 Gauss-Seidel: CPU-Zeiten und Mflop-Raten

ORTHOMIN-CG

Das konjugierte Gradientenverfahren mit Prekonditionierung des Gleichungssystems durch unvollständige LU-Zerlegung ist eine der weit verbreitesten Methoden zur numerischen Lösung linearer Gleichungssysteme [8]. Eine aus der Reservoirsimulation stammende Variante, das Orthominverfahren [7], wurde in die Strömungssoftware FIRE integriert. Das Verfahren zeichnet sich gegenüber den früher besprochenen Methoden zur Gleichungslösung durch ein äußerst rasches Konvergenzverhalten und einen hohen Grad von Vektorisier- bzw. Parallelisierbarkeit aus. Numerische Stabilität ist allerdings nur für streng diagonal dominante Matrizen mit nicht allzugroßen lokalen Quelltermen garantierbar. Wie Tab. 4 zeigt, wird der größte Teil der rechenintensiven Loops im Parallel/Vektor-Mode abgearbeitet, und zwar mit Mflop-Raten, die doppelt so hoch sind als beim zentralen Loop im Gauss-Seidel Verfahren. Die parallele Effizienz liegt ebenfalls nahezu immer über 90 %. Schwachstellen sind die LU-Zerlegung und die rekursive Lösung eines durch diese Zerlegung entstandenen Gleichungssystems (lines, 69, 110 und 126). Hier könnte durch näherungweise Inversion der (LU)-Matrix noch eine Verbesserung erreicht werden.

Zusammenfassend sind in Fig. 6 und 7 die CPU-Zeiten und der Aufwand an Iterationen für eine Gleichungslösung als Funktion der Courant-Zahl graphisch dargestellt. Für die beiden Solver: Gauss-Seidel und Orthomin sind die skalaren CPU-Zeiten ebenfalls eingetragen. Man sieht die deutliche Überlegenheit des Orthomin-Verfahrens bei stark impliziter Kopplung (c>10). Inzwischen durchgeführte Rechnungen mit 5.10^4 Zellen und mehr haben den Trend zur nochmaligen Vergrößerung des Unterschiedes mit steigender Zellenanzahl bestätigt.

Line #	# Exec	Cpu Secs	Wallclock Secs	Parallel Eff.	Mflops Min	Mflops Max
27 <PV>	18	0.30424	0.17188	0.89	10.88	11.83
58 <PV>	9	0.00814	0.01172	–	0.00	0.00
62 <PV>	9	0.00331	0.00000	–	0.00	0.00
69 <Vp>	9	0.97076	0.98828	–	1.92	1.93
110 <Vp>	243	12.28646	12.45313	–	2.41	2.47
126 <S>	243	9.88766	10.01172	–	2.66	2.73
144 <PV>	243	2.37758	1.23438	0.96	11.11	12.16
164 <PV>	233	0.43701	0.25000	0.87	13.70	15.71
175 <PV>	233	0.91594	0.46094	0.99	13.37	14.30
186 <PV>	243	0.64201	0.35938	0.91	19.83	21.73
197 <PV>	243	1.14861	0.60547	0.95	16.73	17.82
239 <PV>	157	0.44098	0.24609	0.91	0.00	0.00

Tab. 4 Orthomin: CPU-Zeiten und Mflop-Raten

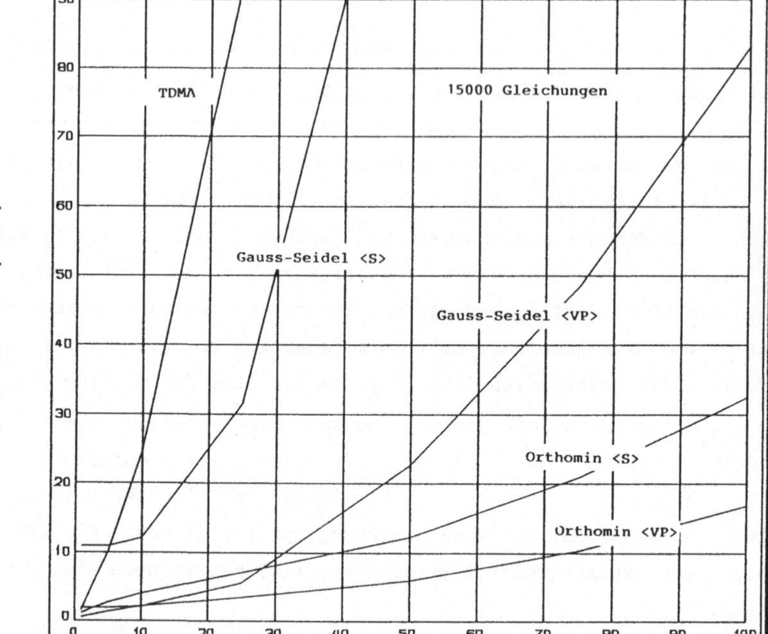

Fig. 6

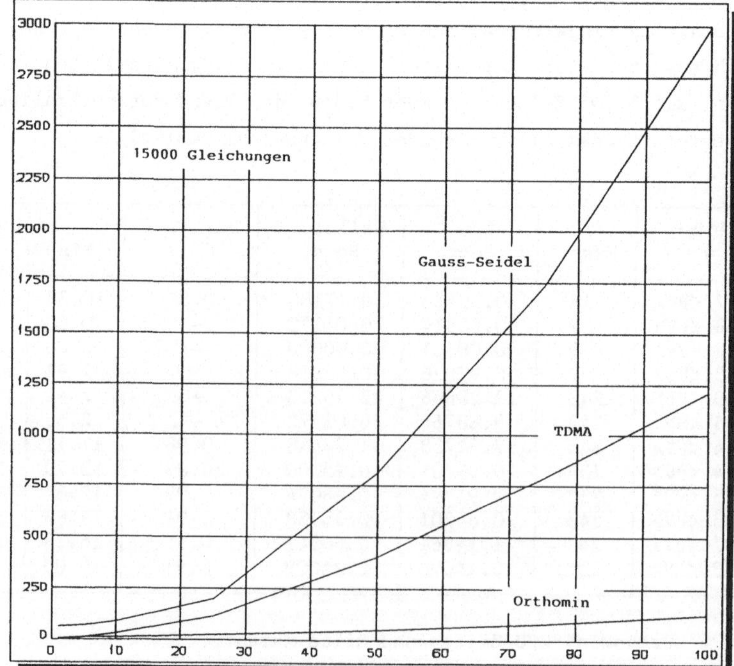

Fig. 7

5. <u>AUSBLICK</u>

Die Vektorisierungsmöglichkeiten der Convex C220 werden durch die bestehende Software weitgehend ausgeschöpft. Daher sind weitere Optimierungen größeren Ausmaßes wohl nur durch Änderungen am Algorithmus einerseits und Nutzung der Parallelverarbeitung andererseits möglich. Was die Algorithmen betrifft, so wird die zukünftige Entwicklung hauptsächlich in folgende Richtungen erfolgen:

- Differenzenverfahren höherer Ordnung
- Einsatz nicht-iterativer (PISO) oder semi-impliziter Algorithmen
- Lokale Netzverfeinerung

Auf Seite der Gleichungslösung wird dem wiederholten Red/Black-Ordering verbunden mit konjugierten Gradienten-Verfahren eine große Bedeutung zukommen. Was die Parallelisierung betrifft, so deutet heutzutage alles darauf hin, daß der Einsatz massiv paralleler Architekturen zur Steigerung der Performance um Faktoren 10^2 oder 10^3 unumgänglich ist. Da solche Systeme allerdings noch nicht ausgereift sind, und vor allem kein Software-Standard existiert, kann noch nicht gesagt werden, ob konventionelle Strömungsprogramme portierbar sind oder ob eine grundlegende Neuentwicklung erfolgen muß.

<u>LITERATUR</u>

[1] Bachler, G., Brandstätter, W., Steffan, H., und Wieser, K.: Dreidimensionale Simulation von Strömungs-, Gemischbildungs- und Verbrennungsvorgängen. Der Arbeitsprozeß des Verbrennungsmotors, TU-Graz, Inst. für Verbrennungskraftmaschinen und Thermodynamik, Oktober 1989.

[2] Brandstätter, W., and R.J.R. Johns: Computer Simulation of External and Internal Turbulent Flows in the Automotive Industry. Keynote Lecture, Supercomputer Applications in Automotive Research and Development, Proceedings of the International Conference in Zürich, Schweiz, Oktober 1986, Cray Research Inc., Ed. C. Marino

[3] Ahmadi-Befrui, B.: Assessment of Variants of the $k-\varepsilon$-Turbulence Model for Engine Flow Applications. Energy Sources Technology Conference and Exhibition Dallas, Texas, February 15-20, 1987. ASME 87-FE-11.

[4] Patankar, S.V.: Numerical Heat Transfer and Fluid Flow. Mc Graw-Hill, New York, 1980.

[5] Caretto, L.S., Gosman, A.D., Patankar, S.V., Potter, R. and Spalding, D.B.: Two Numerical Procedures for Three-Dimensional Recirculating Flows. Proc. Int. Conf. on Num. Methods in Fluid Dynamics, Paris, 1972.

[6] Rhie, C.M., and Chow, W.L.: Numerical Study of the Turbulent Flow Past an Airfoil with Trailing Edge Separation. AIAA Journal, Vol. 21, p. 1525, 1983.

[7] Vinsome, P.K.W.: Orthomin, an Iterative Method for Solving Sparse Sets of Simultaneous Linear Equations. Society of Petroleum Engineers of AIME, Paper No. SPE 5729, p. 83-93, 1976.

[8] Young, D.M., and Tsun-Zee Mai: Iterative Algorithms and Software for Solving Large Sparse Linear Systems. Comm. in Appl. Num. Methods, Vol. 4, p. 435, 1988.

Die Strategie des Autotasking für das MT_c-Projekt auf dem CRAY-Mehrprozessorsystem Y-MP8/832

Siegfried Knecht

Zentralinstitut für Angewandte Mathematik (ZAM)
Forschungszentrum Jülich GmbH (KFA)
Postfach 1913, D-5170 Jülich

Zusammenfassung

Die Quantenchromodynamik, die Theorie der Kernkräfte, wird auf einem Raum-Zeit-Gitter mit Hilfe eines Hybrid-Monte-Carlo Algorithmus simuliert, der dynamische Quarks exakt berücksichtigt. Die hohen Rechenzeitanforderungen des Programms verlangen den Einsatz moderner Supercomputer, wie der CRAY Y-MP, die ihre hohen Leistungen durch gleichzeitigen Einsatz von Vektor- und Parallel-Hardware erzielen. Diese Arbeit gibt eine kurze Einführung in die Architektur der CRAY Y-MP und die Parallelverarbeitungskonzepte auf Cray-Rechnern. Ausführlicher wird auf das Autotasking-Konzept eingegangen, welches das automatische Auffinden von Parallelismus in existierenden Fortran-Programmen ermöglicht. Außerdem beschreibt diese Arbeit sowohl die Anwendung als auch den Optimierungs- und Transformationsprozeß, der zur Steigerung der Rechenleistung notwendig war. Durch Programmänderungen konnte auf einer CRAY Y-MP8/832 ein Speedup von 7 und damit eine Gesamtleistung von 1,67 GFLOPS erreicht werden.

1   Einleitung

Die Quantenchromodynamik (QCD), eine Theorie der starken Wechselwirkung, führt die Kernkräfte auf den Austausch von Wechselwirkungsquanten, den Gluonen, zwischen den Basiskonstituenten stark wechselwirkender Materie, den Quarks, zurück. Diese Theorie wird durch Experimente an Hochenergiebeschleunigern (DESY, CERN etc.) bestätigt, bei denen große Impulse zwischen den wechselwirkenden Teilchen ausgetauscht werden. Auf der anderen Seite ist es bisher nicht möglich, Phänomene, die bei niedrigen Impulsüberträgen oder äquivalent bei großen Abständen zwischen den Wechselwirkungspartnern ablaufen, analytisch zu berechnen. In diesem kinematischen Bereich wird die effektive Kopplungsstärke zu groß, um störungstheoretische Methoden anwenden zu können. In die Gruppe dieser Phänomene fallen vor allem Hadronen wie Proton, Neutron, Pi Meson etc. Das sind Bindungszustände von Quarks, deren Massen sich aus der QCD ergeben müssen, sollte die QCD eine korrekte Theorie der starken Wechselwirkung sein. Die vielversprechendste Methode, diese Fragen einer Lösung näherzubringen, besteht in der numerischen Simulation der QCD auf vierdimensionalen, euklidischen Raum-Zeit-Gittern.

Simulationen der vollen QCD einschließlich dynamischer Quarks sind sehr aufwendig, was ihren Speicherplatz- und Rechenzeitbedarf angeht. Derzeit gebräuchliche Algorithmen benötigen 200 bis 300 reelle Gleitkommazahlen pro Gitterpunkt. Der CPU-Zeitverbrauch wächst in etwa linear mit dem Gittervolumen sowie quadratisch mit abnehmender Masse der Quarks. Bisherige Simulationen wurden daher überwiegend auf relativ kleinen Gittern und bei verhältnismäßig großen Quarkmassen durchgeführt [12].

Die hier vorgestellte Anwendung ist Teil einer umfangreichen Untersuchung der vollen QCD und hat die Berechnung der Hadronmassen zum Ziel. Bessere Ergebnisse sollen sowohl durch größere Gitter als auch durch kleinere Quarkmassen erzielt werden. Ähnliche Projekte sind in Japan und den USA in Arbeit, wo allerdings Spezialrechner konstruiert [18] bzw. eingesetzt [19] werden. Das Programm simuliert die volle QCD auf einem $16^3 \times 24$ Gitter bei Quarkmassen, die in der Nähe der (sehr kleinen) physikalischen Massen liegen. Ein weiterer Unterschied zu den meisten bisherigen Versuchen besteht in der Verwendung des Hybrid-Monte-Carlo Algorithmus, eines exakten Verfahrens, die Quarks zu berücksichtigen. Auf diesen Algorithmus wird in Abschnitt 2 kurz eingegangen; eine ausführliche Beschreibung ist z. B. in [10] enthalten. Da der Algorithmus ca. 280 reelle Gleitkommazahlen je Gitterpunkt benötigt, beträgt der Hauptspeicherplatzbedarf insgesamt 27 Megaworte. Bei den gewählten Parametern sind pro Erzeugung eines möglichen Zustands des Quark-Gluon-Systems ungefähr 285×10^9 Gleitkommaoperationen erforderlich. Diese Zahlen verdeutlichen den zwingenden Einsatz von Supercomputern, um Ergebnisse für diese Anwendung in einem vertretbaren Zeitrahmen erzielen zu können. Die CRAY Y-MP ist ein solcher Hochleistungsrechner, dessen Prozessoren zur parallelen Ausführung eines Programms einsetzbar sind. Abschnitt 3 gibt eine Einführung in die Architektur der CRAY Y-MP.

Auf Cray-Mehrprozessorsystemen kann Parallelismus auf Programmiersprachenebene durch Multitasking ausgenutzt werden. Abschnitt 4 enthält eine Übersicht der beiden älteren Multitasking-Konzepte Macrotasking und Microtasking. Die neuere Multitasking-Strategie Autotasking basiert auf umfangreichen Abhängigkeitsanalyse-Techniken, die einen Automatismus zur Entdeckung von Programmparallelität (normalerweise in DO-Schleifen) schaffen. Die Eigenschaften des Autotasking-Konzepts werden in Abschnitt 5 erläutert.

Obwohl Autotasking in der Lage ist, Parallelismus automatisch zu entdecken, hängt der Leistungszuwachs auf mehreren CPUs doch stark von der Programmstruktur ab. Deshalb können, falls eine andere Wahl der parallelen Ausführung voraussichtlich zu einem besseren Ergebnis führt, die Autotasking-Präprozessoren durch Direktiven und zusätzliche Optionen unterstützt werden. Abschnitt 6 beschreibt die Autotasking-Implementierung und demonstriert, welche Eingriffe von Hand notwendig sind, um Autotasking möglichst effizient zu nutzen.

2 Elemente des Hybrid-Monte-Carlo Algorithmus

Der Startpunkt für eine numerische Simulation der QCD [20] ist die euklidische Zustandssumme [6]

$$Z = \int \prod_{i,\mu} dU_\mu(x_i)d\pi_\mu(x_i) \prod_i dq(x_i)dq^*(x_i)e^{-\mathcal{H}}, \tag{1}$$

aus der physikalisch interessante Observablen berechnet werden können. Hierbei repräsentieren q, q^* die Quark- bzw. Antiquark-Felder auf den Gitterpunkten x_i, die durch die Gluonfelder U auf den Gitterkanten miteinander wechselwirken. π sind die zu den Gluonfeldern kanonisch konjugierten Impulse. Analog zur elektrischen Ladung tragen Quarks eine sogenannte Farbladung, die drei verschiedene Werte annehmen kann. Diese Ladung ist die Ursache für die starke Wechselwirkung. Entsprechend sind die Quarkfelder 3er-Vektoren, während die Gluonen ebenso wie die π-Felder durch SU(3)-Matrizen, das sind komplexe (3×3)-Matrizen, dargestellt werden müssen. Die Wechselwirkungsdynamik wird durch die Hamiltonfunktion $\mathscr{H}$

$$\mathscr{H} = \frac{1}{2} \sum_{x, \mu} tr\, \pi_\mu^2(x) + \beta \sum_\Box tr\left[U_\mu(x)U_\nu(x + \hat{\mu})U_{-\mu}(x + \hat{\mu} + \hat{\nu})U_{-\nu}(x + \hat{\nu})\right] + q^*(M^\dagger M)^{-1}q \qquad (2)$$

festgelegt[1], wobei die Wechselwirkung der Quarks in der Fermionmatrix M [11]

$$M(x,y) = m\delta(x,y) + \frac{1}{2}\sum_\mu\left[U_\mu(x)\delta(x + \hat{\mu},y) - U_{-\mu}(x)\delta(x - \hat{\mu},y)\right] \qquad (3)$$

spezifiziert ist. Dabei ist m die Quarkmasse (in Gittereinheiten a), β die inverse Kopplungskonstante und δ das Kronecker-Symbol.

Ziel einer Simulation der QCD ist es, das hochdimensionale Integral (1) über die Werte der Feldvariablen auf allen Gitterpunkten bzw. Gitterkanten mittels Monte Carlo Methoden [2] zu berechnen. Zu diesem Zweck erzeugt man einen möglichst großen Satz von Feldkonfigurationen, das sind Momentaufnahmen möglicher Zustände des Systems, die entsprechend ihrem Gewichtsfaktor $e^{-\mathscr{H}}$ vertreten sein müssen (*importance sampling*). In einem reinen Gluonfeld Monte Carlo würde man beispielsweise nacheinander

- neue Werte für die U-Felder auswählen,

- die Änderung der Hamiltonfunktion berechnen und

- den neuen Wert bei kleinerer Hamiltonfunktion auf jeden Fall akzeptieren, da das Gewicht des neuen Zustands größer ist als das des Vorgängers sowie bei vergrößerter Hamiltonfunktion nur mit gewisser Wahrscheinlichkeit verwerfen, um auch Quantenfluktuationen zu berücksichtigen.

Die Präsenz von Quarks jedoch verhindert wegen der inversen Fermionmatrix ein solch lokales Verfahren in der Praxis, da bei jeder lokalen Änderung die Inverse neu berechnet werden müßte. Es liegt nahe, eine gesamte Gitterkonfiguration zu verändern, um anschließend global über deren Akzeptanz zu entscheiden. Da die Akzeptanzwahrscheinlichkeit aber potentiell mit der Gittergröße abnimmt, ist eine sorgfältige Auswahl erforderlich.

Im Hybrid-Monte-Carlo Algorithmus [5] wird diese Auswahl getroffen, indem man die neuen Gluonfelder mit Hilfe der Hamilton'schen Bewegungsgleichungen berechnet:

$$\dot{U} \sim \pi \qquad (4)$$

---

1   $M^\dagger$ bezeichnet die Adjungierte $\overline{M}^T$ der Matrix M, $\Box$ eine elementare Plakette des Gitters.

$$i\dot{\pi}_\mu(x) = \left[\frac{\beta}{6} U_\mu(x)V_\mu(x) + U_\mu(x)\sum_\nu \left\{ U_\nu(x+\hat{\mu})X(x+\hat{\mu}+\hat{\nu})X^*(x) - U_{-\nu}(x+\hat{\mu})X(x+\hat{\mu}-\hat{\nu})X^*(x) \right\} \right]_{TA} \qquad (5a)$$

$$i\dot{\pi}_\mu(x) = \left[\frac{\beta}{6} U_\mu(x)V_\mu(x) + U_\mu(x)\sum_\nu \left\{ X(x+\hat{\mu})X^*(x-\hat{\nu})U_\nu(x-\hat{\nu}) - X(x+\hat{\mu})X^*(x+\hat{\nu})U_{-\nu}(x+\hat{\nu}) \right\} \right]_{TA} . \qquad (5b)$$

X steht für $(M^\dagger M)^{-1}q$, $V_\mu(x)$ bezeichnet die Ableitungen nach $U_\mu(x)$ des reinen Gluonfeld-Anteils an $\mathscr{H}$ und der Index TA spezifiziert den spurfreien, antihermiteschen Teil $A_{TA} = (A - A^\dagger) - \frac{1}{3} tr(A - A^\dagger)$. Die hierbei als äußere Kraft wirkenden Fermionfelder [8] sowie die Anfangswerte für die Impulse π werden unter Ausnutzung der Gaußverteilungen $e^{-q^*(M^\dagger M)^{-1}q}$ für die Quarks bzw. $e^{-tr\pi_\mu^2(x)/2}$ für die Impulse aus gaußverteilten Zufallsvariablen generiert. Für die Berechnung der neuen Gluonfelder wird das obige System von Differential-gleichungen diskretisiert und in N_{MD}-Schritten (= Molekulardynamik-Schritte) in einem Bock-sprungverfahren numerisch integriert. Der zeitaufwendigste Teil des Programms besteht in der Berechnung der inversen Fermionmatrix $(M^\dagger M)^{-1}$, die wegen der Abhängigkeit von den mo-mentanen Werten der Gluonfelder nun nicht mehr bei jeder lokalen Änderung, aber immer noch in jedem der N_{MD}-Schritte durchgeführt werden muß. Die Inversion erfolgt unter Benutzung eines Konjugierte Gradienten-Verfahrens. Den Abschluß einer solchen, *Trajektorie* genannten Einheit bildet die globale Entscheidung über die Akzeptanz der neuen Feldvariablen. Da die Gluonfelder wegen der Hamilton'schen Molekulardynamik auf Trajektorien konstanter Hamil-tonfunktion geführt werden, müßte bei exakter Integration diese Entscheidung mit der Wahr-scheinlichkeit 1 positiv ausfallen. Numerische Abweichungen sind aber unvermeidlich, so daß die Monte Carlo Entscheidung benötigt wird, um die Exaktheit des gesamten Verfahrens zu garantieren.

Das Programm erzeugt unter Verwendung des skizzierten Verfahrens die schon erwähnten Mo-mentaufnahmen, in denen physikalisch interessante Observablen „gemessen" werden. Um bei diesen Messungen zuverlässige Werte mit verhältnismäßig geringen statistischen Fehlern zu er-halten, müssen pro (β,m)-Paar mindestens 1000 Trajektorien durchlaufen und bei 40 Moleku-lardynamik-Schritten je Trajektorie insgesamt ca. 1200×10^{12} Gleitkommaoperationen ausge-führt werden. Daraus ist unmittelbar ersichtlich, daß Hochleistungsrechner wie die CRAY Y-MP8/832 in der KFA Jülich notwendig sind, um Ergebnisse in einem zufriedenstellenden Zeitraum zu ermöglichen.

3 Das Mehrprozessorsystem CRAY Y-MP

Die CRAY Y-MP ist ein Mehrprozessorsystem mit bis zu 8 Prozessoren und einem gemeinsa-men Hauptspeicher. Die CPUs sind bez. ihrer logischen Struktur identisch mit denen des Vor-gängersystems, der CRAY X-MP. Eine Beschreibung der CRAY X-MP kann [9] entnommen werden. Jede CPU der CRAY Y-MP ist ein leistungsfähiger Vektorprozessor mit speziellen Funktionseinheiten, die auf dem Pipeline-Prinzip basieren und parallel genutzt werden können; die Taktzeit beträgt 6 ns. Der Hauptspeicher umfaßt 32 Megaworte; die Realisierung in BiCMOS-Technologie ermöglicht eine Speicherbankzykluszeit von 30 ns. Tab. 1 gibt Systemcharakteristika der in der KFA Jülich installierten CRAY Y-MP wieder. Eine detaillierte Beschreibung der Architektur der CRAY Y-MP ist in [3] veröffentlicht worden.

Anzahl CPUs	8
CPU-Zykluszeit	6 ns
Anzahl Funktionseinheiten je CPU	13
Hauptspeicher	32 MW (angeordnet in 256 Bänken)
Speicherbankzykluszeit	30 ns
Erweiterungsspeicher (SSD)	128 MW

Tab. 1. Technische Daten der CRAY Y-MP8/832 in der KFA Jülich

Die CPUs der CRAY Y-MP sind über den Hauptspeicher und 9 identische Registergruppen (*cluster*) eng miteinander gekoppelt. Jede Registergruppe enthält gemeinsame Register (8 Adreß-, 8 Skalar- und 32 Semaphor-Register). Diese gemeinsamen Register schaffen die Basis für eine schnelle Kommunikation und Synchronisation, wenn Programme parallel auf mehreren Prozessoren ausgeführt werden.

4 Multitasking-Konzepte

Die gleichzeitige Ausführung unabhängiger Teile eines Fortran-Programms wird auf Cray-Mehrprozessorsystemen durch *Multitasking* bewerkstelligt. Multitasking bietet die Möglichkeit, die Bearbeitungszeit eines Programms deutlich zu reduzieren. Darüber hinaus kann Multitasking je nach Art der Programme im Rechner zu einer besseren Auslastung der Prozessoren und zur Erhöhung des Durchsatzes beitragen. Multitasking auf Cray-Rechnern umfaßt 3 Konzepte: Macrotasking, Microtasking und Autotasking.

Macrotasking wurde zur Ausnutzung von Parallelismus auf Unterprogrammebene implementiert. Dazu muß das Programm explizit in P unabhängig voneinander ausführbare Unterprogramme, sogenannte *Tasks*, zerlegbar sein. Das Erzeugen paralleler Tasks sowie die Kommunikation und Synchronisation müssen vom Benutzer durch Aufrufe von Routinen der Macrotasking-Bibliothek spezifiziert werden. Ein Bibliotheks-Scheduler, der die Schnittstelle zwischen Macrotasking und dem Betriebssystem bildet, ist für die Verwaltung paralleler Tasks verantwortlich. Die statische Partitionierung kann dann Leistungseinbußen bewirken, wenn die Arbeitslast nicht balanciert auf die parallelen Tasks verteilbar ist. Außerdem wird der Beschleunigungsfaktor (*Speedup*) nicht zufriedenstellend sein, wenn der *Overhead* der Bibliotheksroutinen zu hoch im Vergleich zur Granularität der Tasks ist. Mit Macrotasking wird man also nur für grobgranulare Probleme gute Leistungen erzielen können [9].

Microtasking behebt einige Nachteile des Macrotasking. Es ermöglicht nämlich die Ausnutzung von Parallelismus bis auf Anweisungsebene. Dazu stellt es Direktiven zur Verfügung, die vom Benutzer zur Spezifikation paralleler Ausführbarkeit in den Programm-Code eingefügt und von einem Präprozessor in Inline-Code und Bibliotheksroutinenaufrufe umgesetzt werden. Die Direktiven erlauben es, die Portabilität der Programme weitgehend zu erhalten. Durch die direkte Nutzung der Interprozessorkommunikations-Hardware, d. h. der gemeinsamen Register, können wesentlich schnellere Basisroutinen zur Synchronisation paralleler Tasks bereitgestellt werden.

Verglichen mit den Macrotasking-Bibliotheksroutinen bewirkt diese Lösung einen deutlich geringeren Overhead und führt dazu, daß Microtasking schon für feingranulare Probleme effizient eingesetzt werden kann [9]. Ein weiterer Vorteil gegenüber Macrotasking ist eine dynamische Task-Allokierung, d. h. wann immer ein Prozessor verfügbar ist, kann er, soweit noch Arbeit vorhanden ist, an der parallelen Ausführung des Programms partizipieren. Daraus resultiert eine weitgehend balancierte Lastverteilung und eine hohe Auslastung der Prozessoren.

Autotasking, die neueste der drei Multitasking-Strategien, bietet beachtliche Fähigkeiten im Bereich der automatischen Parallelisierung. Im nächsten Kapitel wird ausführlich auf dieses Konzept eingegangen und die Arbeitsweise dieses automatischen Werkzeugs erläutert.

5 Das Autotasking-Konzept

Autotasking schließt das Microtasking-Konzept ein, denn auch hier wird die Kommunikation und Synchronisation weitgehend über gemeinsame Register durchgeführt. Von der Master-Task generierte zusätzliche Tasks (*slaves*) führen eine *Test-and-Set*-Operation auf einem Semaphor-Register aus. Sobald ein paralleler Block (*parallel region*) erkannt wird, wird das Semaphor-Register zurückgesetzt und alle Tasks können an der parallelen Ausführung teilnehmen.

Autotasking-Parallelismus wird durch die Einführung von *Kontrollstrukturen* spezifiziert. Eine Kontrollstruktur bezeichnet einen Programmbereich, dessen Ausführung beendet sein muß, bevor Code außerhalb dieses Bereiches ausgeführt werden kann. Innerhalb einer Kontrollstruktur sind sogenannte *threads* definiert. Ein *thread* bezeichnet eine Folge von Instruktionen, die unteilbar einer Task zugeordnet wird. Autotasking verteilt solche *threads* dynamisch auf die gerade verfügbaren CPUs [14].

Der offensichtlichste Unterschied zum Microtasking besteht darin, daß Autotasking feingranularen Parallelismus automatisch auszunutzen versucht. Um dies zu bewerkstelligen, wurde Autotasking in das Compiling-System *cf77* integriert, welches aus 3 Phasen besteht: der Datenabhängigkeitsanalyse, der Umsetzungsphase und der Code-Generierung. In der ersten Phase analysiert der Präprozessor *fpp* das Fortran-Programm hinsichtlich Datenabhängigkeiten. Dabei ist er in der Lage, parallele Programmteile wie z. B. DO-Schleifen zu erkennen und diese mit Direktiven zu kennzeichnen. Das erweiterte Programm ist Eingabe für die Umsetzungsphase, wo die eingefügten Direktiven vom Präprozessor *fmp* übersetzt werden. Der Fortran-Compiler *cft77* erhält in der dritten Phase als Eingabe die Ausgabe des *fmp* und erzeugt für das modifizierte Programm den Maschinen-Code. Neben diesem Automatismus hat der Benutzer weiterhin die Möglichkeit, durch Einfügen von Direktiven sowohl für den *fpp* als auch für den *fmp*, die Parallelisierung zu beeinflussen [1,7].

Während im Microtasking parallele Blöcke am Anfang eines Unterprogramms beginnen, erlaubt Autotasking die flexible Definition paralleler Blöcke an irgendeiner Stelle im Unterprogramm. Am Ende eines parallelen Blocks findet eine implizite Synchronisation statt. Außerdem wird für jeden parallelen Block der Geltungsbereich der Variablen (SHARED oder PRIVATE) analysiert und explizit festgelegt [13].

Im Vergleich zum Microtasking wurden nur die Direktiven verändert, die die Kontrollstrukturen festlegen. Die folgende Liste beinhaltet eine kurze Beschreibung der wichtigsten Autotasking-Direktiven.

1) Anforderung und Rückgabe der CPUs:

- CMIC$ GETCPUS *ncpus*
  legt die maximale Anzahl an CPUs fest, die das Programm verwenden kann.
- CMIC$ RELCPUS
  gibt die angeforderten CPUs zurück an das Betriebssystem.

- CMIC$ PARALLEL
  legt den Anfang einer *parallel region* fest.
- CMIC$ DO PARALLEL
  markiert eine DO-Schleife, die parallel ausgeführt werden kann, wenn für die *parallel region*, in der sie liegt, mehrere CPUs verfügbar sind.
- CMIC$ END PARALLEL
  markiert das Ende einer *parallel region*.
- CMIC$ DO ALL
  definiert eine getrennte *parallel region*, jedoch nur für die unmittelbar nachfolgende DO Schleife, die parallel ausgeführt werden kann.
- CMIC$ SOFT EXIT
  bietet die Möglichkeit parallele Ausführung vorzeitig zu stoppen.

2) Schutz kritischer Sektionen:

- CMIC$ GUARD *n*
  legt den Anfang der kritischen Sektion *n* fest.
- CMIC$ END GUARD *n*
  markiert das Ende der kritischen Sektion *n*.

Für diese Direktiven gibt es eine Vielzahl von Optionen. So kann z. B. durch Laufzeittests entschieden werden, ob für die parallelen Blöcke eine ausreichend große Granularität vorhanden ist. Es gibt mehrere Möglichkeiten für die Aufteilung der Arbeit, d. h. die Wahl der sogenannten *chunk*-Größe kann variiert werden. Dafür sind alle wesentlichen dynamischen Zuteilungsstrategien (*self-scheduling*, *chunk scheduling*, *guided self-scheduling*, siehe [16]) implementiert, die eine weitgehend optimierte Ausführung der parallelen Blöcke und eine balancierte Lastverteilung sicherstellen. Ausführliche Beschreibungen der Autotasking-Implementierung sowie Overhead-Messungen der Primitive können [1,17] entnommen werden.

Das Compiling-System *cf77*, in welches Autotasking eingebettet ist, stellt umfangreiche Möglichkeiten für die automatische Parallelisierung eines Fortran-Programms zur Verfügung. Lediglich in komplexeren Fällen werden Eingriffe durch den Benutzer weiterhin erforderlich sein. Im folgenden wird der Optimierungsprozeß ausführlich beschrieben, der für das Erreichen einer hohen Rechenleistung des QCD-Programms notwendig war.

6 Parallelisierung und Optimierung

Wie schon in Kapitel 1 beschrieben, operiert das Programm zur Berechnung des Hadron-Massenspektrums auf einem vierdimensionalen Gitter der Größe $16^3 \times 24$. Dies ermöglicht nahezu allen Programmteilen auf langen Vektoren zu arbeiten und impliziert einen gut vektorisierten Code sowie eine hohe Rechengeschwindigkeit. Zu Beginn der Untersuchungen hatte das Programm auf der CRAY Y-MP eine Ein-Prozessorleistung von ca. 187 MFLOPS[2]. Alle (Zeit-) Messungen wurden mit der Quarkmasse $m = 0{,}025$ und bei kürzeren Trajektorien der Länge $N_{MD} = 10$ durchgeführt. Während der Ausführung werden mehr als 95% der CPU-Zeit in nur 3 Unterprogrammen verbraucht, die hauptsächlich aus drei- bzw. vierfach geschachtelten DO-Schleifen bestehen. Dies bedeutet, daß sich der Optimierungsprozeß im wesentlichen auf diese 3 Unterprogramme konzentrieren sollte. Die Schleife in Abb. 1 ist Teil einer Routine, die die Fermionmatrix $M^\dagger$ mit einem Vektor multipliziert. Sie ist ein Beispiel für eine typische Schleife: die äußeren Schleifen über COL1 bzw. COL2 sind mit den QCD-Farben 1 bis 3 verknüpft und die innerste Schleife über X (1 bis 49152) durchläuft die geraden Gitterpunkte.

```
DO 12 COL1  = 1,NCOLOR
DO 12 COL2  = 1,NCOLOR
DO 1012 X   = 1,SIZEH
    R(X,COL1,RE)  = R(X,COL1,RE) + U(X,COL1,COL2,RE,EVEN,MU) * V(NN(X,EVEN,MU),COL2,RE)
&                                - U(X,COL1,COL2,IM,EVEN,MU) * V(NN(X,EVEN,MU),COL2,IM)
    R(X,COL1,IM)  = R(X,COL1,IM) + U(X,COL1,COL2,RE,EVEN,MU) * V(NN(X,EVEN,MU),COL2,IM)
&                                + U(X,COL1,COL2,IM,EVEN,MU) * V(NN(X,EVEN,MU),COL2,RE)
1012 CONTINUE
12 CONTINUE
```

Abb. 1. Fortran-Code einer ursprünglichen Schleife

Um ein Zeitprofil für alle geschachtelten Schleifen des Programms zu erhalten, wurde der in der KFA entwickelte Präprozessor PARANAL geringfügig dahingehend modifiziert, daß er diese Schleifen mit Aufrufen einer Zeitmeßroutine[3] instrumentieren kann. Der Präprozessor kennzeichnet insgesamt 85 DO-Schleifen. Dabei wird jeder eine eindeutige Nummer (*loop nest number*) zugeordnet und während der Ausführung kann die Ausführungszeit (Realzeit) in jeder geschachtelten Schleife akkumuliert werden; die Schleife in Abb. 1 erhält die Nummer 74. Die dadurch gewonnenen Informationen lassen erkennen, daß ungefähr 29 geschachtelte Schleifen für weitere Untersuchungen näher betrachtet werden müssen, denn sie verbrauchen mehr als 0,1% der gesamten Ausführungszeit. Die geschachtelte Schleife in Abb. 1 beispielsweise verbraucht ca. 16%.

Der *fpp* des Compiling-Systems *cf77* ist mit der Fähigkeit ausgestattet, geschachtelte DO-Schleifen automatisch mit DO ALL oder DO PARALLEL Direktiven zu markieren, wenn sie für eine parallele Abarbeitung geeignet sind. In Abb. 2 ist zu erkennen, daß *fpp* die äußere Schleife als parallel ausführbar markiert und die innerste als vektorisierbar erkennt. Die Direktive DO ALL definiert für die gesamte Schleife eine *parallel region*. SHARED und PRIVATE sind Parameter, die den Geltungsbereich der Variablen innerhalb der *parallel region* festlegen.

---

[2] Messungen der Rechenleistung wurden mit Hilfe des Hardware Performance Monitor (hpm) und eingeschalteter Gruppe 0 vorgenommen.

[3] Alle Zeitmessungen wurde unter Verwendung der Routine IRTC auf einer dedizierten CRAY Y-MP8/832 unter UNICOS 5.0 durchgeführt.

SHARED-Variablen sind während der Ausführung allen parallelen Tasks gemeinsam bekannt. PRIVATE heißt, daß jede Task ihre eigene, private Kopie der in der Liste spezifizierten Variablen hat. Die Direktive IVDEP stellt die Vektorisierung der innersten Schleife ohne weitere Datenabhängigkeitsanalyse sicher.

```
CMIC$ DO ALL SHARED(MU, U, NN, V, R) PRIVATE(COL1, COL2, X)
         DO 12 COL1  =  1,NCOLOR
         DO 12 COL2  =  1,NCOLOR
CDIR$ IVDEP
         DO 1012 X    =  1,SIZEH
            R(X,COL1,RE)  = R(X,COL1,RE) + U(X,COL1,COL2,RE,EVEN,MU) * V(NN(X,EVEN,MU),COL2,RE)
       &                                 - U(X,COL1,COL2,IM,EVEN,MU) * V(NN(X,EVEN,MU),COL2,IM)
            R(X,COL1,IM)  = R(X,COL1,IM) + U(X,COL1,COL2,RE,EVEN,MU) * V(NN(X,EVEN,MU),COL2,IM)
       &                                 + U(X,COL1,COL2,IM,EVEN,MU) * V(NN(X,EVEN,MU),COL2,RE)
    1012 CONTINUE
      12 CONTINUE
```

Abb. 2. fpp-Code der ursprünglichen Schleife 74

Offensichtlich darf aber, zum Erzielen einer hohen Beschleunigung auf mehr als 3 Prozessoren, weder die äußere noch die mittlere Schleife zur parallelen Ausführung ausgewählt werden. Deshalb ist es Aufgabe des Benutzers, *fpp* mitzuteilen, welche Wahl voraussichtlich die günstigste sein wird. Dies kann durch Einfügen einer der beiden folgenden Direktiven vorgenommen werden: SELECT(CONCUR) oder NOCONCUR. Während die erste Direktive *fpp* zwingt, die nachfolgende Schleife zur Parallelisierung auszuwählen, schließt die zweite eine mögliche Parallelisierung aus. Bezogen auf Abb. 2 kann der Benutzer entweder CFPP$ NOCONCUR vor der äußersten oder CFPP$ SELECT(CONCUR) vor der innersten Schleife einfügen. Dadurch wird *fpp* gezwungen, die innerste Schleife zu parallelisieren. Der daraus resultierende Code ist in Abb. 3 dargestellt.

```
CMIC$ PARALLEL SHARED(MU, R, U, NN, V) PRIVATE(X, COL2, COL1)
         DO 12 COL1     = 1, 3
         DO 77002 COL2 = 1, 3
CFPP$ SELECT(CONCUR)
CMIC$ DO PARALLEL VECTOR
CDIR$ IVDEP
         DO 1012 X = 1, 49152
            R(X,COL1,RE)  = R(X,COL1,RE) + U(X,COL1,COL2,RE,EVEN,MU) * V(NN(X,EVEN,MU),COL2,RE)
       &                                 - U(X,COL1,COL2,IM,EVEN,MU) * V(NN(X,EVEN,MU),COL2,IM)
            R(X,COL1,IM)  = R(X,COL1,IM) + U(X,COL1,COL2,RE,EVEN,MU) * V(NN(X,EVEN,MU),COL2,IM)
       &                                 + U(X,COL1,COL2,IM,EVEN,MU) * V(NN(X,EVEN,MU),COL2,RE)
    1012 CONTINUE
   77002 CONTINUE
      12 CONTINUE
CMIC$ END PARALLEL
```

Abb. 3. Benutzer-gesteuerte Parallelisierung der Schleife 74

Sie zeigt, daß *fpp* bestrebt ist, den Autotasking-Overhead dadurch gering zu halten, indem parallele Bereiche zusammengefaßt werden, und zwar die zwei äußeren und die innnere Schleife zu einer *parallel region*. Diese wird von dem Direktivenpaar PARALLEL/END PARALLEL eingeschlossen. DO PARALLEL spezifiziert die gleichzeitige Ausführbarkeit der innersten Schleife auf mehreren Prozessoren. Die Option VECTOR empfiehlt *fmp*, Code für eine bestimmte Art des *guided self-scheduling* Algorithmus [15] zu erzeugen. Diese wird nur im Falle des sog. *stripmining* innerer, vektorisierbarer DO-Schleifen verwendet [1]. *Stripmining* bezeichnet das Unterteilen langer Schleifen in kürzere Stücke und deren Ausführung durch verschiedene Tasks. Dies impliziert das Partitionieren langer Vektoren in aufeinanderfolgende kürzere bis zu einer minimalen Vektorlänge von 64. Diese Methode sollte, wie in [15] bewiesen, in einer Stapelumgebung zur bestmöglich balancierten Lastverteilung führen. Die Arbeitsweise des Algorithmus ist in Abb. 4 skizziert; L bezeichnet die ursprüngliche Vektorlänge und P die Anzahl angeforderter CPUs. Führt man den Code aus Abb. 3 auf 8 Prozessoren der CRAY Y-MP aus, dann wird der Iterationsraum der innersten Schleife in 39 kleinere Teile unterteilt und die Folge kürzerer Vektorlängen beinhaltet die Werte 6144, 5376, 4736, ..., 64, 64; die dadurch implizierten Vektor-Schleifen umfassen wesentlich weniger Iterationen.

```
NCHUNKS := (L + 63) div 64

while processes of the parallel DO-loop
are in execution

    enter critical region

    SUBCHUNKS := (NCHUNKS + P-1) div P

    NCHUNKS := NCHUNKS - SUBCHUNKS

    leave critical region

                SUBCHUNKS > 0

    true                            false

    execute      wait at the bottom of the
    SUBCHUNKS
    vector       parallel DO-loop for the
    chunks       last process
```

Abb. 4. **Algorithmus der Verteilungsstrategie VECTOR**

Um auf mehr als 3 CPUs eine Beschleunigung größer 3 erreichen zu können, müssen alle geschachtelten Schleifen des Programms mit der Direktive SELECT(CONCUR) versehen werden. Abb. 5 zeigt die Speedup-Werte, die man für das instrumentierte Programm auf Schleifenebene auf 4, 6 und 8 Prozessoren erzielt. Jede Balkengruppe repräsentiert genau eine geschachtelte Schleife; die letzte steht für das Gesamtprogramm. Die X-Werte - aufsteigend sortiert - bezeichnen die Ausführungszeiten jeder Schleife (in Sekunden) auf einer CPU und die zugehörige Schleifennummer; das Programm benötigt insgesamt ca. 1540 s. Die Y-Werte reflektieren die Speedup-Werte der einzelnen Schleifen bzw. des Programms auf mehreren CPUs. Zu bemerken wäre noch, daß Abb. 5 redundante Informationen enthält. Der Speedup der Schleife 26 wird von dem eines Unterprogramms beeinflußt, das zwei SU(3)-Matrizen multipliziert und im wesentlichen aus den geschachtelten Schleifen 32 bis 36 sowie 46 bis 50 besteht. Andererseits wurden Informationen über ein Unterprogramm, welches die Fermionmatrix M mit einem Vektor multipliziert, weggelassen, obwohl dort nahezu 45% der Ausführungszeit verbraucht werden. Grund dafür ist die Analogie zu dem Unterprogramm, das die Fermionmatrix $M^\dagger$ mit einem Vektor multipliziert und aus den Schleifen 72 bis 78 besteht.

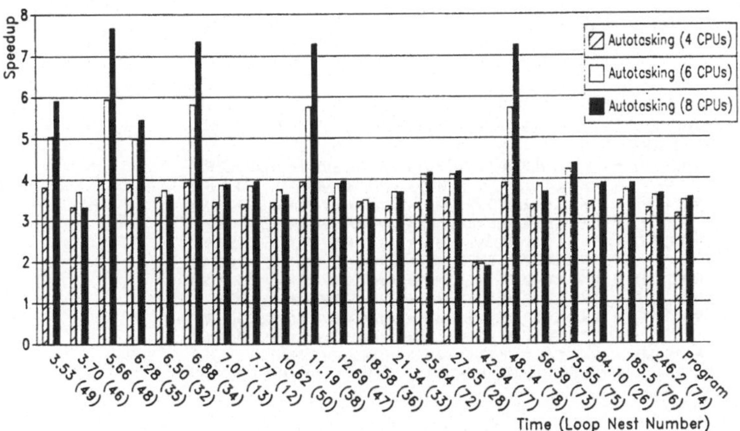

Abb. 5. Berechnung der Hadronmassen auf mehreren CPUs (Direktiven-unterstützte Version)

Der Grund für die geringe Beschleunigung auf mehr als 4 CPUs, speziell für einen Speedup von 3,54 des gesamten Programms auf 8 CPUs, ist das *stripmining* der innersten DO-Schleifen, welches einen erhöhten Aufwand für die Initialisierung und Terminierung der zusätzlichen Vektor-Schleifen bewirkt. Darüber hinaus impliziert die Generierung kürzerer Vektoren, daß - in Abhängigkeit der ursprünglichen Vektorlänge - eine hohe Leistung nicht mehr möglich ist. Ein weiteres Leistungshindernis ist die Granularität der zusätzlichen Vektor-Schleifen, die im Vergleich zum Overhead der Autotasking-Primitive zu gering werden kann.

Im Gegensatz dazu ist der hohe Speedup für einige geschachtelte Schleifen, z. B. 78, auf die Fähigkeit des *fpp* zurückzuführen, bestimmte geschachtelte Schleifen zu einer Schleife mit größerem Iterationsraum zusammenzufassen. Abb. 6 verdeutlicht, wie die geschachtelte Schleife 78, die Real- und Imaginärteil, die 3 QCD-Farben sowie die geraden Gitterpunkte durchläuft, zu einer Schleife mit sehr vielen Iterationen, nämlich IM∗NCOLOR∗SIZEH = 2∗3∗49152 = 294912, kombiniert wird. Bezogen auf den VECTOR-Algorithmus erhöht dies zwar die Anzahl der Partitionen auf 53 (gegenüber 39), führt aber zu wesentlich längeren Teilvektoren, deren Folge nun die Werte 36864, 32256, 28224, ..., 64, 64 umfaßt.

```
Original:                                    Transformation:

       DO 24  RI   = RE,IM                   CMIC$ DO ALL VECTOR SHARED(R, H2) PRIVATE(RI)
       DO 24  COL = 1,NCOLOR                 CDIR$ IVDEP
CFPP$ SELECT(CONCUR)                               DO 77004 RI = 1, 294912
       DO 1024  X  = 1,SIZEH                        R(RI,1,1) = R(RI,1,1) + H2(RI,1,1)
  1024   R(X,COL,RI) = R(X,COL,RI) + H2(X,COL,RI)  77004 CONTINUE
    24 CONTINUE
```

Abb. 6. Original und Modifikation der geschachtelten Schleife 78

Der einzige Weg, die Nachteile des *stripmining* zu kompensieren, liegt in der Erhöhung der Arbeit in den innersten Schleifen. Dies kann durch Auflösen (*unrolling*) einer äußeren Schleife erreicht werden. Abb. 7 vermittelt das *unrolling* der Schleife 74; die äußere Schleife über COL1 wurde in die innerste expandiert. Auflösen der mittleren Schleife über COL2 führte zu keinerlei Verbesserung.

```
              DO 12 COL2  = 1,NCOLOR
     CFPP$ SELECT(CONCUR)
              DO 1012 X     = 1,SIZEH
                R(X,1,RE) = R(X,1,RE)  + U(X,1,COL2,RE,EVEN,MU) * V(NN(X,EVEN,MU),COL2,RE)
     &                                  − U(X,1,COL2,IM,EVEN,MU) * V(NN(X,EVEN,MU),COL2,IM)
                R(X,1,IM) = R(X,1,IM)  + U(X,1,COL2,RE,EVEN,MU) * V(NN(X,EVEN,MU),COL2,IM)
     &                                  + U(X,1,COL2,IM,EVEN,MU) * V(NN(X,EVEN,MU),COL2,RE)
                R(X,2,RE) = R(X,2,RE)  + U(X,2,COL2,RE,EVEN,MU) * V(NN(X,EVEN,MU),COL2,RE)
     &                                  − U(X,2,COL2,IM,EVEN,MU) * V(NN(X,EVEN,MU),COL2,IM)
                R(X,2,IM) = R(X,2,IM)  + U(X,2,COL2,RE,EVEN,MU) * V(NN(X,EVEN,MU),COL2,IM)
     &                                  + U(X,2,COL2,IM,EVEN,MU) * V(NN(X,EVEN,MU),COL2,RE)
                R(X,3,RE) = R(X,3,RE)  + U(X,3,COL2,RE,EVEN,MU) * V(NN(X,EVEN,MU),COL2,RE)
     &                                  − U(X,3,COL2,IM,EVEN,MU) * V(NN(X,EVEN,MU),COL2,IM)
                R(X,3,IM) = R(X,3,IM)  + U(X,3,COL2,RE,EVEN,MU) * V(NN(X,EVEN,MU),COL2,IM)
     &                                  + U(X,3,COL2,IM,EVEN,MU) * V(NN(X,EVEN,MU),COL2,RE)
     1012 CONTINUE
       12 CONTINUE
```

Abb. 7. Unrolling der geschachtelten Schleife 74

Unrolling von DO-Schleifen hat mehrere Vorteile: erhöhte Granularität, verringerter Autotasking-Overhead (weniger Iterationen innerhalb der *parallel region*) und weniger Speicherzugriffskonflikte. Speicherzugriffskonflikte auf einer CRAY Y-MP sind entweder Bankkonflikte zwischen mehreren CPUs oder Sektionskonflikte innerhalb einer CPU [4]. Die Verbesserung, die man durch *unrolling* der wichtigsten geschachtelten Schleifen erhält, wird in Abb. 8 demonstriert. Der Speedup für das gesamte Programm ist auf 4,7 angestiegen.

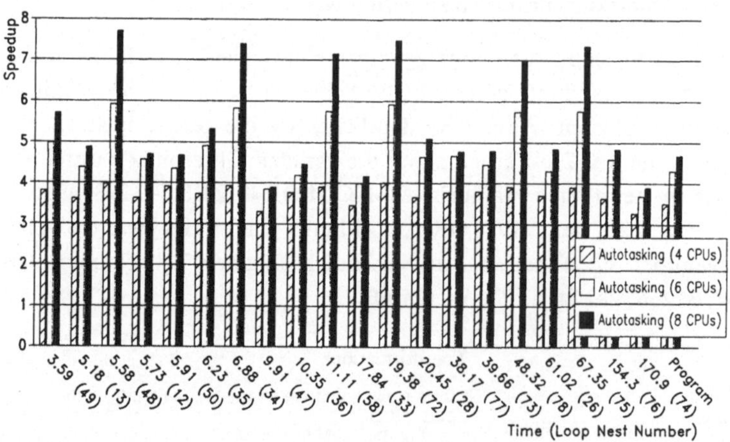

Abb. 8. Berechnung der Hadronmassen auf mehreren CPUs (Unrolling-Version)

Die weiterhin geringe Beschleunigung manifestierte sich in dem hohen Prozentsatz an Ausführungszeit (ca. 25%), der durch aktives Warten der Tasks an den Semaphor-Registern zustande kommt. Verursacht wird dies scheinbar durch zu viel Synchronisationsaufwand während der parallelen Ausführung der innersten Schleifen mit der VECTOR-Strategie. Zum anderen muß zur korrekten Terminierung einer parallel ausgeführten Schleife synchronisiert werden. Wenn nun die Master-Task als erste fertig ist, muß sie solange aktiv warten, bis alle anderen Tasks ihre

Arbeit beendet haben. Folglich kann die Ausführungszeit dadurch signifikant ansteigen und unerwartete Verzögerungen bewirken. Eine weitere Ursache der zu geringen Beschleunigung wird aus Abb. 9 ersichtlich. Sie zeigt die Verbesserung der Ausführungszeit für die durch *unrolling* modifizierte Version gegenüber der ursprünglichen auf 1 CPU der CRAY Y-MP; für das gesamte Programm ergibt sich ein Beschleunigungfaktor von 1,25.

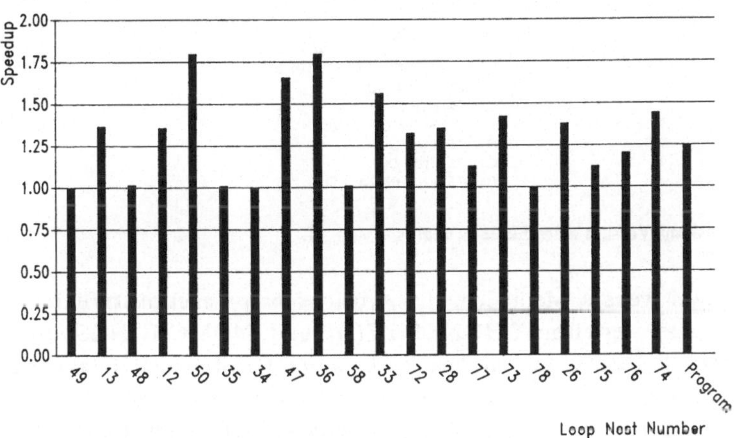

Abb. 9. Programm-Beschleunigung durch Unrolling bez. 1 CPU

Vergleicht man Abb. 8 mit Abb. 5, so erkennt man, daß die Ausführungszeiten der meisten Schleifen drastisch gesunken sind; für das gesamte Programm von 1540 s auf 1235 s. Simultan dazu sank natürlich auch die verbrauchte CPU-Zeit um ein beträchtliches Maß. Diese Tatsache impliziert eine wesentlich höhere Ein-Prozessorleistung, die nun 232 MFLOPS erreicht hat. Man sieht auch, daß durch Zusammenfassen einiger geschachtelter Schleifen sich deren Anzahl geringfügig verändert hat: 32 und 33 sind zur geschachtelten Schleife 33 bzw. 46 und 47 sind zur geschachtelten Schleife 47 kombiniert worden. Dies ergibt zwar eine größere Granularität der beiden neuen geschachtelten Schleifen, aber, wie in Abb. 8 zu sehen, nur einen unwesentlich höheren Speedup, obwohl auch der Overhead reduziert worden ist.

An mehreren Stellen des Programms werden Skalarprodukte bestimmt, deren Berechnung ursprünglich von der Bibliotheksroutine SDOT übernommen wurde, mit dem Nachteil, daß diese Programmteile nur seriell ausführbar waren. Deshalb wurden diese Skalarprodukte explizit in Fortran codiert, um sie mit Autotasking auf mehreren CPUs ausführen zu können. Wegen der Fähigkeit des *fpp*, bestimmte Reduktionsoperationen, wie Summationen oder Skalarprodukte, autoparallelisieren zu können, war dies einfach zu bewerkstelligen. Reduktionen lassen sich in der Weise mit Autotasking ausführen, daß man jeder parallelen Task einen Teil überläßt und die Teilresultate zum Schluß zusammenfaßt. Abb. 10 zeigt ein Skalarprodukt und dessen Transformation durch *fpp*. Das GUARD-Direktivenpaar begrenzt eine kritische Sektion und stellt die notwendige Synchronisation zum Schutz der gemeinsamen Variablen SF sicher, wenn die Teilresultate R1S innerhalb der kritischen Sektion zusammengefügt werden. Die Transformation in Abb. 10 zeigt nochmals, daß *fpp* standardmäßig die VECTOR-Zuteilungsstrategie für die Iterationen einer parallelen DO-Schleife einsetzt. Leider kann der Benutzer keinen anderen Algorithmus erzwingen, sondern er muß die *fpp*-Ausgabe modifizieren, um VECTOR durch eine andere Option zu ersetzen.

Original:

```
      DO 10 I = 1 , FULSIZV
10    SF = SF + PHI(I) * X(I)
```

Transformation:

```
CMIC$  PARALLEL SHARED(SF, PHI, X) PRIVATE(I, R1S)
CMIC$  DO PARALLEL VECTOR
          R1S = 0
CDIR$  IVDEP
          DO 10 I = 1, 294912
             R1S = R1S + PHI(I) * X(I)
       10 CONTINUE
CMIC$  GUARD
          SF = SF + R1S
CMIC$  END GUARD
CMIC$  END DO
CMIC$  END PARALLEL
```

Abb. 10. Original- und Autotasking-Version eines Skalarprodukts

Autotasking verfügt über zwei weitere Methoden, die Arbeit einer parallel auszuführenden, vektorisierenden DO-Schleife zu verteilen: CHUNKSIZE(m) und NUMCHUNKS(n). Der CHUNKSIZE Ansatz verteilt die Arbeit auf parallele Tasks durch Partition der Iterationen in *chunks* der Größe m. Für weitere Untersuchungen wurde die Option NUMCHUNKS ausgewählt, die eine Unterteilung der Iterationen in n gleich große *chunks* vornimmt (mit einem u. U. kleineren letzten Stück). Wird beispielsweise n gleich der Anzahl angeforderter CPUs gesetzt, erhält in einer dedizierten Umgebung jede parallele Task N/n von ursprünglich N Iterationen. Im Gegensatz zu VECTOR führt diese Methode zu wesentlich längeren Teilvektoren und gleichzeitig zu weniger Overhead für die Initialisierung und Terminierung zusätzlich eingeführter Schleifen. Abb. 11 zeigt, welche Modifikationen notwendig waren, um die geschachtelten Schleifen mit der NUMCHUNKS-Strategie auszuführen.

```
CMIC$  PARALLEL SHARED(MU, R, U, NN, V) PRIVATE(X, COL2)
          DO 12 COL2  = 1,NCOLOR
CMIC$  DO PARALLEL NUMCHUNKS(NCPUS)
CDIR$  IVDEP
          DO 1012 X   = 1,SIZEH
             R(X,1,RE) = R(X,1,RE) + U(X,1,COL2,RE,EVEN,MU) * V(NN(X,EVEN,MU),COL2,RE)
       &                          - U(X,1,COL2,IM,EVEN,MU) * V(NN(X,EVEN,MU),COL2,IM)
             R(X,1,IM) = R(X,1,IM) + U(X,1,COL2,RE,EVEN,MU) * V(NN(X,EVEN,MU),COL2,IM)
       &                          + U(X,1,COL2,IM,EVEN,MU) * V(NN(X,EVEN,MU),COL2,RE)
             R(X,2,RE) = R(X,2,RE) + U(X,2,COL2,RE,EVEN,MU) * V(NN(X,EVEN,MU),COL2,RE)
       &                          - U(X,2,COL2,IM,EVEN,MU) * V(NN(X,EVEN,MU),COL2,IM)
             R(X,2,IM) = R(X,2,IM) + U(X,2,COL2,RE,EVEN,MU) * V(NN(X,EVEN,MU),COL2,IM)
       &                          + U(X,2,COL2,IM,EVEN,MU) * V(NN(X,EVEN,MU),COL2,RE)
             R(X,3,RE) = R(X,3,RE) + U(X,3,COL2,RE,EVEN,MU) * V(NN(X,EVEN,MU),COL2,RE)
       &                          - U(X,3,COL2,IM,EVEN,MU) * V(NN(X,EVEN,MU),COL2,IM)
             R(X,3,IM) = R(X,3,IM) + U(X,3,COL2,RE,EVEN,MU) * V(NN(X,EVEN,MU),COL2,IM)
       &                          + U(X,3,COL2,IM,EVEN,MU) * V(NN(X,EVEN,MU),COL2,RE)
     1012 CONTINUE
       12 CONTINUE
CMIC$  END PARALLEL
```

Abb. 11. Modifizierte Autotasking-Version der geschachtelten Schleife 74

Die Anzahl *chunks* wurde der Anzahl angeforderter CPUs, NCPUS, gleichgesetzt. Führt man das so abgeänderte Programm auf mehreren CPUs aus, erzielt man wesentlich bessere Resultate: auf 8 CPUs einen hohen Speedup von 6,82 und auf 1 CPU eine etwas gestiegene Rechenleistung von 235 MFLOPS. Zusätzlich zu den oben erwähnten Vorteilen sank der durch aktives Warten an den Semaphor-Registern verursachte Zeitverlust auf 4%. Dies wird durch die optimale Lastverteilung und ein Mindestmaß an Synchronisation während der Schleifenausführung bedingt. Gleichzeitig wird durch diese Startegie der Autotasking-Overhead minimiert und aufgrund der größeren Granularität der parallelen *threads* weniger wichtig.

Ein letzter Versuch, die parallele Leistung zu steigern, wurde mit Hilfe der Direktive DO ALL unternommen. Beeinflußt wurden diese Überlegungen durch Messungen [17], welche für DO ALL einen etwas geringeren Overhead gegenüber PARALLEL/END PARALLEL ergaben. Deshalb sind alle wichtigen geschachtelten Schleifen dahingehend geändert worden, daß das PARALLEL-Direktivenpaar eliminiert und DO PARALLEL durch DO ALL ersetzt wurde. Abb. 12 vermittelt Ergebnisse, die mit der so modifizierten, endgültigen Programmversion auf mehreren CPUs gewonnen wurden. Setzt man 8 CPUs ein, erzielt man einen hohen Beschleunigungsfaktor von 7,05 und aufgrund der nochmals geringfügig gestiegenen Ein-Prozessorleistung (237 MFLOPS) eine Gesamtleistung von 1,67 GFLOPS.

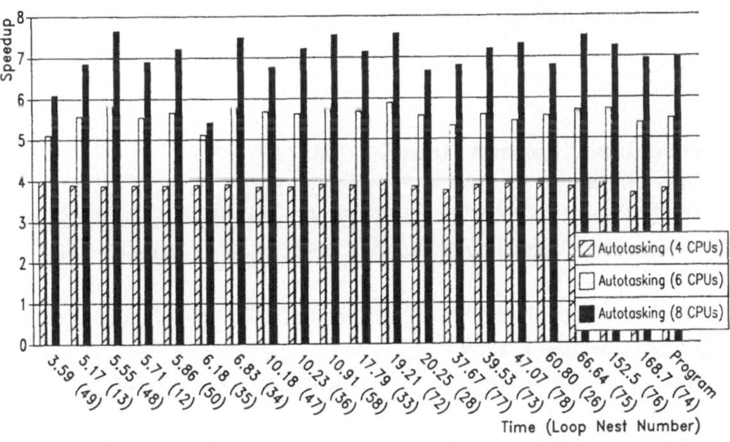

Abb. 12. Berechnung der Hadronmassen auf mehreren CPUs (endgültige Version)

7 Schlußbemerkung

In dieser Arbeit wurde eine Implementation eines Algorithmus zur numerischen Simulation der QCD auf einer CRAY Y-MP vorgestellt. Wegen des hohen Speicher- und Zeitbedarfs besteht der einzige Weg, solche Probleme in einer angemessenen Zeit zu bewältigen, in der Verwendung von Multitasking. Das im Compiling-System *cf77* implementierte Autotasking-Konzept, verfügt im Bereich der automatischen Parallelisierung über beachtliche Fähigkeiten. Damit könnte es Voraussetzung für die Akzeptanz von Multitasking in wissenschaftlich-technischen Umgebungen sein. Außerdem führen die verbesserten Vektorisierungsmöglichkeiten zu höherer Leistung der Programme. Auf der anderen Seite aber machen die hier beschriebenen Untersuchungen deutlich, daß Eingriffe durch den Benutzer weiterhin notwendig sind, um ein Mehrprozessorsystem effizient zu nutzen. Die Ergebnisse zeigen, daß Autotasking zu einer signifikanten Beschleunigung von Fortran-Programmen beitragen kann. Die optimierte Autotasking-Version des Programms zur Ermittlung des Hadron-Massenspektrums hat auf 8 CPUs eine Gesamtleistung von 1,67 GFLOPS erreicht und läuft in Produktion auf einer CRAY Y-MP für mehrere tausend CPU-Stunden.

Diese Arbeit wurde 1990 mit dem „Gigaflop Performance Award" der Firma Cray Research ausgezeichnet.

Danksagung

Die hier vorgestellten Untersuchungen wurden im Rahmen einer Kooperation zwischen Höchstleistungsrechenzentrum (HLRZ) und ZAM für das MT_c-Projekt durchgeführt.

Die enge und intensive Zusammenarbeit mit Dr. E. Laermann (HLRZ) hat wesentlich zum Gelingen dieser Arbeit beigetragen; ihm gebührt mein Dank in erster Linie. Bedanken möchte ich mich auch bei Dr. N. Attig, K.-D. Born, Dr. S. Gupta, J.-Fr. Hake, Dr. A. Irbäck, W.E. Nagel und L. Wollschläger für viele hilfreiche Diskussionen. Prof. Dr. F. Hoßfeld, Direktor des ZAM, hat diese Arbeit kontinuierlich und großzügig unterstützt.

Literatur

[1] Autotasking User's Guide, Cray Research, Inc., SN-2088, 1989

[2] K. Binder, Monte Carlo Method in Statistical Physics, Springer-Verlag, 1987.

[3] T. Bönniger, R. Esser, D. Krekel, CRAY Y-MP, NEC SX-3 und Siemens VP-S: Vergleichende Darstellung von Höchstleistungsrechnern, Wirtschaftsinformatik 32 (3), S. 273-286, 1990

[4] U. Detert, Memory Performance of CRAY X-MP and CRAY Y-MP, Proc. of CRAY User Group Meeting (Fall), S. 50-54, 1989

[5] S. Duane, A.D. Kennedy, B.J. Pendleton, D. Roweth, Hybrid Monte Carlo, Phys. Lett. B195, S. 395, 1987

[6] R.P. Feynman, A.R. Hibbs, Quantum Mechanics and Path Integrals, McGraw-Hill, 1965.

[7] M. Furtney, Parallel Processing at CRAY Research, Proc. of CRAY User Group Meeting (Fall), S. 247-257, 1988

[8] S. Gottlieb, W. Liu, D. Toussaint, R.L. Renken, R.L. Sugar, Hybrid-Molecular-Dynamics Algorithms for the Numerical Solution of Quantum Chromodynamics, Phys. Rev. D35, S. 2531, 1987

[9] F. Hossfeld, R. Knecht, W.E. Nagel, Multitasking: Experiences with applications on a CRAY X-MP, Parallel Computing 12 (3), S. 259-284, 1989

[10] S. Knecht, E. Laermann, W.E. Nagel, Parallelizing QCD with Dynamical Fermions on a CRAY Multiprocessor System, Parallel Computing 15, 1990

[11] J. Kogut, L. Susskind, Hamiltonian formulation of Wilson's lattice gauge theories, Phys. Rev. D11, S. 395, 1975

[12] A.S. Kronfeld, P.B. Mackenzie (Hrsg.), Proc. of the 1988 Symposium of Lattice Field Theory: LATTICE '88, Nucl. Phys. B (Proc. Suppl.) 9, 1989

[13] W.E. Nagel, Exploiting autotasking on a CRAY Y-MP: An improved software interface to multitasking, Parallel Computing 13, S. 225-233, 1990

[14] W.E. Nagel, Prinzipien der Parallelverarbeitung auf Rechnern mit gemeinsamen Speicher, erscheint im Tagungsband der 20. GI-Jahrestagung 1990

[15] C.D. Polychronopoulos, D.J. Kuck, Guided Self-Scheduling: A practical scheduling scheme for parallel supercomputers, IEEE Trans. Comput. C-36, S. 1425-1439, 1987

[16] C.D. Polychronopoulos, Toward auto-scheduling compilers, The Journal of Supercomputing 2, S. 297-330, 1988

[17] H. Reger, Ein Vergleich der Multitasking-Implementierungen auf CRAY X-MP und IBM 3090, Jül-Spez-542, Kernforschungsanlage Jülich, 1989

[18] R. Tripiccione, Machines for Theoretical Physics, Proc. of the 1989 Symposium of Lattice Field Theory: LATTICE '89, erscheint in Nucl. Phys. B (Proc. Suppl.)

[19] A. Vaccarino, First Results from the 256-Node Columbia Parallel Processor, Proc. of the 1989 Symposium of Lattice Field Theory: LATTICE '89, erscheint in Nucl. Phys. B (Proc. Suppl.)

[20] K.G. Wilson, Deconfinement of Quarks, Phys. Rev. D10, S. 2445, 1974

Parallelisierung komplexer Anwendungen auf dem iPSC/2, iPSC/860 mit Hilfe der Werkzeugumgebung TOPSYS

Thomas Bemmerl

Lehrstuhl für Rechnertechnik und Rechnerorganisation
Institut für Informatik der Technischen Universität München
Postfach 20 24 20, Arcisstr. 21, D-W8000 München 2, FRG
Tel.: +49-89-2105-8247, -2382, FAX: +49-89-2800529
e-mail: bemmerl@lan.informatik.tu-muenchen.dbp.de

Zusammenfassung

Beim Einsatz von Parallelrechnern steht der Anwender vor dem Problem seine Applikation an die neue Rechnerstruktur anzupassen. Beim heutigen Stand der Technik sind dabei, wie in den Anfängen der Nutzung von Vektorrechnern, noch manche Schritte manuell durchzuführen. Insbesondere ist die Optimierung (Tuning) der Anwendung im Bezug auf die parallele Rechnerstruktur noch wenig automatisiert. Der Artikel beschreibt eine Methodologie zur Parallelisierung von Anwendungen auf heutigen Parallelrechnern unter Verwendung der interaktiven Werkzeugumgebung TOPSYS (TOols for Parallel SYStems). Als Zielrechner werden Parallelrechner des Typs MIMD betrachtet, wobei Systeme mit verteilten Betriebsmitteln (insbesondere verteiltem Speicher) wegen der höheren Skalierbarkeit favorisiert werden. Als exemplarisches Beispiel eines Rechners dieser Klasse wird der iPSC/2 bzw. iPSC/860 Hypercube behandelt. Viele der hier beschriebenen Verfahren können jedoch auch auf Shared-Memory-Systeme sinnvoll angewendet werden.

1 Einführung und Motivation

Viele Anwendungen mit sowohl großer gesellschaftlicher als auch volkswirtschaftlicher Bedeutung sind nur mit Rechenleistungen zu lösen, die um Größenordnungen über den Leistungen heutiger (sequentieller) Superrechner liegen. Beispiele solcher Anwendungen sind zu finden in der Luft- und Raumfahrt, im Automobilbau, in der Wettervorhersage, im Maschinenbau, im Bankenwesen usw. Die rechenintensiven Algorithmen innerhalb dieser Anwendungen stammen insbesondere aus den Bereichen Strömungsmechanik [7], Bildverarbeitung, Simulation [5], Datenbanken und Künstliche Intelligenz.

Konventionelle, d.h. sequentiell arbeitende Rechner stoßen im Bestreben nach höheren Rechenleistungen immer mehr an die Grenzen physikalischer Realisierbarkeit. Beschränkte Integrationsdichte der Chips, Laufzeiten auf langen Leitungen und die relativ langsamen Speicherbausteine führen dazu, daß weitere Leistungssteigerungen von sequentiellen Hochleistungsrechnern nur noch mit sehr großem Aufwand möglich sind [9]. Als Alternativkonzept wurden daher in den letzten Jahren eine Reihe von Parallelrechnern entwickelt, die statt auf die Geschwindigkeit des einzelnen Prozessors auf eine möglichst hohe Zahl von Prozessoren setzen um Höchstleistungen zu erreichen [9], [16], [22]. Durch die Verwendung vieler gleicher Komponenten besitzen Multiprozessoren ein sehr günstiges Preis-/Leistungsverhältnis und sind fast beliebig erweiterbar (skalierbar), um die Leistung zu erhöhen. Distributed Memory Systeme kommen dieser Idealvorstellung von Skalierbarkeit am nächsten. Erreicht wird dies durch die Verknüpfung meist identischer Prozessor-Speicherelemente über ein meist nachrichtenorientiertes Verbindungsnetzwerk. Die Programmierung solcher Rechner ist jedoch, verglichen mit sequentieller Programmierung, beim jetzigen Stand der Technik etwas aufwendiger.

Zum einen muß der Programmierer, will er nicht völlig neue Algorithmen entwickeln, bestehende Programme in einzelne kommunizierende Prozesse zerlegen und auf diese Art und Weise parallelisieren. Dabei soll möglichst ein "linearer speedup" erreicht werden, d.h. die Rechenleistung soll linear mit der Anzahl der Prozessoren steigen. Um dieses Ziel verwirklichen zu können, benötigt der Programmierer Werkzeuge, die es ihm gestatten, Leistungsmängel und deren Ursachen in einem Programm zu entdecken und zu lokalisieren (Performance Debugging).

Ein weiterer Punkt, der die Programmierung von Multiprozessoren erschwert, ist die erhöhte Komplexität paralleler Programme. Es ist schwer nachzuvollziehen, was in vielen gleichzeitig ablaufenden Prozessen geschieht, besonders wenn noch die Wechselwirkungen in Form von Kommunikation in Betracht gezogen werden müssen. Ein viel benutztes Hilfsmittel zur Veranschaulichung paralleler Abläufe sind Graphiken, welche die Prozesse und deren Kommunikationsverbindungen darstellen. Eine automatische Erstellung und Animation solcher Graphiken ist eine Möglichkeit, dem Programmentwickler ein besseres Verständnis des Programms zu geben und so Fehler zu erkennen und zu vermeiden.

Parallele Programme sind wesentlich anfälliger für Programmierfehler als sequentielle. Dies liegt zum einen an der erwähnten Komplexität des Ablaufs, zum anderen an der Vielzahl neuer Fehlerquellen. Neben den vorher angesprochenen Fehlerquellen bei der Parallelisierung des Programms, die lediglich zu Leistungeinbußen führen, gibt es besonders schwer zu entdeckende Fehler, die durch Wechselwirkungen der einzelnen Prozesse entstehen. Fehler in der Synchronisation können dazu führen, daß empfangene Nachrichten falsch interpretiert werden oder mit veralteten Daten gerechnet wird. Besonders schwierig zu entdecken sind sogenannte "Races" zwischen Prozessen: Senden zwei nicht synchronisierte Prozesse an einen dritten, so ist die Reihenfolge der ankommenden Nachrichten von zufälligen Laufzeitunterschieden abhängig. Das kann zu nicht reproduzierbarem Fehlverhalten des Programms führen. Eine Verklemmung, also ein wechselseitiges Blockieren von Prozessen, ist dagegen mit geeigneten Werkzeugen sehr schnell aufzuspüren.

Zur Lösung der beschriebenen Fragestellungen ist eine Erweiterung des (sequentiellen) Software-Entwicklungszyklus notwendig [12], [15], [19], [21]. Die nachfolgenden Abschnitte dieses Artikels beschreiben schrittweise das methodische Vorgehen bei der Parallelisierung von Anwendungen. Dabei werden die einzelnen Phasen des Software-Lifecycle durch einen Satz integrierter Werkzeuge unterstützt. Die Nutzung der Funktionalitäten der TOPSYS-Werkzeugumgebung [2], [4] zur optimalen Anpassung von Applikationen an Parallelrechner wird ausführlich aus Anwendersicht diskutiert.

2 Der iPSC/2 bzw. iPSC/860 Hypercube

Die Familie der Parallelrechensysteme iPSC der Firma Intel Scientific Computers gehören zur Klasse der Distributed Memory Computer innerhalb der MIMD-Systeme. Sowohl der iPSC/2 als auch der iPSC/860 sind geeignet für mittel- bis grobkörnig parallelisierbare Anwendungen. Beide Rechensysteme unterscheiden sich nur in der Architektur des Knotenprozessors. Das Prozessor-Speicherelement des iPSC/2 basiert auf der 32-bit Mikroprozessorfamilie iAPX 386/387, wobei weitere optionale Numerikprozessoren eingesetzt werden können. Als Knotenprozessor des iPSC/860 kommt der 64-bit Mikroprozessor i860 zum Einsatz. Das Rechensystem kann in 2er-Potenzen bis zu 128 solcher Knotenprozessoren ausgebaut werden, wobei jeder Knoten mit bis zu 16 MByte lokalem Speicher versehen werden kann. Die lokalen Prozessorknoten sind physikalisch mit einem bitseriellen Verbindungsnetzwerk in einer Hypercubetechnologie verbunden. Die physikalischen Nachbarschaften des Hypercube sind beim iPSC/2 bzw. iPSC/860 für den Benutzer jedoch nicht sichtbar. Durch das auf Leitungsvermittlung basierende Kommunikationsprotokoll der sog. Direct Connect Module (DCM) wird ein virtuell vollständig verbundenes System realisiert (Concurrent Filesystem, CFS). Zum Anschluß von Hintergrundspeicher steht ein paralleles I/O-System zur Verfügung, welches für blockorientierte Geräte ein UNIX-kompatibles transparentes Filesystem realisiert. Nicht-blockorientierte I/O-Geräte können über spezielle I/O-Prozessoren und Standard-Bussysteme (VMEbus, Multibus II) angeschlossen werden.

Zur Programmierung stellt das Knoten-Betriebssystem NX/2 [16] Dienste zur Betriebsmittelverwaltung bzw. die Message-Passing-Primitiven zur Kommunikation zwischen parallelen Prozessen zur Verfügung. Die Programmerstellung selbst geschieht auf konventionellen UNIX-Workstations. Zu diesem Zweck ist der iPSC/2, iPSC/860 in ein TCP/IP-basiertes Local Area Network (LAN) integriert. Mit Hilfe der Remote-Hosting-Software können sich mehrere Benutzer an unter Umständen unterschiedlichen Workstations den Hypercube im Spacesharing-Betrieb teilen. Die Programmgenerierung geschieht dabei mit konventionellen Fortran- bzw. C-Compilern (Greenhill). Abbildung 1 zeigt die an der TU München im Rahmen des TOPSYS-Projekts und des Sonderforschungsbereichs "Methoden und Werkzeuge für die Nutzung paralleler Rechnerstrukturen" eingesetzte netzwerkbasierte Rechnerkonfiguration. Dabei sind neben den verwendeten Rechensystemen auch die bearbeiteten Anwendungsgebiete aufgeführt, welche die Grundlage für die Erfahrungen dieses Artikels bilden.

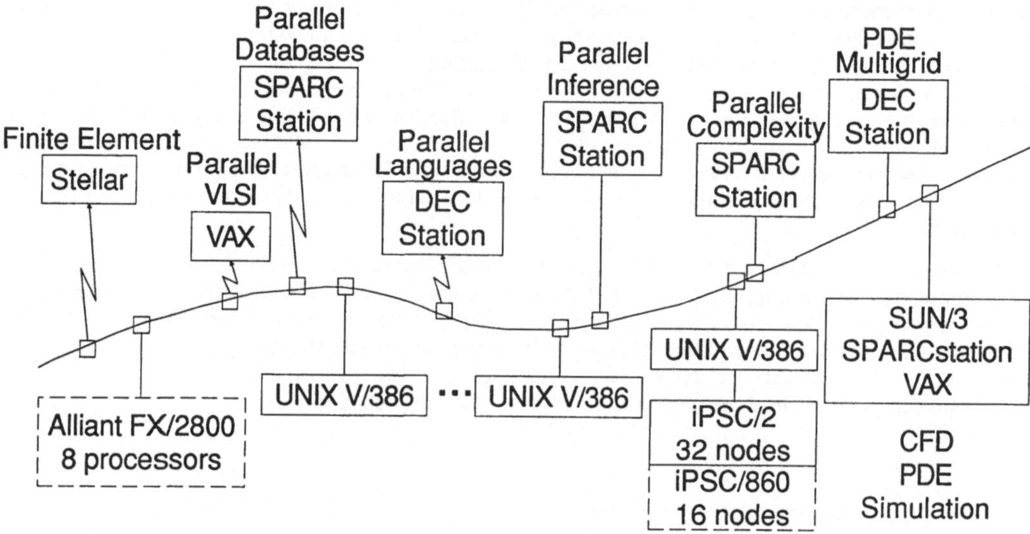

Abbildung 1: Netzwerkbasierte Entwicklungsumgebung mit iPSC/2 und iPSC/860

3 Die TOPSYS-Methodologie zur Parallelisierung

Langfristig werden Parallelrechner sicherlich nur dann erfolgreich sein, wenn der Einsatz der von der Hardware potentiell angebotenen Parallelität stärker automatisiert werden kann. Dies bedeutet eine stärkere Automatisierung der Programmierung von Parallelrechnern. Eine vollständig automatische Parallelisierung im allgemeinen Fall ist aus unserer Sicht sicherlich nicht in naher Zukunft zu erreichen. Obwohl viele Forschungsgruppen (u.a. auch unsere Gruppe) an diesem Thema arbeiten, sind praktisch verwertbare Ergebnisse auf diesem Gebiet erst in einigen Jahren zu erwarten. Aus diesem Grund wurde im Rahmen des TOPSYS-Projekts eine Methodik zur Programmierung von Parallelrechnern entwickelt, die wir als interaktiv oder halbautomatisch bezeichnen [4]. Dabei werden dem Programmierer leicht zu benutzende, interaktive Werkzeuge an die Hand gegeben, mit denen er schnell mit unterschiedlich optimalen Versionen seines parallelen Programms experimentieren kann. Die in Abbildung 2 graphisch dargestellte Methodologie erlaubt es dem Programmierer sehr schnell unterschiedlich parallelisierte Versionen seiner Anwendung zu erstellen und diese mit Hilfe verschiedener Analysewerkzeuge zu bewerten. Dabei können im Laufe dieses Optimierungszyklus Werkzeuge zur Spezifikation, zum Mapping, zum Debugging, zum Leistungs-Tuning und zur graphischen Visualisierung eingesetzt werden.

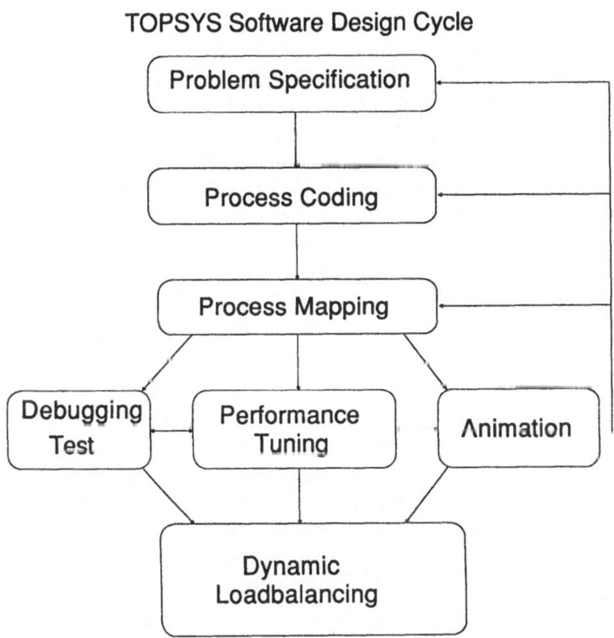

Abbildung 2: Die TOPSYS-Methodik zur Parallelisierung von Anwendungen

Obwohl die meist graphisch unterstützten Werkzeuge die Parallelisierung erleichtern, ist in vielen Schritten dieses Optimierungszyklus während der Parallelisierung die Intuition des Programmierers notwendig. In ferner Zukunft wird auch die Bewertung der von den Werkzeugen gelieferten Analysedaten durch Systemsoftware übernommen werden können. Im TOPSYS-System wurde als erster Schritt die Zuordnung von logischen Tasks zu physikalischen Prozessoren durch ein adaptives Verfahren vollständig automatisiert. Der dynamische Lastausgleich findet zur Laufzeit eine optimale Balancierung der Last auf dem Parallelrechnersystem [3].

Um die in der Einführung erläuterte zusätzliche Komplexität bei der Programmierung von Parallelrechnern so gering wie möglich zu halten, versuchen alle TOPSYS-Werkzeuge den Parallelrechner so transparent wie möglich erscheinen zu lassen. Das heißt, es wird versucht, von spezifischen Architektureigenschaften des Parallelrechners, wie Topologie, physikalisches Verbindungsnetzwerk, spezifische Konfiguration, Anzahl Prozessorknoten, verfügbaren Speicher usw. soweit wie möglich zu abstrahieren. Der Einsatz dieser virtuellen Konzepte erleichtert nicht nur die Parallelisierung, sondern vereinfacht auch die Übertragbarkeit und Portabilität der Anwendung auf andere Parallelrechnerarchitekturen.

4 Parallelisierungsstrategien und parallele Programmiermodelle

Ein erster Schritt bei der Parallelisierung ist die Zerlegung der Anwendung in parallel laufende Teilaufgaben (Prozesse oder Tasks bezeichnet). Dabei sind die hier betrachteten Parallelrechner insbesondere für mittlere bis grobkörnige Parallelität geeignet. Dies legt eine Parallelisierung auf Prozeßebene nahe, bei der nicht nach jedem Befehl mit anderen Prozessoren kommuniziert werden darf. Diese Granularität der Parallelisierung wird im wesentlichen durch die Leistung des Verbindungsnetzwerks des zugrundeliegenden Parallelrechners bestimmt.

Bei den Überlegungen zur generellen Aufteilung der Anwendung lassen sich drei unterschiedliche Parallelisierungsstrategien verwenden. Die Klassifikation geschieht hierbei nach der Art und Weise der Aufteilung von Code und Daten einer Anwendung. Eine, insbesondere für viele numerische Algorithmen häufig angewendete Parallelisierungsart wird als Datenaufteilung oder Data Partitioning bezeichnet. Dabei wird der zu berechnende Datenraum der Anwendung auf einzelne Prozesse verteilt. Charakteristisch für diese Partitionierung ist, daß dabei alle Prozesse den identischen Code verwenden und lediglich unterschiedliche Datenbereiche bearbeiten (replicated worker). Die entgegengesetzte Parallelisierungsstrategie der Codeaufteilung oder Code (Task) Partitioning parallelisiert den Kontrollfluß des Programms. Hierbei berechnen unterschiedliche Tasks (häufig in unterschiedlichen Phasen) den kompletten Datenraum. Eine hier sehr häufig angewendete Form der parallelen Verarbeitung ist das sogenannte "Macropipelining". Beide Parallelisierungsstrategien kommen selten in ihrer Reinform vor, sondern treten meist gemischt auf. Man spricht dann von gemischter Code-/Datenverteilung oder Mixed Partitioning.

Verschiedene Vorschläge für Programmiermodelle zur Realisierung obiger Parallelisierungsstrategien wurden gemacht [1], [18], [20]. Bisher hat sich keines der vorgeschlagenen Prozeßmodelle in der Praxis wirklich durchgesetzt. Die einzige Gemeinsamkeit, die sich für Multiprozessoren mit mittlerer bis grober Granularität herausgebildet hat, ist die Abstützung auf kommunizierende Prozesse, Tasks oder "Threads". Bei Shared Memory Systemen geschieht die Kommunikation zwischen den Prozessen über shared variables. Bei Distributed Memory Computern wie dem iPSC/2, iPSC/860 wird diese Kommunikation über Message Passing realisiert. Im Rahmen des TOPSYS-Projekts wird ein solches Programmierkonzept mit Hilfe einer Bibliothek namens MMK (Multiprocessor Multitasking Kernel) implementiert [3].

Der MMK stellt Bibliotheksfunktionen zur Verfügung, welche zu konventionellen Fortran- bzw. C-Programmen hinzugebunden werden können. Das vom MMK angebotene parallele Programmiermodell folgt dabei einem eingeschränkten objektorientierten Programmierparadigma. Dem Benutzer werden Instantierungen von Objekten der Typen Task, Mailbox und Semaphor zur Verfügung gestellt. Die Tasks (Prozesse) entsprechen dabei den parallel ablaufenden sequentiellen Programmteilen. Über Mailboxen und Semaphore wird die Kommunikation und Synchronisation der Tasks untereinander abgewickelt. Die Mailbox stellt dabei alle möglichen Kommunikationsformen (synchron, asynchron, gepuffert, ungepuffert, etc.) zur Verfügung. Abbildung 3 zeigt eine typische Parallelisierung einer Anwendung auf Basis des MMK-Programmiermodells, welche sich auf gemischte Code-/Datenpartitionierung stützt.

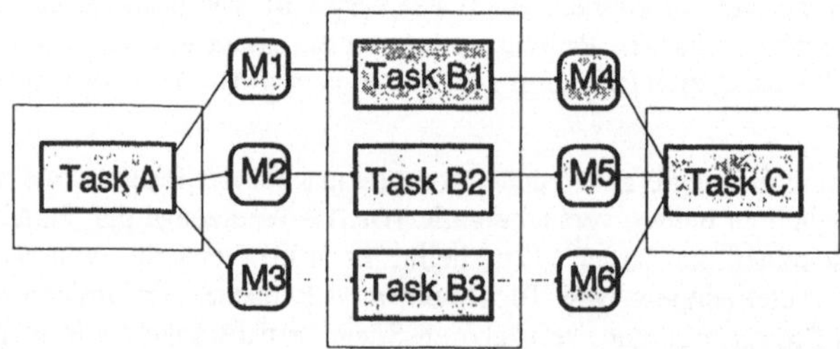

Abbildung 3: Parallelisierung auf Basis des MMK-Programmiermodells

Parallele Programme auf Basis des MMK werden maschinenunabhängig entwickelt. Der Programmierer muß sich in dieser Phase der Programmierung noch nicht um die physikalische Topologie des Rechners oder die Anzahl der Prozessoren kümmern. Alle MMK-Objekte werden über eindeutige Namen in einem globalen Namensraum identifiziert. Damit sind die Programme portabel über unterschiedliche Konfigurationen des Parallelrechners hinweg. Ferner können alle MMK-Objekte sowohl statisch deklariert werden, als auch dynamisch zur Laufzeit erzeugt werden. Die Generierung des Objektcodes (Compilierung, Binden, etc.) eines MMK-Programms ist durch die Verwendung von Präprozessoren und vorhandene "makefiles" weitestgehend automatisiert.

5 Profiling, Spezifikation und Mapping

Bei der Parallelisierung von Anwendungen müssen in den ersten Phasen der Programmentwicklung zwei Fälle unterschieden werden. Häufig steht ein Anwender nicht vor dem Problem der Entwicklung eines neuen parallelen Programms sondern es ist ein existierendes (sequentielles) Softwarepaket auf einen Parallelrechner zu übertragen um dessen Leistung zu steigern. Liegt dieser Sachverhalt vor, muß nach einer Prüfung der Eignung zur Parallelisierung des sequentiellen Programms eine genaue Rechenzeitanalyse des Softwarepakets vorgenommen werden. Zur Unterstützung dieser Analyse können existierende Profiling-Werkzeuge verwendet werden. Im Falle des iPSC/2, iPSC/860 sind dies die konventionellen UNIX-Profiler "prof" und "gprof". Mit Hilfe dieser Werkzeuge lassen sich die rechenintensiven Teile einer vorliegenden Anwendung identifizieren, wie die Ausführungshäufigkeit von Prozeduren und Schleifen.

Wird eine Anwendung neu entwickelt, so entfällt der obige Schritt. Der Programmierer kann sofort mit der Spezifikation seines Applikationsprogramms beginnen. Innerhalb der TOPSYS Umgebung steht ihm für diese Phase das Spezifikations- und Mapping-Tool SAMTOP (Specification And Mapping Tool for Parallel Systems) zur Verfügung. Damit lassen sich Anwendungen nach drei unterschiedlichen Paradigmen hierarchisch zerlegen und verfeinern. Die konventionellen Zerlegungen nach der SA/SD-Methode (Structured Analysis/ Structured Design) erlauben eine Spezifikation mit Hilfe sogenannter "Dataflow/Diagrams" und "Control Maps". Neben dieser modulbasierten bzw. datenflußorientierten Spezifikation erlaubt SAMTOP jedoch auch die rechnerunterstützte Spezifikation von Taskgraphen auf der Abstraktionsebene des MMK-Programmiermodells. Dabei wird vollständig die Semantik der MMK-Objekttypen Task, Mailbox und Semaphor unterstützt. Da viele der heutigen Parallelrechneranwendungen das Prinzip der Datenaufteilung verwenden und damit auf dem "Replicated Worker"-Modell beruhen, erlaubt SAMTOP auch die Spezifikation unvollständiger Taskgraphen. Diese Teile eines Taskgraphen können während des Mapping auf alle Prozessorknoten repliziert und vervollständigt werden. Abbildung 4 zeigt die Graphikoberfläche von SAMTOP für einen unvollständigen Taskgraphen eines Relaxationsproblems. Die Spezifikation der parallelen Anwendung mit Hilfe von SAMTOP ist vollständig unabhängig von der zugrundeliegenden Parallelrechnerstruktur.

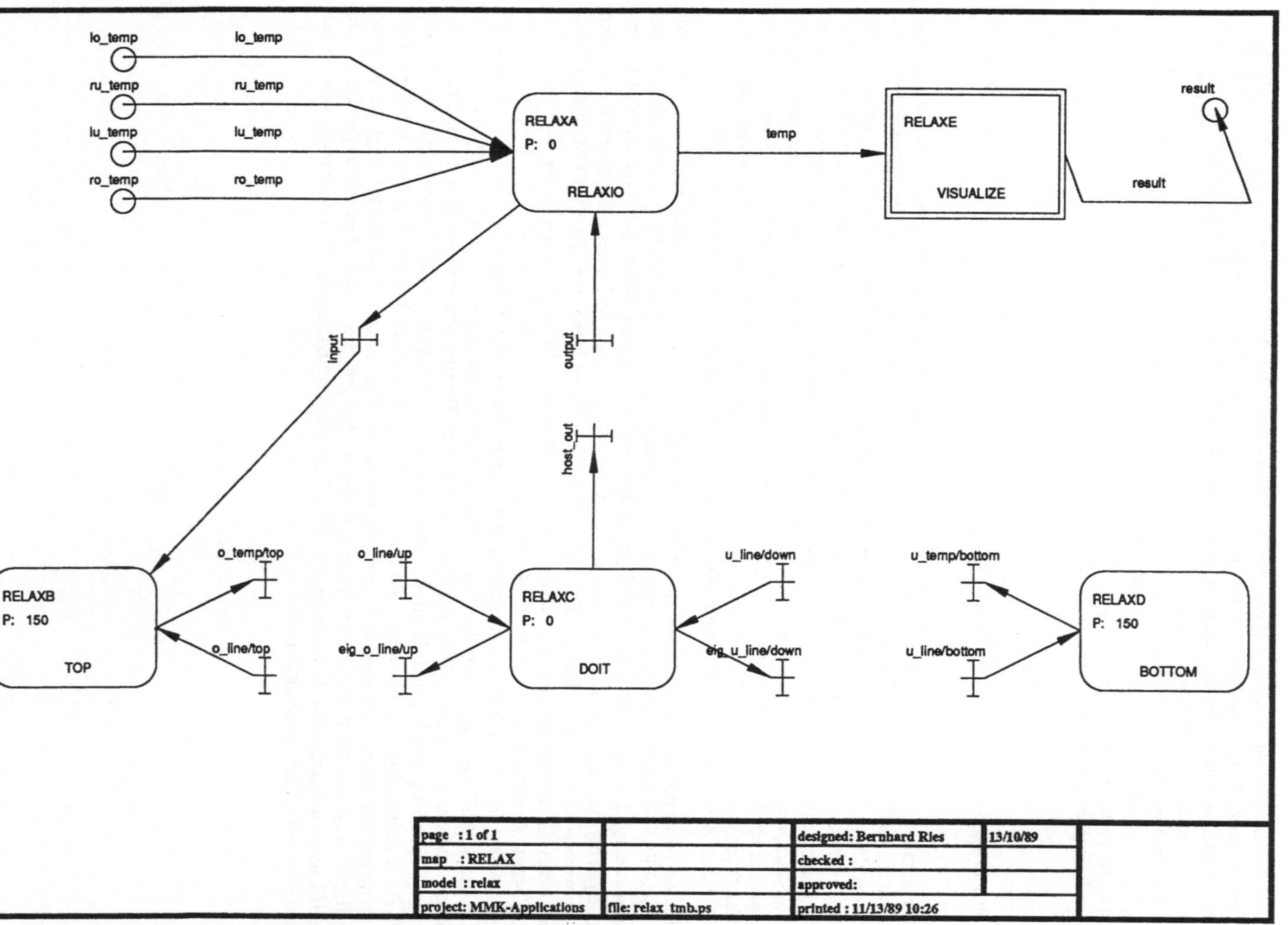

Abbildung 4: Spezifikation paralleler Programme mit SAMTOP

Erst in der Mapping-Phase wird die Zuordnung des logischen Taskgraphen zu den physikalischen Prozessoren des Parallelrechners festgelegt. SAMTOP unterstützt dabei ein zufälliges Mapping, ein manuelles Mapping sowie ein programmgesteuertes Mapping. Bei der Wahl des optimalen Mapping für eine Anwendung wird der Programmierer durch Ergebnisse der Werkzeuge DETOP (DEbugging TOol for Parallel Systems), PATOP (Performance Analysis TOol for Parallel Systems) und VISTOP (VISualization TOol for Parallel Systems) von vorhergehenden Ausführungen des Programms unterstützt. SAMTOP generiert auf Basis der jeweiligen Mappingstrategie eine Beschreibungsdatei, welche die Aufteilung des Taskgraphen auf die physikalischen Prozessoren widerspiegelt. Diese Beschreibungsdatei wird bei der Generierung des Objektcodes von den Präprozessoren weiterverarbeitet. Wird das Spezifikationswerkzeug SAMTOP nicht verwendet, so kann diese Beschreibungsdatei auch von Hand erzeugt werden. Abbildung 5 zeigt beispielhaft die Struktur dieser Beschreibungsdatei.

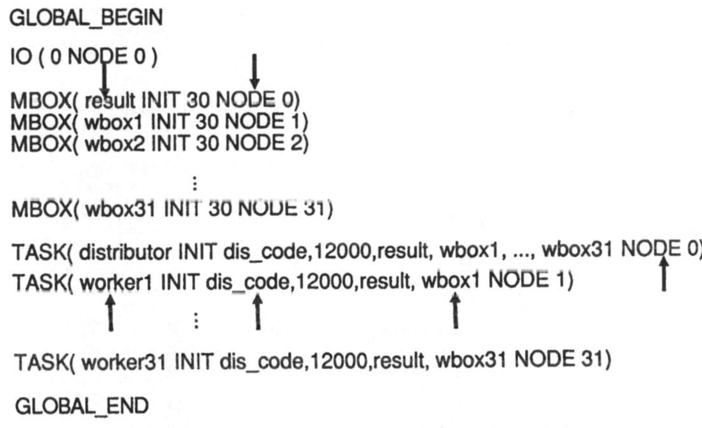

Abbildung 5: Die Mapping-Beschreibungsdatei

6 Analyse und Optimierung der parallelen Programmabläufe

Nachdem die parallelen Programme generiert und in den Parallelrechner geladen wurden, benötigt der Anwender Werkzeuge zur Verfolgung und Bewertung des parallelen Programmablaufs. Die Ergebnisse dieser Bewertungsphase werden in einem nächsten Schritt der interaktiven Entwicklung zur Verbesserung der Parallelisierung der Anwendung verwendet. Bei der Verwendung der TOPSYS-Werkzeugumgebung stehen dem Anwender zur Zeit drei unterschiedliche Werkzeuge für diese Analysephase der Programmentwicklung zur Verfügung: der parallele Debugger DETOP, der Performance-Analyzer PATOP und das Visualisierungssystem VISTOP. Alle drei Tools erlauben die Analyse der Programmausführung während des Programmlaufs, wobei dem Benutzer eine globale Sicht über alle Objekte des Parallelrechners unabhängig von der jeweiligen Hardwaretopologie ermöglicht wird.

DETOP gestattet das interaktive Debugging von parallelen Fortran- und CProgrammen auf Quellsprachenebene. Um den Debugger möglichst benutzerfreundlich zu gestalten, verfügt er, wie die beiden anderen Analysetools, über eine graphische Bedienoberfläche auf der Basis des X-Window Systems (Abbildung 6). Eine andere wesentliche Verbesserung der Bedienungsfreundlichkeit besteht in der Bereitstellung eines globalen Objektraums (Namensraum). Das bedeutet, daß alle MMK-Objekte über ihre Programmnamen angesprochen werden können, und zwar unabhängig von ihrer Lokalisierung auf den Knoten des Parallelrechners. Um den Zustand einer Task zu erfragen, genügt also der Name der Task. Die Knotennummer und der interne TaskIdentifikator sind für den Benutzer verborgen. Zur Fehlersuche in einzelnen Tasks bietet DETOP die Funktionalität eines üblichen sequentiellen Debuggers, angepaßt an Parallelrechner mit prozeßorientierter Parallelität. Neben diesen Kommandos, die sich jeweils auf eine Task beziehen, bietet DETOP die Möglichkeit, die Kommunikation und Synchronisation zwischen Tasks zu überwachen. So kann der momentane Zustand einer Mailbox oder eines Semaphors erfragt werden. Darüberhinaus können Haltepunkte gesetzt werden, die durch Kommunikationsereignisse, wie das Senden einer Nachricht, ausgelöst werden. Wahlweise werden solche Ereignisse auch in Form eines Traces für die spätere Analyse aufgezeichnet. Schließlich ist es möglich, Kommandos zu spezifizieren, die das Gesamtsystem betreffen, also Task- und/oder Prozessor-übergreifend sind. Beispiele sind das Starten einer beliebigen Menge von Tasks, das Anhalten aller Tasks in einem konsistenten Zustand sowie die globale Ereignisüberwachung.

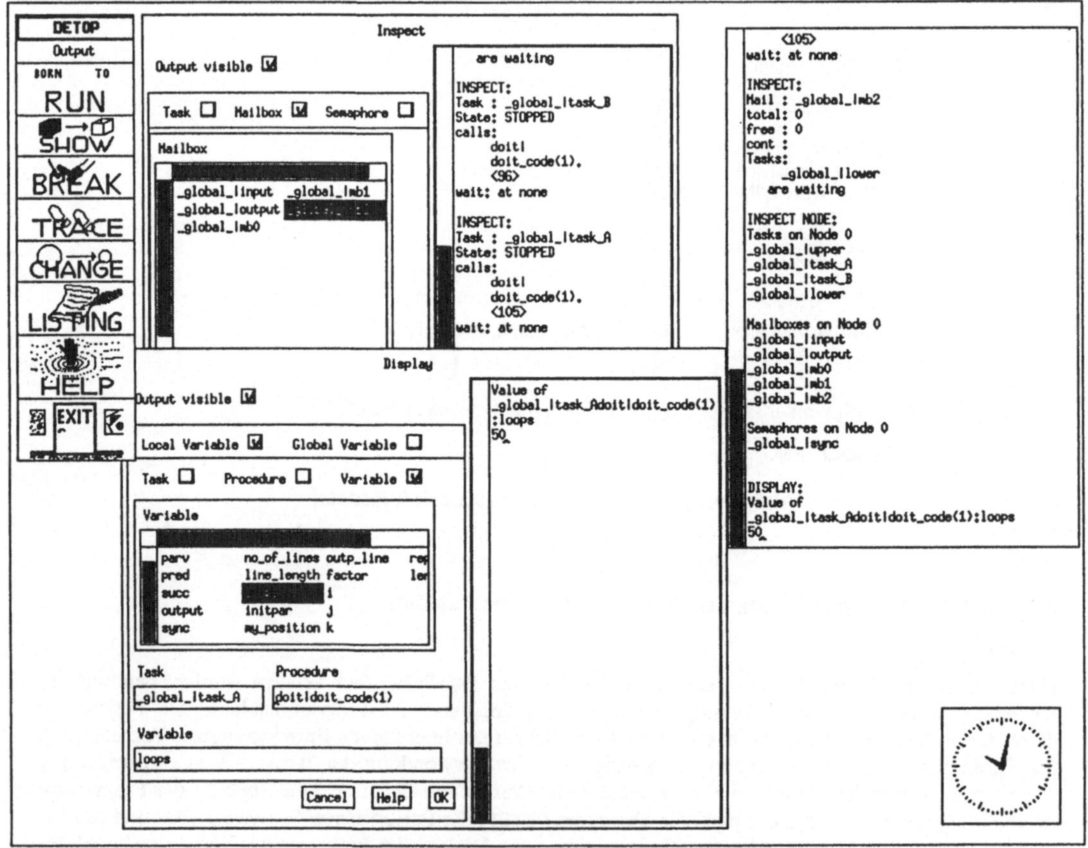

Abbildung 6: Der parallele Debugger DETOP

Das Performance-Analyse-Tool PATOP [6] ermöglicht die Messung von Leistungsparametern auf verschiedenen Ebenen des Rechensystems. Dieses Werkzeug wird zur interaktiven Analyse von Leistungsengpässen in parallelen Programmen und damit zur Optimierung der Parallelisierung (Performance Debugging) verwendet. Auf Systemebene läßt sich die Gesamtauslastung des Parallelrechners messen, auf Knotenebene die Auslastung der einzelnen Prozessoren und das Kommunikationsaufkommen zwischen ihnen. Auf der Ebene der MMK-Objekte (Tasks, Mailboxen und Semaphore) kann schließlich genauer analysiert werden, wie lange Prozesse rechnen oder auf Kommunikation warten müssen und wie hoch die Auslastung der einzelnen Kommunikationsbetriebsmittel ist. Mit Hilfe dieser Information kann die Parallelisierung des untersuchten Programms bewertet und gegebenenfalls verbessert werden. Der Programmierer kann damit insbesondere zwei Fragestellungen beantworten: Wie optimal ist die Interaktion der MMK-Objekte programmiert und wie effizient ist das Mapping auf die Prozessoren? Abbildung 7 zeigt an einem Beispiel, wie die gemessenen Daten dem Benutzer präsentiert werden.

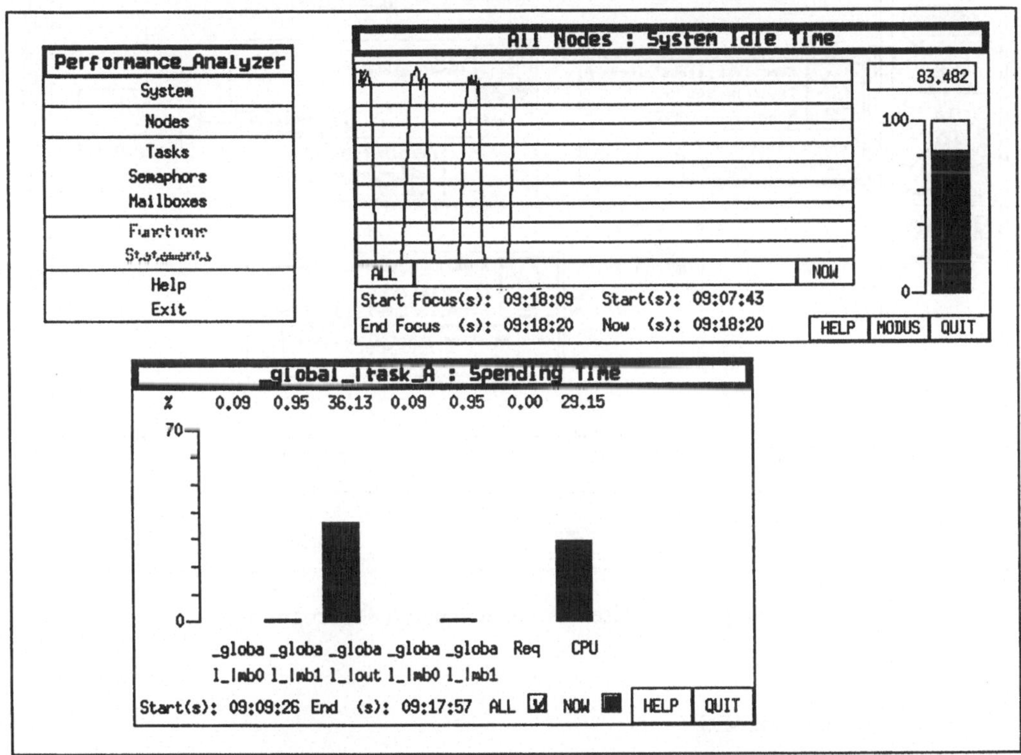

Abbildung 7: Programmoptimierung mit PATOP

Um das Verständnis über den dynamischen Ablauf paralleler Programme zu erhöhen, wurde das Visualisierungs- und Animationswerkzeug VISTOP entwickelt. Es erlaubt die Animation von Taskgraphen zur Laufzeit, wobei Kommunikation und Wartebeziehungen zwischen MMK-Objekten graphisch dargestellt werden. Die Darstellung zeigt globale Zustände des Programms und ist unabhängig von der Verteilung der einzelnen MMK-Objekte auf die Rechnerknoten (Abbildung 8). Durch einfaches Anwählen mit der Maus kann zu jedem Objekt noch weitere Information abgerufen werden, z.B. Zustand einer Task oder Inhalt einer Mailbox. Die graphische Darstellung des Programmablaufs durch das Animationssystem auf der Basis der MMK-Objekte erlaubt einen Vergleich mit den Taskgraphen des Spezifikationssystems SAMTOP. VISTOP kann damit auch für Test und Debugging auf einem sehr hohem Abstraktionsniveau verwendet werden.

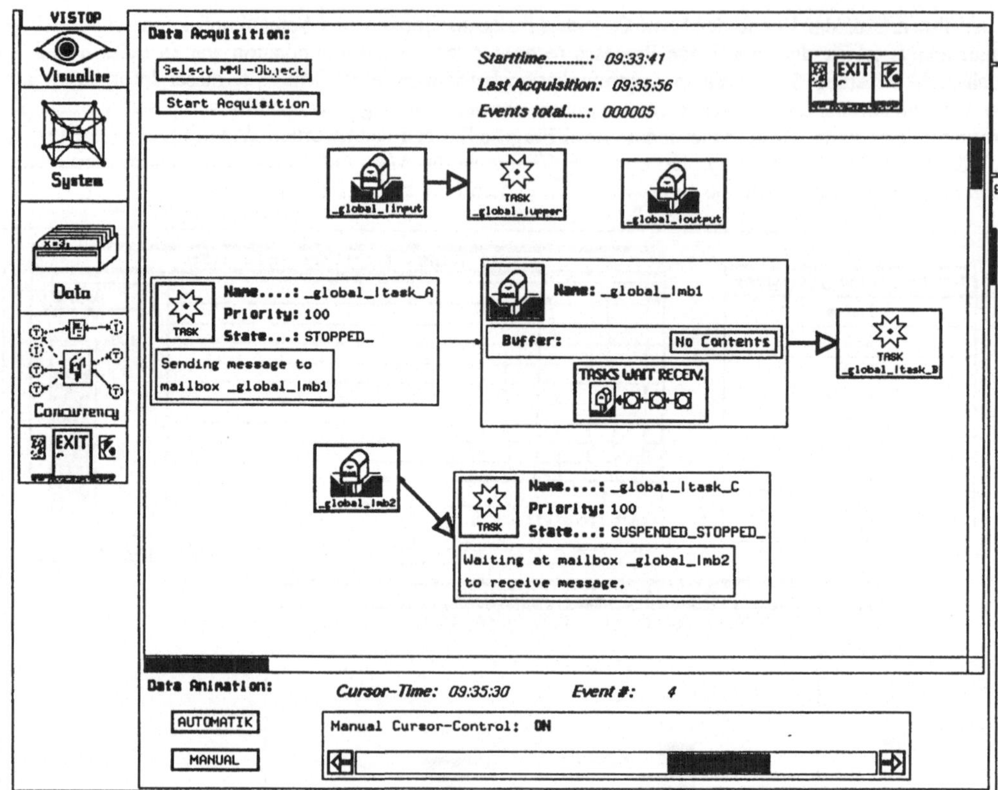

Abbildung 8: Graphische Animation paralleler Programme

7 Anwendungen und Ausblick

Die beschriebene Methodologie zur Parallelisierung wurde in Zusammenarbeit mit einer Reihe von Anwendergruppen entwickelt. Die Kooperationspartner sind dabei Arbeitsgruppen innerhalb der Universität sowie andere staatlich finanzierte Forschungsgruppen als auch Industriepartner. Bei der Auswahl der Anwendungsprojekte wurde insbesondere großer Wert auf Heterogenität gelegt. Es wurde versucht möglichst viele unterschiedliche Applikationsgebiete abzudecken. Bisher wurde bzw. wird die TOPSYS-Werkzeugumgebung mit der zugehörigen Parallelisierungs-Methodik in folgenden Anwendungen und Anwendungsgebieten eingesetzt:

- Plazierung bei VLSI-CAD-Werkzeugen auf Basis konjugierter Gradientenmethoden (GORDIAN) [5].
- 2- oder 3-dimensionale Strömungssimulationen von dynamischen Gasen (FLUBOX) [7].
- Parallele Schaltungssimulation mit Hilfe der Time-Warp-Synchronisation.
- Simulation Neuronaler Netzwerke mit Runge-Kutta-Algorithmen.
- Parallele Sortieralgorithmen in Datenbanken (TRANSBASE).
- Parallelisierung von Inferenzsystemen für Theorembeweiser (PARTHEO).
- Parallelisierung verschiedenster Multigrid-Anwendungen.

Bei den meisten dieser Projekte war das Ziel nicht die Entwicklung einer neuen Anwendung, sondern man hatte als Ausgangsbasis ein existierendes sequentielles Softwarepaket vorgegeben. Aus diesem Grund, wurde bei vielen Anwendungen ein großer Teil des existierenden sequentiellen Codes weiterverwendet. Die Erfahrung aus obigen Projekten hat gezeigt, daß mit Hilfe der TOPSYS-Werkzeuge bereits nach einigen Monaten erste parallele Versionen für Leistungsvergleiche zur Verfügung standen. Durch die intensive Anwendung der Werkzeugumgebung bei der Parallelisierung realer Applikationen wurden eine Reihe von Verbesserungvorschlägen erarbeitet, die zur Zeit in TOPSYS integriert werden. Ferner liefert die Untersuchung realistischer paralleler Lastmodelle insbesondere Verbesserungen für die Heuristiken des dynamischen Lastausgleichs. Da in letzter Zeit auch zunehmend Shared-Memory-Multiprozessoren eine process-/thread-orientierte Parallelisierungsebene anbieten, wird außerdem über Adaptionsmöglichkeiten des TOPSYS-Systems an diese Parallelrechnerstrukturen nachgedacht.

Literatur

[1] S. Ahuja, N. Camero, D. Gelernter, Linda and Friends, IEEE Computer, 1986

[2] H.J. Beier, T. Bemmerl, A. Bode et al., TOPSYS, Tools for Parallel Systems, Collected Papers, TU München, TUM-I9013, SFB-Bericht Nr. 342/9/90 A, 1990

[3] T. Bemmerl, T. Ludwig, MMK - A Distributed Operating System Kernel with Integrated Dynamic Loadbalancing, CONPAR 90 - VAPP IV, Zürich, Switzerland, Sept. 1990

[4] T. Bemmerl, The TOPSYS Architecture, CONPAR 90 - VAPP IV, Zürich, Switzerland, Sept. 1990

[5] T. Bemmerl, J. Kremenek, P. Luksch, Parallelisierung eines Plazierungsverfahrens für den VLSI-Entwurf auf einem Multiprozessor mit verteiltem Speicher, PARS-Workshop, Arnoldshain, Jan. 1990

[6] T. Bemmerl, O. Hansen, T. Ludwig, PATOP for Performance Tuning of Parallel Programs, CONPAR 90 - VAPP IV, Zürich, Switzerland, Sept. 1990

[7] T. Bemmerl, U. Graf, R. Knödlseder, Experiences in Parallelizing an existing CFD algorithm, submitted for publication

[8] T. Bemmerl, R. Lindhof, T. Treml, The Distributed Monitorsystem of TOPSYS, CONPAR 90 - VAPP IV, Zürich, Switzerland, Sept. 1990

[9] A. Bode, Developments in Distributed Memory Architectures, Proceedings Microsystem'90, Strbske Pleso, CSFR, 1990

[10] M. L. Bailey, D. Socha, D. Notkin, Debugging Parallel Programs using Graphical Views, Proc. Int. Conf. on Parallel Proc., S. 46 - 49, Aug. 1988

[11] H. Burkhart, R. Millen, Techniken und Werkzeuge der Programmbeobachtung am Beispiel eines Modula-2 Monitorsystems, Informatik Forschung und Entwicklung, 3, S. 6 - 21, 1988

[12] V. A. Guarna, D. Gannon, D. Jablonowski, A.D. Malony, Y. Gaur, Faust: An Integrated Environment for Parallel Programming, IEEE Software, S. 20 - 26, July 1989

[13] P.K. Harter, D.M. Heimbigner, R. King, IDD, An Interactive Distributed Debugger, 5th Int. Conf. on Distr. Comp. Syst., S. 498 - 506, 1985

[14] B.P. Miller, J.D. Choi, Breakpoints and Halting in Distributed Programs, Proc. Int. Conf. on Parallel Proc., S. 316 - 323, Aug. 1988

[15] H. Mühlenbein, F. Limburger, S. Streitz, S. Warmhaut, MUPPET, a Programming Environment for Message-Based Multiprocessors, Proc. of FJCC, Nov. 1986

[16] P. Pierce, The NX/2 Operating System, Int. Hypercube Conf., 1988

[17] T. W. Pratt, The PISCES2 Parallel Programming Environment, Int. Conf. on Parallel Proc., S. 439 - 445, 1987

[18] W. Schröder, The Distributed PEACE Operating System and its Suitability for MIMD Message Passing Architectures, CONPAR 88, Manchester, 1988

[19] Z. Segall, L. Rudolph, PIE: a Programming and Instrumentation Environment for Parallel Processing, IEEE Software, S. 22 - 37, Nov. 1985

[20] E. Shapiro, Concurrent Prolog: a Progress Report, IEEE Computer, 1986

[21] L. Snyder, D. Socha, Poker on the Cosmic Cube: The First Retargetable Parallel Programming Language and Environment, Int. Conf. on Parallel Proc., S. 628 - 635, 1986

[22] C. Whitby-Strevens, Supernode: Transputer and Software, Int. Conference on Supercomputing, 1988

SLAP – SUPRENUM Linear Algebra Package

Henry Strauß

Prof.Dr. Feilmeier, Junker & Co., GmbH
Leonhard-Moll-Bogen 10
8000 München 70

Zusammenfassung

SLAP ist das Programmpaket zur Linearen Algebra auf dem SUPRENUM-Rechner. Es orientiert sich an den Standards auf diesem Gebiet, LINPACK und LAPACK, berücksichtigt aber auch die spezielle Architektur des Zielsystems. Die bekannten Algorithmen (Matrixoperationen, -faktorisierungen etc.) wurden parallelisiert, implementiert und optimiert, besonderer Wert wurde dabei auf eine günstige Datenaufteilung gelegt. Als Ergebnis stehen die wichtigsten Verfahren der Linearen Algebra als Fortran-Unterprogramme auf SUPRENUM zur Verfügung.

0 Einleitung

In den letzten Jahren zwang das Aufkommen von Supercomputern mit neuartiger Architektur zu einer Anpassung altbekannter Algorithmen, so auch im Bereich der Linearen Algebra [1]. Schnell erkannte man, daß Lineare-Algebra-Routinen durch den Gebrauch von BLAS2- (Matrix-Vektor-Modulen) anstelle der vorher üblicherweise verwendeten BLAS(1)-Kerne [2], beschleunigt werden können (BLAS = Basic Linear Algebra Subprograms). Der Grund für diese Beschleunigung liegt in der besseren Ausnutzung der Hardware-Resourcen der neuen Computer-Generation durch diese Module gröberer Granularität.

Die Supercomputer der jüngsten Generation zeichnen sich durch eine hierarchische Speicherstruktur gekoppelt mit vektoriellen und parallelen Verarbeitungsmöglichkeiten aus. Der Schritt zur nächst höheren Granularitätsstufe, d.h. BLAS3-Kerne (Matrix-Matrix-Module) [3], liegt daher nahe [4]. Diese Kerne ermöglichen die vollständige Wiederverwendung von Cache- bzw. Registerinhalten. Die dabei bisher berücksichtigten Maschinen waren jedoch hauptsächlich Multiprozessoren mit gemeinsamem Speicher.

Im folgenden werden die verschiedenen Aspekte der Entwicklung eines auf dem Gebrauch der BLAS3-Module basierenden Lineare-Algebra-Programmpaketes für das SUPRENUM-System beschrieben. Es wird gezeigt, wie diese Module grober Granularität mit dem Message-Passing-Konzept eines Multiprozessorsystems mit lokalem Speicher in Einklang gebracht werden können. Zur detaillierten Diskussion dieser Problemstellung wird die wohlbekannte LU-Zerlegung zur Lösung linearer Gleichungssysteme als Beispiel herangezogen; es wird gezeigt wie dieses Verfahren angepaßt werden mußte, um auf einem Parallelrechner wie SUPRENUM effizient abzulaufen. Dabei wird auch auf die Frage der Lösung von Dreiecksgleichungssystemen eingegangen, die sich bei der Lösung von Gleichungssystemen an die Faktorisierungsphase anschließt.

Bei der Entwicklung von SLAP wurde vorrangig die Minimierung der Ausführungszeit, um ein lineares Gleichungssystem zu lösen, angestrebt. Zu diesem Zweck wurde eine Familie von Datenaufteilungen eingeführt, die eine Tuningmöglichkeit zur Verfügung stellt, denn die optimale Verteilung der Elemente der zu verarbeitenden Matrizen stellte sich als entscheidend für die erzielbare Effizienz heraus. Das bekannte "Wrap Mapping" wird bei diesem Ansatz als Spezialfall abgedeckt.

Der vorliegende Beitrag ist folgendermaßen aufgebaut:

In Abschnitt 1 wird zunächst auf die benutzerrelevanten Aspekte der SUPRENUM-Architektur eingegangen. Es folgt eine Beschreibung der Umgebung, die bei der Entwicklung von SLAP zur Verfügung stand (Benutzeroberfläche, Fortran, Tools). Abschnitt 3 enthält eine Gegenüberstellung der verschiedenen Programmbibliotheken zur Linearen Algebra: LINPACK, LAPACK und SLAP; dabei kommen Fragen der Konzeption, des Umfangs und der Zielarchitekturen zur Sprache. Abschnitt 4 behandelt die als bereits besonders wichtig deklarierte Frage der Datenaufteilung und deren Zusammenspiel mit algorithmischen Überlegungen, die im folgenden Abschnitt angestellt werden. Zum Abschluß werden die Ergebnisse dargestellt, wobei die Angaben zu konkreten Rechenzeiten auf SUPRENUM z.Zt. leider noch unvollständig sind.

1 Benutzerrelevante Aspekte der SUPRENUM-Architektur

In diesem Abschnitt werden in aller Kürze die Merkmale des SUPRENUM-Systems erläutert, insofern sie für den Benutzer von Bedeutung sind (unter Benutzer wird hier der Entwickler von Anwendungssoftware verstanden). Für genauere Informationen sei auf die mittlerweise umfangreiche Literatur zu diesem Thema verwiesen, z.B. [5].

Die wesentlichen Charakteriska von SUPRENUM sind:

- Multiprozessorsystem in Mikroprozessortechnologie:
  Hardware-Grundlage sind Schaltkreise "von der Stange"
- Kombination von MIMD- und SIMD-Verarbeitung:
  jeder Knoten ist ein "kleiner Vektorrechner"
- lose gekoppelte Prozessoren mit lokalem Speicher:
  jeder Rechnerknoten ist programm- und datenmäßig "autark"
- Interprozessorkommunikation durch Botschaftsaustausch
- flexibles, zweistufiges Verbindungskonzept
- hierarchische und modulare Hardware-Struktur

Etwas detaillierter betrachtet stellt sich das System – in Top-Down-Manier gesehen – folgendermaßen dar:

Über ein Gateway, das in der Regel aus einer Superworkstation (z.B. Sun-4) als Front-End und einer Hochgeschwindigkeitsanbindung besteht, erhält der Benutzer Zugriff auf den Hochleistungskern. Der Benutzer arbeitet an Workstations, die an das Gateway angeschlossen sind. Der Hochleistungskern besteht aus 4 * 4 = 16 Clustern, die über Spalten- und Zeilenbusse verbunden sind, so daß die Cluster topologisch gesehen einen Torus bilden. Der SUPRENUM-Bus ist ein Parallel Token Ring mit einer Transferrate von 12.5 MByte/s. Ein Cluster besteht neben 16 Rechenknoten aus einem Diagnoseknoten mit Ethernetanschluß, einem

Diskknoten zum Zugriff auf 2 Clusterplatten mit einer Kapazität von je 2.4 GByte und zwei Kommunikationsknoten, die die Anbindung an das bergeordnete Bussystem herstellen. All diese Knoten sind über den doppelt ausgeführten, 64-bit breiten Clusterbus mit einer Bandbreite von 320 MByte/s verbunden. Jeder Rechenknoten enthält neben einer mit 20 MHz getakteten CPU vom Typ Motorola 68020 plus Coprozessor MC68882 eine Vector-Floating-Point-Unit, die aus einem Weitek-Prozessorpaar WTL2264/65 (10 64bit-MFlop/s, 20 MFlop/s bei Chaining) besteht und die hohe Rechenleistung des Gesamtsystems erst ermöglicht. Außerdem ist auf dem Knoten-Board eine Cluster-Kommunikationseinheit integriert, die die lokale CPU mit dem Clusterbus verbindet. Speichermäßig ist jeder Rechenknoten mit 8 MByte dynamischem RAM und 64 KByte Vektorspeicher (vergleichbar einem Cache) ausgestattet.

Insgesamt ergeben sich auf Knoten-/Cluster-/Systemebene folgende Leistungsdaten (die Angaben für das Gesamtsystem beziehen sich auf den bisher vorgesehenen Maximalausbau von 4 * 4 * 16 = 256 Prozessoren):

skalare Rechenleistung: 0.8 / 12.8 / 200 MFlop/s

vektorielle Rechenleistung: 20 / 320 / 5120 MFlop/s (peak)

Hauptspeicherkapazität: 8 / 128 / 2048 MByte

Plattenspeicherkapazität: – / 4.8 / 76 GByte

2 Die SUPRENUM-Entwicklungsumgebung

Grundlage der Entwicklung von Anwendungssoftware für SUPRENUM ist das "Modell der abstrakten SUPRENUM-Maschine". Dieses Modell ist folgendermaßen definiert [6]:

- Eine Anwendung besteht aus einem, sich u.U. dynamisch ändernden Prozeßsystem.
- Prozesse sind unabhängige, parallel arbeitende Programmeinheiten.
- Prozesse können sich selber terminieren und weitere Prozesse kreieren, jedoch keine anderen terminieren.
- Prozesse kommunizieren lediglich durch Nachrichtenaustausch miteinander und verfügen über keinerlei gemeinsame Daten.

Nach diesen Prinzipien arbeiten fast alle heute angebotenen Local-Memory-Parallelrechner wie Intel iPSC, NCube oder auch Transputersysteme.

Konkret bedeutet dieses Modell, daß der Programmcode einer Anwendung aus zwei mindestens Teilen besteht: einem PROGRAM, das auf dem Front-End-Rechner läuft, und einem TASK PROGRAM, das in aller Regel in mehrfacher Ausführung auf eine Anzahl von Knoten geladen wird. Die in Abschnitt 1 angesprochene Autarkie der Prozessoren drückt sich also darin aus, das jeder Knoten seinen eigenen Code ausführt, auch wenn dieser mit dem anderer Knoten übereinstimmt; durch die unterschiedlichen Daten, auf die die Instruktionen angewendet werden, handelt es sich um echte "asynchrone" Parallelverarbeitung (diese Form wird manchmal als SPMD-Verarbeitung bezeichnet: Single Program – Multiple Data).

Die Benutzeroberfläche stellt sich auf Betriebssystemebene wie folgt dar: dem Anwender stehen einige "UNIX-like" Kommandos zur Verfügung, die das SystemV auf dem Vorrechner erweitern und den parallelen Zugriff auf eine beliebige Anzahl von Knoten oder Clustern sowie auf die

Clusterplatten ermöglichen. Die Prozeßkontrolle umfaßt Befehle zur Jobausführung, Jobüberwachung und Jobabbruch; die Kommandonamen bestehen aus den Buchstaben "sk" (für Suprenum Kernel) und weiteren Kürzeln, die oft den "normalen" UNIX-Kommandos entsprechen, z.B. skkill für das Stoppen eines Prozesses. Außerdem sind detaillierte Accounting-Informationen verfügbar. Die Arbeit am System kann interaktiv oder über eine Jobqueue erfolgen.

Von besonderem Interesse ist für den Anwendungsentwickler natürlich die Frage, welche Programmiersprache zur Verfügung steht bzw. wie der betreffende Sprachdialekt aussieht. Im Falle von SUPRENUM entschied man sich (neben der Verwendung von Concurrent Modula und C bei systemnahen Aufgaben) dafür, die in der Welt der technisch-wissenschaftlich mit Abstand am weitesten verbreitete Sprache, nämlich Fortran, syntaktisch so zu erweitern, daß sie die Anwendungsprogrammierung eines Multiprozessorsystems mit Message Passing ermöglicht:

Das neue Statement TASK PROGRAM, das den Code eines Knotenprogrammes einleitet, wurde bereits weiter oben erwähnt. Neu aufgenommen wurde in SUPRENUM-Fortran außerdem ein neuer Datentyp, TASKID, der benötigt wird, um im Vergleich zu herkömmlichem Fortran neue Objekte, nämlich Prozesse, d.h. in Ausführung befindliche Programme, zu adressieren. Mit anderen Worten: die Prozesse, die auf den Knoten ablaufen, sind aus programmsprachlicher Sicht Objekte vom Typ TASKID. In diesem Zusammenhang wird auch das neue Statement TASK EXTERNAL benötigt, mit dem Identifier von Task-Programmcodes eingeführt werden, um sie als Parameter an SUBROUTINEs und FUNCTIONs übergeben zu können. Dies ist insbesondere dann notwendig, wenn ein neuer Prozeß erzeugt werden soll: zu diesem Zweck steht die neue Intrinsic Funktion NEWTASK (vom Typ TASKID) zur Verfügung; sie erhält mindestens einen Parameter, nämlich eben den Namen desjenigen Task Programs, das der zu generierende Prozeß abarbeiten soll (optional kann die logische Nummer der CPU übergeben werden, auf den das Programm geladen werden soll). Die so erzeugten Prozesse müssen während ihres Ablaufes in aller Regel Daten austauschen; zu diesem Zweck stehen spezielle Kommunikationsbefehle zur Verfügung: SEND und RECEIVE. Wie die Namen bereits andeuten, senden bzw. empfangen die Prozesse mit diesen Befehle Werte an bzw. von anderen Prozessen. Syntaktisch sind diese Befehle an die bekannten Standard-Fortran-Befehle WRITE und READ angelehnt: nach dem Schlüsselwort stehen in Klammern ein sog. Tag, das die Nummer einer Botschaft darstellt, und eine Prozea-ID (Objekt vom Typ TASKID), die den Empfänger bzw. Absender der Botschaft kennzeichnet; optional können weitere Angaben (z.B. für Broadcasting) innerhalb der Klammern stehen. Nach den Klammern folgt eine I/O-Liste, die der eines WRITE- oder READ-Befehles entspricht. Für einen Neuling in der Parallelprogrammierung ist es am sinnvollsten, sich SEND und RECEIVE als spezielle WRITE- bzw. READ-Befehle vorzustellen, wobei das anzusprechende Peripheriegerät kein Drucker und keine Platte sondern ein anderer Prozessor ist. Außerdem enthält SUPRENUM-Fortran den WAIT-Befehl, mit dem - abhängig vom Eintreffen einer Botschaft - im Programmcode verzweigt werden kann.

Eine weitere, aber nicht SUPRENUM-spezifische Erweiterung von Fortran77 stellen die Fortran-8X-Konstrukte dar, die die Formulierung von Vektorverarbeitung wesentlich vereinfachen. Diese Statements ermöglichen z.B. den Zugriff auf Array Sections, d.h. Teilfelder, ohne explizite Verwendung von DO-Schleifen; zudem erleichtern sie dem Compiler die Optimierung des Maschinencodes. Dies ist allerdings auch bei dem jetzigen Stand des

Vektorisierers notwendig, solange er noch bei weitem nicht den heute auf diesem Gebiet üblichen Qualitätsstandard erreicht hat.

3 LINPACK – LAPACK – SLAP

Die Entwicklung von SLAP muß eindeutig im historischen Zusammenhang gesehen werden. Ende der Siebziger Jahre definierten Lawson et.al. die Basic Linear Algebra Subprograms: Fortran–Programmkerne, die grundlegende Operationen der Linearen Algebra auf der Vektor–Skalar–Ebene ausführen, z.B. Skalarprodukt, Triade, Multiplikation eines Vektors mit einem Skalar oder Normbildung eines Vektors. Auf der Grundlage dieser Module entstand LINPACK [7], eine Bibliothek von maschinenunabhängigen Fortran–Implementationen verschiedener Lineare–Algebra–Algorithmen, z.B. Matrixfaktorisierungen und Löser für lineare Gleichungssysteme. Die Grundidee bestand darin, innerhalb der LINPACK–Routinen – soweit es irgend geht – für die eigentliche Arithmetik BLAS–Kerne aufzurufen und letztere für die verschiedenen Zielmaschinen zu optimieren; so erhielt man eine portable aber trotzdem sehr effiziente Programmbibliothek.

Während die ursprünglichen BLAS–Routinen geeignet sind, "normale" Rechner effizient zu nutzen, zeigte sich bei Systemen mit neuartiger Architektur (z.B. Vektorrechner) jedoch, daß die Programme in dieser Form zu feingranular sind, um auch die kompliziertere Speicherhierarchie auszunutzen: die schnellen Vektorregister oder Caches wurden durch den Gebrauch der BLAS–Routinen zu oft ge– und entladen, was in einer eher bescheidenen Performance resultierte. Als Folge dieser Erkenntnis wurden die sog. BLAS2– und BLAS3–Kerne definiert, die auf der Matrix–Vektor– bzw. Matrix–Matrix–Ebene arbeiten (die ursprünglichen BLAS–Routinen wurden daraufhin in BLAS1 umgetauft).

Damit war aber nur der erste Schritt getan: die komplexeren Algorithmen wie Matrixfaktorisierungen wurden dann ebenfalls für neuartige Rechnerarchitekturen (zunächst nur Shared–Memory–Systeme) unter dem Namen LAPACK [8] von Dongarra et.al. redesigned. Dieses neue Paket ist z.Zt. noch in Entwicklung und wird die Funktionen von LINPACK und EISPACK (Bibliothek zur Lösung von Eigenwertproblemen) in sich vereinen. Entscheidend ist in diesem neuen Paket der Gebrauch von BLAS2– und BLAS3–Modulen, um die hierarchische Speicherhierarchie von Multiprozessorsystemen optimal zu nutzen.

Da zu faktisch jedem Rechnersytem auf dem technisch–wissenschaftlichen Sektor ein Lineare–Algebra–Programmpaket gehört (nicht zuletzt zu Benchmark–Zwecken), entschloß man sich, auch für SUPRENUM ein solches zu entwickeln (eine simple Portierung von LINPACK oder LAPACK kam aber wegen der neuartigen Architektur nicht in Frage). So entstand SLAP als Gegenstück zu LAPACK für SUPRENUM; allerdings mußten in Bezug auf den Umfang einige Einschränkungen gemacht werden.

SLAP ist Bestandteil der umfangreichen SUPRENUM–Basissoftware (diese enthält außerdem die Kommunikationsbibliothek zur einfachen und portablen Message–Passing–Programmierung, das Multigrid Package mit parallelisierten Mehrgitteralgorithmen für elliptische Differential-gleichungen und die Parallel Library mit FFT und Linienrelaxation – daneben wurden innerhalb des Projektes viele spezielle Anwendungen entwickelt: die Software ist damit sicherlich eine der Stärken des Gesamtunternehmens.) Es umfaßt folgende Komponenten:

- parallele BLAS2-Module:
  Matrix-Vektor-Operationen
- parallele BLAS3-Module:
  Matrix-Matrix-Operationen
- Datentransfer-Module:
  standardisierter Datenaustausch zwischen Master und Knoten
- Matrixfaktorisierungen mit und ohne Pivotsuche:
  - LU-Zerlegung
  - Cholesky-Zerlegung
  - QR-Zerlegung
- zugehörige Lösungsprozeduren
- Determinantenbestimmung
- Inversenberechnung
- Eigenwertproblemlöser (symmetrisch und nicht-symmetrisch)

(Der letzte Punkt war Aufgabe der KFA Jülich und wird hier nicht weiter diskutiert, siehe dazu [9]).

Im Vorgriff auf die folgenden Abschnitte sollen hier bereits einige wesentliche gemeinsame Merkmale der SLAP-Routinen aufgezählt werden:

- Die Programme wurden bezüglich Kommunikation optimiert, d.h. die Anzahl der SEND- und RECEIVE-Befehle wurde – unter Berücksichtigung der natürlich anzustrebenden gleichmäßigen Lastverteilung auf die einzelnen Prozesse – "relativ minimiert".
- Die Überlappung von Kommunikation und Arithmetik wurde durch den Einsatz der sog. Compute-and-Send-Ahead-Technik ermöglicht.
- Aufgrund relativ hoher Startup-Zeiten für die Kommunikation wurde eine grobe Granularität gewählt, die durch Blockung erreicht wurde (es werden in einem Schritt mehrere Spalten einer Matrix verarbeitet).
- Durch die Verwendung der seriellen BLAS2- und BLAS3-Module auf Knotenebene wird die lokale Optimierung erleichert.
- Wegen der "Vektorfähigkeit" der Knoten wurde darauf geachtet, daß möglichst lange Vektoren verarbeitet werden.
- Dem Charakter einer Programmbibliothek gemäß wurde besonderer Wert auf Schnittstellenkonsistenz zwischen den verschiedenen Routinen gelegt.
- Durch den Einbau von "Tuningparametern" wird die Anpassung an geänderte Systemkennwerte und auch die effiziente Übertragung auf andere Rechner mit vergleichbarer Architektur erleichtert.
- Die Aufrufsequenzen der verschiedenen Bibliotheksroutinen lehnen sich an die von LAPACK an.

Diese Punkte werden in den beiden folgenden Abschnitten detaillierter diskutiert.

4 Die Frage der Datenaufteilung

Weiter oben wurde bereits daraufhingewiesen, daß die Wahl der Datenaufteilung entscheidend für die zu erzielende Effizienz von Lineare-Algebra-Programmen ist, da sie nicht nur den

Umfang der notwendigen Kommunikation bestimmt sondern auch den Grad der Parallelität und des "Load Balance". Auf einem Local–Memory–System muß die einmal gewählte Form in der Regel beibehalten werden. Eine dynamische Daten– und damit auch Lastverteilung, wie sie auf einem Shared–Memory–System relativ leicht in Form eines "Pool of Tasks" realisiert werden kann, ist auf Rechnern wie SUPRENUM oder Intel iPSC nur über Umwege zu erreichen und meist mit Effizienzverlusten verbunden. In SLAP wurden jedoch neueste Ergebnisse aus der Literatur berücksichtigt, um diese Nachteile größtenteils zu vermeiden.

Es folgt eine Diskussion der denkbaren Aufteilungen von Datenobjekten (in der Linearen Algebra sind dies vor allem Matrizen):

Der allererste (naive) Ansatz besteht darin, die für die SUPRENUM–Mehrgitteralgorithmen übliche "Domain Decompostion" auf zweidimensionale Felder zu übertragen (Abb. 1a; die Zahlen sind die Nummern der Prozessoren, auf die der jeweilige Matrixteil geladen wird). Diese Datenaufteilung vereint jedoch zwei gravierende Nachteile: zum einen wird die Pivotsuche innerhalb von Matrixfaktorisierungen dadurch erschwert, daß die Elemente einer Spalte nicht auf einem Prozessor liegen (d.h. es ist viel Kommunikation notwendig); zum anderen sind ab einem bestimmten, relativ frühen Stadium des Algorithmus einige Prozessoren vollkommen arbeitslos (d.h. das Load Balance ist schlecht bzw. nicht vorhanden).

Der nächstliegende Ansatz, die Elemente einer Matrix zu verteilen, ist das "Standard Mapping": jeder Prozessor erhält (ungefähr) dieselbe Anzahl von aufeinanderfolgenden Zeilen oder Spalten (Abb. 1b und 1c). Einige Gründe lassen eine spaltenorientierte Datenaufteilung der Matrix als vorteilhafter erscheinen: die Pivotsuche ist lokal auf einem Prozessor und ohne Kommunikation ausführbar (dies geht zwar auf Kosten der "absoluten Parallelität", ist aber aufgrund der relativ hohen Startup–Zeiten für das Message Passing vorteilhafter); seit neuestem sind auch effiziente spaltenorientierte parallele Löser für Dreiecksgleichungssysteme bekannt (früher galten zeilenorientierte Dreieckslöser als besser); die spaltenweise Verarbeitung entspricht der Art und Weise, wie in Fortran zweidimensionale Felder abgespeichert werden (Schrittweite 1 und damit schneller Zugriff auf die Elemente); die bekannten Implementierungen der verschiedenen Matrixfaktorisierungen (LU, Cholesky, QR) arbeiten allesamt spaltenorientiert. Außerdem sollte die Datenaufteilung blockweise erfolgen, um die Anzahl der Kommunikationsbefehle zu verringern (dies steht in engem Zusammenhang mit den auszuführenden Algorithmen; siehe folgenden Abschnitt).

Um eine gute Lastverteilung und hohe Parallelität zu gewährleisten, ist eine zyklische Spaltenblockaufteilung (Abb. 1d), die in der Literatur im Falle einer konstanten Spaltenblockbreite von 1 meistens als Wrap Mapping bezeichnet wird, sehr empfehlenswert. Dabei werden die Spalten der Matrix den Prozessoren in derselben Form zugeordnet wie die Karten eines Stapels Spielkarten den Spielern: jeder Prozessor/Spieler erhält der Reihe nach und rundum eine bestimmte Anzahl von Spalten/Spielkarten.

Die Dauer, für die die Prozessoren arbeitslos auf noch nicht eingetroffene Botschaften warten, wird bestimmt durch die Breite der verschiedenen Blöcke. Daher sollte man Spaltenblöcke unterschiedlicher Breite zulassen (Abb. 1e). Diese variable Blockung liefert gute Resultate, d.h. eine wohlausgewogene Implementierung mit minimalen Wartezeiten, wenn die Folge der

Blockbreiten dem Algorithmus und den Kenngrößen des Multiprozessorsystems angepaßt wird. Es stellt sich natürlich sofort die Frage, wie diese Werte bestimmt werden sollen.

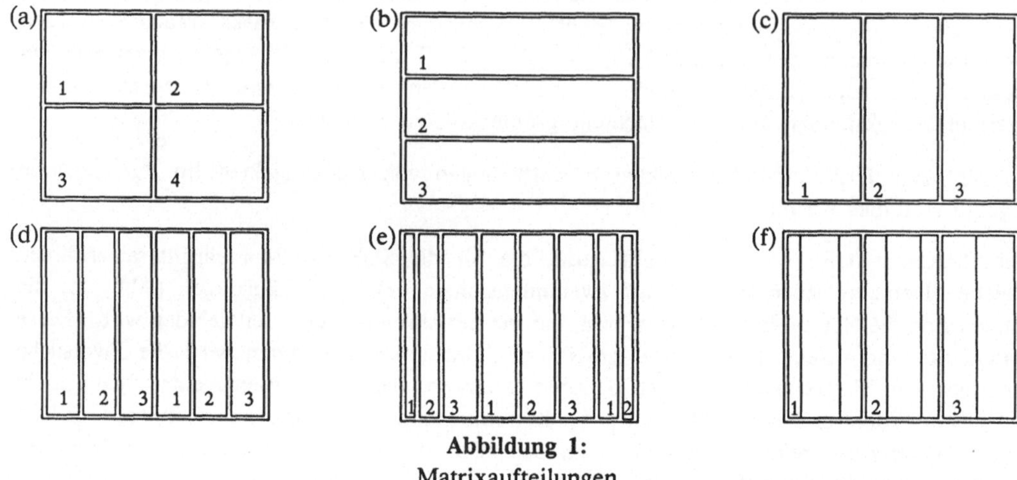

Abbildung 1:
Matrixaufteilungen

Der logische Schritt in Richtung einer optimalen Matrixverteilung ist es, den Algorithmus selbst die Blockbreiten auf der Grundlage von Systemparametern wie Spitzenleistung der Knotenrechner, die Kommunikationsgeschwindigkeit zwischen den Prozessoren etc. kontrollieren zu lassen [10]. Das Resultat kann man als "adaptive Blockung" bezeichnen; sie ermöglicht ein automatisches Tuning. Diese Technik kann an verschiedene Local-Memory-Systeme angepaßt werden, indem die Systemparameter innerhalb der Funktion, die die Spaltenbreiten berechnet, geändert werden. Eine typische, (annähernd) optimale Folge der Spaltenblockbreiten für eine Matrix der Ordnung 128 zeigt Abb. 2.

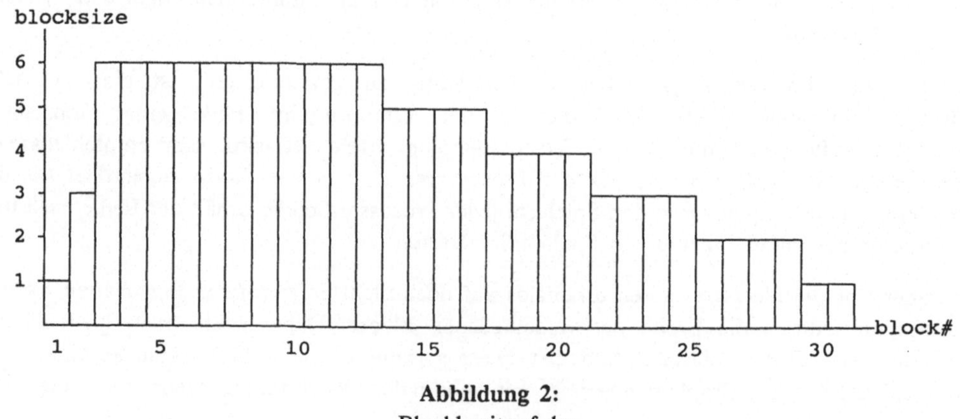

Abbildung 2:
Blockbreitenfolge

Diese Matrixaufteilung ist jedoch schon so komplex, daß sie dem Benutzer einer Programmbibliothek kaum zugemutet werden kann. Als Lösung bietet sich die Idee der virtuellen Permutation an: dabei wird von der Standardaufteilung (1c) ausgegangen, bei der Faktorisierung wird jedoch in Wirklichkeit eine spaltenpermutierte Matrix (Abb. 1f) zerlegt. Mit anderen Worten: die Standardaufteilung wird als Ergebnis einer zyklischen Aufteilung interpretiert. Damit entsteht eine "virtuelle Makro–Mikro–Blockung" (Abb. 3). Dieser Trick erspart die Zeit, die für die Umverteilung der Spalten eigentlich benötigt würde; allerdings arbeitet der Algorithmus dann auf anders angeordneten Spalten.

```
 1   2: 3: 4   5: 6: 7   8   9:10  11:12:13  14:15  16  17:18:19  20:21:22  23:24    global column #

 1   1: 1: 1   1: 1: 1   1   2: 2   2: 2: 2   2: 2   2   3: 3: 3   3: 3: 3   3: 3     macroblock #

 1   2: 3: 4   5: 6: 7   8   1: 2   3: 4: 5   6: 7   8   1: 2: 3   4: 5: 6   7: 8     local column #

 1   4: 4: 4   7: 7: 7  10   2: 2   5: 5: 5   8: 8  11   3: 3: 3   6: 6: 6   9: 9     microblock #

 1   7: 8: 9  16:17:18  23   2: 3  10:11:12  19:20  24   4: 5: 6  13:14:15  21:22     permutated column #
```

Abbildung 3:
Makro–Mikro–Blockung

Diese virtuelle Umverteilung läßt sich jedoch nicht auf die rechte Seite eines zu lösenden Gleichungssystems anwenden. Letztere ist zunächst standardaufgeteilt und muß für die Lösungsprozedur physikalisch umverteilt werden. Dies kann aber in die aufgrund der Pivotisierung sowieso notwendige Kommunikation integriert werden, so daß keine oder nur sehr wenig Zeit verlorengeht. Da die Spalten der Koeffizientenmatrix nicht physikalisch vertauscht wurden, liegt der so berechnete Lösungsvektor in Standardaufteilung vor, d.h. er muß nicht umverteilt werden.

5 Algorithmische Überlegungen

Die Frage der Datenaufteilung und algorithmische Überlegung stehen bei der Programmierung "echter Parallelrechner" in engem Zusammenhang. Nur das aufeinander abgestimmte Zusammenspiel dieser beiden Komponenten garantiert eine effiziente Implementierung von Verfahren der Linearen Algebra. In der Folge sollen anhand der LU-Zerlegung und der daran anschließenden Lösungsprozedur die Prinzipien der SLAP-Algorithmen erläutert werden (die anderen Faktorisierungen basieren auf demselben Schema).

Frühere Untersuchungen für Shared-Memory-Multiprozessoren zeigten die Notwendigkeit, BLAS3-Kerne (Matrix-Matrix-Operationen) zu verwenden, um hohe Speedup-Werte zu erzielen [11]. Die Gründe für das Abgehen von Matrix-Vektor-Operationen (BLAS2-Kerne) sind die hierarchische Speicherstruktur der Prozessoren verbunden mit den Fähigkeiten zur Vektor- und Parallelverarbeitung (z.B. bei Alliant FX/8, Cray-2 und IBM 3090, um nur einige zu nennen). Dasselbe Argument gilt auch für das SUPRENUM-System, da dort jeder Knotenrechner eine Speicherhierarchie besitzt.

Wesentlich wichtiger ist noch die Tatsache, daß der Gebrauch von BLAS3-Kernen zwar nicht zu einer Reduzierung des Kommunikationsvolumens aber der Anzahl der Botschaften und somit des Kommunikations-Overheads führt. Je teurer Kommunikation ist, desto stärker macht sich dies bemerkbar.

Auf einem Local-Memory-System (wie SUPRENUM) mit relativ hohen Kommunikationskosten kann die Lastverteilung nicht dynamisch sondern muß statisch erfolgen. D.h. daß (im Falle von Matrixalgorithmen wie der LU-Zerlegung) die - möglichst optimale - Datenverteilung vor dem Beginn der Berechnungen erfolgen muß. Die Matrixspalten sollten also gemäß der optimalen Folge von Spaltenblockbreiten auf die Prozessoren verteilt werden, um den größtmöglichen Speedup zu erzielen. Diese Folge ist eine Funktion der Ordnung der Matrix sowie der Anzahl der Prozessoren, die an der parallelen Faktorisierung beteiligt sind. Da diese beiden Größen von vornherein bekannt sind, kann prinzipiell die optimale Folge bestimmt werden.

Sei also A die quadratische Matrix, die in L und U zerlegt werden soll (U ist eine obere Dreiecksmatrix mit Einsen auf der Diagonalen, L ist eine untere Dreiecksmatrix). Dann lautet der "Blockalgorithmus" - aus didaktischen Gründen zunächst ohne Berücksichtigung der Kommunikation zwischen den Prozessoren - wie folgt (A wird durch L und U berschrieben):

```
nb := number_of_blocks
FOR k FROM 1 TO nb DO
    IF (k-th block is my own) THEN
        local factorization of this block
        BROADCAST result of this computation
    ELSE
        RECEIVE result of remote factorization of k-th block
    ENDIF
    update local part of remaining matrix
ENDFOR
```

Abbildung 4:
Block-LU-Zerlegungs-Algorithmus

Der Algorithmus ist also dadurch gekennzeichnet, daß in jedem Blockschritt ein Knoten als "Root Processor" fungiert, der die zentrale Rolle spielt: er führt eine lokale LU–Zerlegung des aktuellen Blockes durch und sendet das Ergebnis an alle anderen Prozessoren. Im nächsten Schritt übernimmt der nächste Knoten diese Aufgabe; die Rolle des Root Processors wechselt zyklisch zwischen den beteiligten Knoten.

Zur Veranschaulichung der Berechnungsschritte soll Abb. 5 dienen, die die Unterteilung der Matrix in die abgearbeiteten, in Bearbeitung befindlichen und noch zu verarbeitenden Bereiche zeigt:

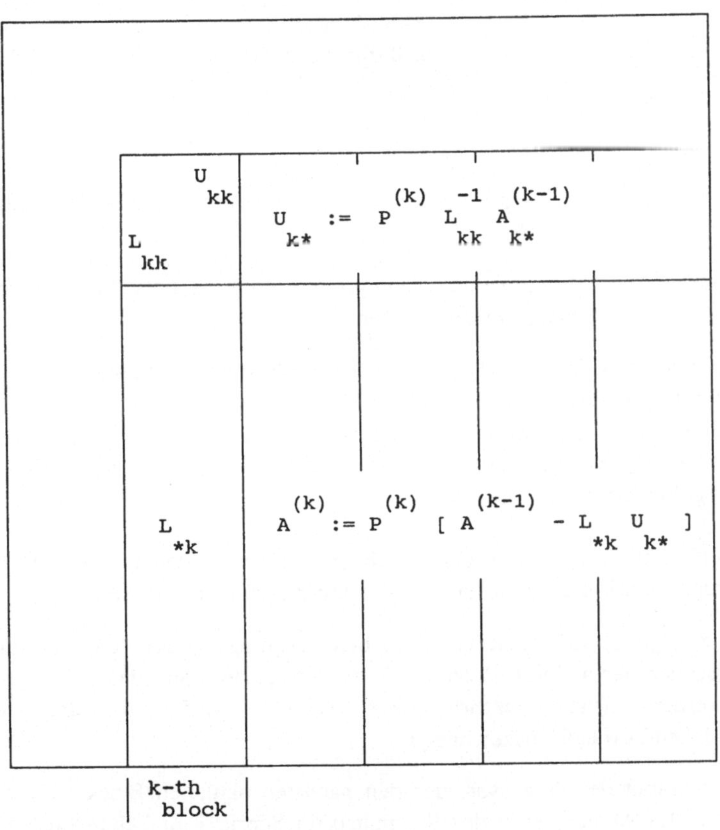

Abbildung 5:
LU–Zerlegungs–Blockschritt

Seien jetzt die Spaltenblöcke von A so verteilt, wie in Abschnitt 4 als zyklisch spaltenblockverteilt beschrieben. Jeder Prozessor führt dann in jedem Schritt k die folgenden Aktionen aus:

144

```
Is it me who keeps the actual block of step k?

If yes:    (a)   Compute L_kk, U_kk, L_*k and L_kk^-1

           (b)   Send L_*k and L_kk^-1 to all other processors
                 in the order ip+1,ip+2,.,np-1,np,1,2,.,ip-1

           (c)   Compute my portion of U_k* and A^(k)

If no:     (a)   Receive L_*k and L_kk^-1 sent out in this step
                 by the processor performing the yes-branch

           (b)   Compute my portion of U_k* and A^(k)
```

Abbildung 6:
Prozeß–Blockschritt

(Aus Gründen der Vereinfachung sind hier einige Spezialfälle zu Beginn und zu Ende des Algorithmus weggelassen worden.)

Um die Pivotisierung in dieses Schema zu integrieren, muß die Botschaft, die ein Prozessor an seine Kollegen sendet, um einige Informationen erweitert werden:

- einen Integer–Vektor IPVT, der die Zeilenpermutation beschreibt, die sich bei der lokalen LU–Zerlegung des aktuellen Blockes ergab;
- ein Flag INFO, das anzeigt, ob die Pivotsuche für alle Spalten des Blocks erfolgreich gewesen ist oder nicht (falls nicht, gibt INFO die Nummer der Spalte an, in der kein Pivot gefunden werden konnte).

Aus Effizienzgründen ist es sehr wichtig, daß alle Informationen in einer einzigen Botschaft verschickt werden, damit die hohen Startup–Kosten nur einmal anfallen.

Dem Grundsatz folgend, alle Nachrichten so bald als möglich auf den Weg zu schicken, um unnötige Wartezeiten der anderen Prozessoren zu vermeiden, kann das obige Schema wie folgt verbessert werden (die beschriebene Technik wird in der Literatur als "Compute–And–Send–Ahead" bezeichnet):

In Schritt k beschränkt der Prozessor, der den nächsten aktuellen Block (d.h. den von Schritt k+1) verarbeitet, das Aktualisieren der Restmatrix in Schritt k auf eben diesen Block, d.h. er berechnet $A^{(k)}$ und $U_{k\cdot}$ nur für den aktuellen Block von Schritt k+1, anschließend $L_{k+1,k+1}$, $U_{k+1,k+1}$, $L_{\cdot k+1}$ und $L_{k+1,k+1}^{-1}$ von Schritt k+1 und sendet dann die aus $L_{\cdot k+1}$, $L_{k+1,k+1}^{-1}$, IPVT und INFO bestehende Botschaft an die anderen Prozessoren. Anschließend beendet er das Aktualisieren von Schritt k. Bevor er die nächste Nachricht einliest, muß dieser Prozessor noch die Aktualisierung der lokalen Restmatrix von Schritt k+1 ausführen. Diese Modifikation des Algorithmus erlaubt das besonders effiziente Überlappen von Kommunikation und Arithmetik:

während Botschaften unterwegs sind, sind die Prozessoren nicht untätig sondern mit Arithmetik beschäftigt. Abb. 7 zeigt die so optimierte LU-Zerlegung.

```
k := 1
nb := number_of_blocks
np := number_of_processes
ip := index_of_process
IF ip = 1 THEN
    local factorization of block 1
    BROADCAST subdiagonal part of block 1
    update local part of remaining matrix (1)
    k := 2
ENDIF
WHILE k < nb DO
    RECEIVE subdiagonal part of block k
            FROM PROCESS MOD(k-1,np)+1
    IF MOD(k,np)+1 = ip THEN
        update block k+1 (k)
        local factorization of block k+1
        BROADCAST subdiagonal part of block k+1
        update block k+1+np:nb:np (k)
        update block k+1+np:nb:np (k+1)
        k := k+2
    ELSE
        update local part of remaining matrix (k)
        k := k+1
    ENDIF
ENDWHILE
```

Abbildung 7:
Compute-and-Send-Ahead

Die wesentlichen Vorteile des beschriebenen Algorithmus sind:

- Die Aktualisierung der Restmatrix erfolgt durch den Einsatz von BLAS3-Kernen. Natürlich werden Matrix-Matrix-Operationen nur ausgeführt, wenn die jeweilige Spaltenblockbreite größer als 1 ist.
- Die Anzahl der Botschaften und damit der Kommunikations-Overhead wird deutlich reduziert, wenn die Spaltenblockbreite größer wird. Das Kommunikationsvolumen jedoch ist unabhängig von der Wahl der Blöcke.
- Die Arbeitslast bleibt relativ gleichmäßig verteilt, solange die Blockbreiten nicht so groß werden, daß jeder einzelne Prozessor nur noch ein oder zwei Blöcke zu bearbeiten hat.

Andererseits ergeben sich auch einige Nachteile:

- Die Startup-Phase, in der Prozessor 1 Block 1 bearbeitet, wird rein sequentiell ausgeführt. Die übrigen Knoten müssen warten, bis Prozessor 1 seine Arbeit beendet und seine Nachricht verschickt hat, bevor sie irgendetwas tun können. Je breiter der erste Spaltenblock ist, desto länger dauert diese sequentielle Anlaufphase.
- Die Anzahl der Gleitpunktoperationen steigt mit der Blockbreite leicht an. Der Grund hierfür liegt in der Berechnung von L_{kk}^{-1}, die mehr Operationen erfordert, als wenn jede Spalte einzeln bearbeitet würde.
- Die gleichmäßige Lastverteilung kann durch bestimmte Blockbreitenfolgen gestört werden.

Die bisherige Diskussion zusammenfassend muß man einen "Granularitätskonflikt" konstatieren:

Je kleiner die Blöcke sind, desto größer ist die Anzahl der Botschaften und damit der Overhead durch die hohen Kommunikations–Startup–Zeiten. Andererseits senken große Blöcke den Grad der Parallelität. Also muß es einen bzgl. der totalen Ausführungszeit optimalen Mittelweg geben.

Die Faktorisierung einer Matrix ist meist nur Mittel zum Zweck: in aller Regel benutzt man sie, um ein lineares Gleichungssystem zu lösen. Im folgenden soll daher noch kurz der Algorithmus zur Lösung eines Dreieckssystem vorgestellt werden, wie er in SLAP implementiert wurde; dieses Verfahren heißt "Cyclic Vector–Sum Algorithm" und geht auf Li und Coleman zurück [12]. Abb. 8 zeigt den Pseudocode für das Vorwärtseinsetzen, d.h. die Lösung von Lx=b; das Rückwärtseinsetzen verläuft analog.

```
FOR k FROM 1 TO nb DO
    IF (k-th block is my own) THEN
        RECEIVE segment
        compute the solution components of the k-th block
        remove the actual part from the segment head
        update the segment
        compute the new part of the segment
        add the new part to the segment foot
        SEND the segment to the right neighbour
        update the remaining part of the update vector
    ENDIF
ENDFOR
```

Abbildung 8:
Li/Coleman–Algorithmus

Noch einige Erläuterungen dazu:

- Das Segment ist ein Vektor, der so lang ist wie die nächsten np–1 Blöcke zusammen und in dem die Update–Werte zur Berechnung der nächsten Lösungskomponenten akkumuliert werden. Dieses Segment wird in dem Prozeßring zyklisch herumgeschickt; dabei schneidet jeder Prozeß einen nicht mehr benötigten Teil ab und hängt einen neuen an.
- Daneben gibt es noch den lokalen Update–Vektor, in dem Werte aufsummiert werden, die erst bei späteren Durchläufen des Segments benötigt werden.

- Der Vektor der rechten Seite wird als analog den Spalten der Koeffizentenmatrix aufgeteilt vorausgesetzt.
- Der ursprünglich für das reine Wrap Mapping mit konstanter Blockbreite 1 entworfene Algorithmus konnte leicht an die in SLAP verwendete, kompliziertere zyklisch–variable Spaltenblockaufteilung angepaßt werden.
- Das Verfahren ist sowohl für obere als auch untere Dreiecksmatrizen geeignet.
- Falls ein einzelnes Gleichungssystem gelöst wird, kommen maximal BLAS2–Module zum Einsatz; sollen jedoch mehrere Systeme simultan gelöst werden, so können BLAS3–Module verwendet werden, was wesentlich günstiger ist.

Es sei allerdings daraufhingewiesen, daß die Lösung von Dreieckssystemen generell für Parallelrechner schlecht geeignet ist, da das Verhältnis von Arithmetik und Kommunikation ungünstig ist: nach relativ wenigen Gleitpunktoperationen müssen bereits wieder Daten zwischen den Prozessoren ausgetauscht werden, um weiterrechnen zu können (zumindest bei der Lösung eines einzelnen Gleichungssystems). Durch die in SLAP verwendete Blockversion des Li/Coleman–Algorithmus wird dieser Effekt etwas abgeschwächt.

6 Ergebnisse

Als Resultat der SLAP-Entwicklungsarbeiten stehen zu den in Abschnitt 3 aufgezählten Funktionen SUPRENUM–Fortran–Routinen bereit. Diese zeichnen sich dadurch aus, daß der Benutzer sie auf Knotenebene aufruft und keine Kommunikation zu programmieren braucht; allerdings setzt dies voraus, daß er den "parallelen Rahmen" bereitgestellt hat, d.h. daß er die Prozesse generiert und die Daten verteilt hat (zur Vereinfachung dieser Arbeit stehen die Datentransfermodule zwischen Master und Knoten zur Verfügung). Ausgangspunkt ist jeweils die Standarddatenaufteilung; sollte der Benutzer andere Konstellationen benötigen, so wird er auch darin durch Datenumverteilungsroutinen zwischen den Knoten unterstützt. Um die interne Kommunikation der SLAP–Routinen braucht sich der Benutzer ebensowenig zu kümmern wie um die virtuelle Datenaufteilung: für ihn ist nur die Standardaufteilung sichtbar. Die Routinen sind für eine automatisierte Optimierung der Blockbreitenwahl vorbereitet; sobald die Systemparameter definitiv feststehen, können sie integriert werden (z.Zt. gibt der Benutzer die Folge der Spaltenblockbreiten als eindimensionales Integer–Feld vor).

Nach der theoretischen Diskussion der Datenaufteilung und der Algorithmen interessieren natürlich die konkreten Ergebnisse, d.h. die Rechenzeiten und Speedups, die sich mit diesen Verfahren erzielen lassen (die numerischen Ergebnisse sind von der Genauigkeit her vergleichbar mit den von LINPACK und LAPACK). Leider ist es aufgrund von Schwierigkeiten mit dem SUPRENUM–Fortran–Compiler bisher nicht möglich, vollständige Läufe der SLAP–Programme zu erzeugen: der in den USA von der Fa. Compass entwickelte Übersetzer akzeptiert z.Zt. noch nicht den gesamten definierten Sprachumfang; insbesondere verarbeitet er keine komplexeren I/O–Listen in SEND– und RECEIVE–Befehlen. (Zur Erklärung: SLAP wurde komplett mit Hilfe von Simulatoren entwickelt, um bei Fertigstellung der Hardware bereits die zugehörigen Programme ausliefern zu können.) Daher ist es zum jetzigen Zeitpunkt nur möglich, einige Zahlen zur Leistung der einzelnen Knoten sowie zur Cluster-weiten parallelen Matrizenmultiplikation zu nennen (jeweils in 64bit-Arithmetik ausgeführt):

Knotenperformance (in MFlop/s) bei Matrizenmultiplikation:

Vektorlänge (=Matrixordnung)	mit sfc (SUPRENUM- Fortran-Compiler)	"handcodiert" (Assembler)
100	8.05	10.08
1000	15.00	17.07

Knotenperformance bei LINPACK-Benchmark (LU-Zerlegung):

Matrixgröße	mit sfc	"handcodiert"
100*100	2.4	2.95
300*300	4.2	6.33

Clusterperformance (in MFlop/s) bei Matrizenmultiplikation:

Matrixgröße A	Matrixgröße B	Leistung
800*800	800*800	182
1008*1008	1008*1008	204
1023*432	432*3200	220

Die detaillierte Analyse des Arithmetik- und Kommunikationsaufwandes der oben beschriebenen Algorithmen [13] und die (simulierte) Zeitanalyse des parallelen Ablaufes mit Hilfe von sehr nützlichen Tools wie "Time Map" [14] lassen die Hoffnung als begründet erscheinen, daß auf der realen SUPRENUM-Maschine hohe Effizienzen erzielt werden können.

Literatur

[1] J.J. Dongarra, S.C. Eisenstat
     Squeezing the most out of an algorithm in CRAY Fortran
     ACM Transactions on Mathematical Software 10,3 (1984)

[2] C. Lawson, R. Hanson, D. Kincaid, F. Krogh
     Basic Linear Algebra Subprograms for Fortran Usage
     ACM Transactions on Mathematical Software 5 (1979)

[3] J. Dongarra, J. DuCroz, I. Duff, S. Hammarling
     A Set of Level 3 Basic Linear Algebra Subprograms
     Argonne National Laboratory, August 1988

[4] C.H. Bischof
     A Pipelined QR Factorization Algorithm with Adaptive Blocking
     in: J. Dongarra, I. Duff, P. Gaffney, S. McKee
     Vector and Parallel Computing
     Ellis Horwood, Chicester 1989

[5]   U. Trottenberg (Ed.)
Proceedings of the 2nd International SUPRENUM Colloquium
Parallel Computing 7,3 (1988)

[6]   B. Thomas, K. Peinze
Suprenum comfort of parallel programming
Supercomputer 6,2 (1989)

[7]   J.J. Dongarra, J.R. Bunch, C.B. Moler, G.W. Stewart
LINPACK User's Guide
SIAM, Philadelphia 1979

[8]   C. Bischof, J. Demmel, J. Dongarra, J. DuCroz, A. Greenbaum, S. Hammarling,
D. Sorensen
LAPACK Working Note #5 – Provisional Contents
Argonne National Laboratory, September 1988

[9]   I. Gutheil, W. Rönsch, H. Strauss
Lineare Algebra Software für SUPRENUM
KFA Jülich, Januar 1990

[10] C.H. Bischof
QR Factorization Algorithms For Coarse–Grained Distributed Systems
Cornell University (Ph.D. Thesis), August 1988

[11] G. Radicati, Y. Robert, P. Sguazzero
Block processing in linear algebra on the IBM 3090 vector multiprocessor
Supercomputer 5,1 (1988)

[12] G. Li, T.F. Coleman
A parallel triangular solver for a hypercube multiprocessor
in: M.T. Heath (Ed.)
Hypercube Multiprocessors 1987
SIAM, Philadelphia 1987

[13] W. Rönsch, H. Strauss
Design Aspects of a Linear Algebra Package for the SUPRENUM Multiprocessor System
in: J. Dongarra, I. Duff, P. Gaffney, S. McKee
Vector and Parallel Computing
Ellis Horwood, Chicester 1989

[14] B. Thomas, E. Thomas, E. Truchet
Suprenum visualization tools for distributed applications – user's guide
Suprenum, Bonn 1988

Multigrid auf einer Binärbaumarchitektur

W. Dax

Institut für Kernenergetik und Energiesysteme der Universität Stuttgart
Pfaffenwaldring 31
7000 Stuttgart 80

1 Die Parallelisierung der Multigrid Methode nach Domain Decomposition

Multigrid Verfahren dienen der Lösung partieller Differentialgleichungen. Sie arbeiten mit Bezug zum Definitionsbereich. Als Black-Box Verfahren sind sie ungeeignet. Die Multigrid Methode kann als eine Verfahrensklasse angesehen werden. Ihre maximale Rechengeschwindigkeit entfaltet sie meist nur nach spezifischer Problemanpassung.
Es ist nicht Ziel dieser Arbeit, spezielle Teilbereiche oder gar das ganze Spektrum der Multigrid Methoden zu parallelisieren. Unsere Zielrichtung hebt andere Aspekte in den Vordergrund. Sie sind im Anschluß beschrieben.

1.1 Voraussetzungen

Die Multigrid-Idee und ihre algorithmische Umsetzung ist hinreichend untersucht. Methoden und Einsatzspektren sind bekannt. Zu Theorie und Praxis existiert umfangreiches Material. Siehe beispielsweise [1] oder [2].
Die Parallelisierung von Multigrid Methoden gründet auf bekannten Ansätzen. Beispielsweise wurden sie im Rahmen des SUPRENUM-Projektes theoretisch und praktisch vollzogen. Sogar die Architektur des SUPRENUM-Rechners wurde mit Blick auf Multigrid Methoden gestaltet [3] [6].
In diesem Zusammenhang hat sich auch die GMD stark auf dem Gebiet paralleler Multigrid Verfahren engagiert und verschiedenartige Software verfügbar gemacht. Sie ist nicht speziell auf nur eine einzige Hardwarearchitektur abgestimmt, sondern läuft auf allen Local Memory Parallelrechnern, welche nach dem Prinzip des Message Passing kommunizieren. Hierzu ist nur die Kommunikationsbibliothek auszutauschen. Message Passing ist eine Sichtweise die nicht die parallelen Prozessoren eines Rechners betrachtet, sondern diesen als abstrakte Maschine ansieht, auf welcher miteinander kommunizierende Prozesse parallel ablaufen. Siehe hierzu [4] oder [5]

1.2 Zielsetzung

Wir wollen einerseits die Eignung der Multigrid Methoden, andererseits die der Parallelisierungsstrategie Domain Decomposition für Binärbaumrechner testen. Die Motivation hinter unserer Arbeit sieht etwa wie folgt aus:
Gegenüber bisherigen Arbeiten heben sind die Rahmenbedingungen in zwei wesentlichen Punkten ab:

1 Die Hardware ist binärbaumartig. Bisherige Arbeiten basierten auf Array- oder Hypercube-Architekturen

2 Der Parallelisierung liegt das Prinzip Divide and Conquer zugrunde. Bisherige Parallelisierungen geschahen nach dem Message Passing Prinzip

Unsere Vorraussetzungen unterscheiden sich demnach grundsätzlich von denen bisheriger Projekte. Das Verhalten paralleler Programmläufe ist kaum vergleichbar.
Verschiedene Rechnerarchitekturen und Parallelisierungsprinzipien bevorzugen aller Voraussicht nach unterschiedliche Parallelisierungsansätze. (Domain Decomposition scheint beispielsweise geradezu prädestiniert für Hypercube-artige Architekturen zu sein.) Anders herum ist dann ein und derselbe Ansatz nicht für jede Architektur gleich gut geeignet. Dasselbe gilt auch für Algorithmen. Die beiden Hauptziele unserer Untersuchungen lauten daher:

1 Inwieweit ist Domain Decomposition eine günstige Parallelisierungsstrategie für Binärbaumrechner?

2 Wie verhalten sich Mehrgitterprinzipien auf Binärbaumrechnern?

1.3   Untersuchungsgegenstände

In großen Berechnungsprogrammen für Ingenierusprobleme findet sich oft sehr heterogene Rechenarbeit. Ein Problem setzt sich aus Teilproblemen sehr unterschiedlicher Struktur und Größe zusammen. Ein solches Problem ist nicht im Ganzen parallelisierbar. Jeder Teil muß getrennt erfasst werden, und zwar mit jeweils optimaler Parallelisierungsstrategie. Es kann nur selten davon ausgegangen werden, daß eine einzige Art der Problemzerlegung alle Teilprobleme abdecken kann.
Nicht effizient parallelisierte, oder gar serielle Teile hemmen die Leistung des gesamten Programmes sehr stark. Ein universell einsetzbarer Rechner sollte deshalb vielfältige Parallelisierungsansätze ermöglichen.
Binärbaumrechner erheben den Anspruch relativ universelle Parallelrechner zu sein. Sie sind demnach nicht dafür ausgelegt, eine spezielle Problemkategorie besonders effizient abzuhandeln, sondern sollen viele Problemstellungen gut parallelisieren. Da die Multigrid Methoden und Domain Decomposition offensichtlich nicht maßgeschneidert für Binärbaumarchitekturen sind, können sie für solch einen Rechner zum Test dieser Aussage herangezogen werden. Wir wollen also folgendes untersuchen:

1 Ist Domain Decomposition auf Binärbaumrechnern sinnvoll?

2 Wie sieht die Abblildung der Teilgebiete auf die Hardware aus?

3 Wie hat eine Gebietszerlegung günstigerweise auszusehen?

Die Vorteile des Domain Decomposition Prinzips sind offensichtlich. Der Ansatz ist häufig anwendbar, und auf Hypercube-Architekturen leicht zu handhaben. Die zu kommunizierende Datenmenge ist relativ gering. Zudem gestaltet sich die Gebietszerlegung in Verbindung mit Multigrid Verfahren oft unkompliziert, da letztere meist auf einfachen Lösungsgebieten arbeiten.

Implementiert man ein und denselben Parallelisierungsansatz auf verschiedener Hardware, so eröffnet sich vielleicht die Möglichkeit, portable Software entwickeln zu können. Ist bei gleicher Problemzerlegung nur die Kommunikation auf die Hardware abzustimmen? Anhand unserer Untersuchungen kann vielleicht geklärt werden, inwieweit diese Idee realistisch ist, und ob sie auf andere Strategien und Probleme übertragbar ist. Die dahingehende Frage lautet:

4 Wie und mit welchem Aufwand ist parallele Software unter Beibehalt der Parallelisierungsstrategie portierbar?

Was Multigrid anbelangt, so erschließt unser Vorhaben ein breites Anwendungsgebiet. Es reicht von der Multigrid-Problemlösung selbst über Multigrid-Mechanismen innerhalb umfangreicher Probleme, bis hin zu verwandten Problemstellungen, wie beispielsweise blockstrukturierten Verfahren.
Wir wollen keine Spezialeffekte der Multigrid Methoden untersuchen. Wir sind an Ergebnissen prinzipieller Natur interessiert und fragen:

5 Wie eignen sich Multigrid Methoden für Binärbaumrecher und welche Parallelisierungsstrategien sind möglich?

Die Anforderungen an unser Programm sind also was Multigrid betrifft nicht allzu hoch. Es genügen eine Auslegung für einfache Grundgebiete und eingeschränkte Variationsmöglichkeiten der Zyklusparameter. Das Programm ist für den 3D-Fall auszulegen.

Eine unserer Hauptaufgaben ist es, das Zusammenspiel von Programm und Rechner zu studieren, und ein Verständnis für das Laufverhalten unter verschiedenen Bedingungen zu entwickeln. Auf folgenden zwei Punkten liegt unser Augenmerk:

6 Welche effizienzmindernden Faktoren gibt es? Welche Wirkung zeigen sie?

7 Wie ist der genaue Ablauf paralleler Programme, insbesondere ihrer Kommunikation?

Alle Untersuchungen wurden auf dem TX2 von IPSystems durchgeführt. Er ist im nächsten Abschnitt beschrieben. Die Ergebnisse sind auf andere Rechner derselben Architektur übertragbar. So zum Beispiel auf Transputersysteme der Firma PARACOM. Sie sind konfigurierbar und können daher auch Binärbaumgestalt annehmen. Auch Entwicklungen aus den USA basieren auf Baumarchitekturen.
Im folgenden soll über die Parallelisierung eines Multigrid Algorithmus in dreidimensionalem Grundgebiet nach der Methode des Domain Decomposition auf dem Binärbaumrechner TX2 berichtet werden. Hierzu sei zunächst kurz die Architektur des TX2 erklärt, um dann auf Parallelisierung und Laufergebnisse einzugehen.
Da gerade ein leistungsstarker Rechner nach dem TX2 Prinzip entwickelt beziehungsweise gebaut wird, sollen die Ergebnisse schließlich auf diesen Rechner extrapoliert werden. Er trägt die Bezeichnung TX3.

2 Die Hardware

Der TX2 ist ein Parallelrechner mit bis zu 64 binärbaumartig angeordneten Prozessoren. Abbildung 1 zeigt seinen schematischen Aufbau.

Der einzelne Baumknoten besteht aus einem 80286 Prozessor von Intel und 256 KByte Speicher. Der Baumstruktur übergeordnet ist der Host. Er übersetzt die Programme des Parallelrechners und erledigt das gesamte I/O. Beim TX2 besteht er aus einem IBM Personal Computer mit Intel 80286 Prozessor.

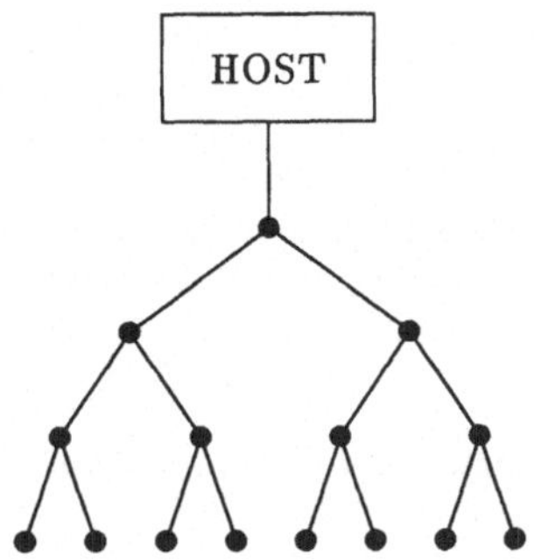

Abbildung 1: Aufbau des TX2

Im baumförmigen Netz unterscheidet man drei Arten von Knoten. Dies sind die Wurzel, die inneren Knoten und die Blätter. Jeder innere Knoten besitzt eine Verbindung zu einem Knoten der darüberliegenden Baumbene (Vater), und zwei Verbindungen zu zwei Knoten der darunterliegenden Ebene (Söhne). Die Wurzel besitzt nur Söhne, die Blätter besitzen nur einen Vater. Die Kommunikation im Netzwerk geschieht über gepufferte Datenkanäle. Auf Wunsch können auch die ansonsten nur der Kommunikation dienenden inneren Knoten mit in den Rechenvorgang einbezogen werden. Auf diese Art kann eine zusätzliche Ebene des Binärbaumes simuliert werden. Die inneren Knoten sind dann durch Rechnung und Datentransport belastet.
Ein herausragendes Merkmal des TX2 ist die Entkopplung von Sender und Empfänger während der Kommunikation. Damit ist gewährleistet, daß

1 der Zeitpunkt des Datenempfanges nicht durch den Sender, sondern durch den Empfänger bestimmt wird

2 Daten, die an einem Knoten selbst nicht gebraucht werden, während der Rechnung an ihm vorbei, in eine darunter beziehungsweise darüber liegende Ebene geleitet werden können.

3 Datenströme beim Vorüberleiten an einem Knoten manipuliert werden können, ohne dessen Rechenvorgang zu beeinträchtigen. Sie könne beispielsweise aufgetrennt oder zusammengefügt werden.

Parallele Programmläufe innerhalb des Baumes erzielt man anhand des Prinzips Divide-and-Conquer, welchem die sukzessive Unterteilung des Gesamtproblems in jeweils zwei Teilaufgaben möglichst gleicher Komplexität zugrundeliegt. Drei verschiedene Teilprogramme bestimmen dabei das Verhalten von Wurzel, inneren Knoten und Blättern. Alle drei sind von der Baumgröße unabhängig. Die Knotenzahl ist durch einfaches Zusammenschalten beziehungsweise Trennen jeweils zweier gleichgroßer (Teil)Bäume zu variieren. Die kleinstmögliche Einheit besteht aus 16 Prozessoren. 15 davon bilden einen Baum mit vier Ebenen. Der Extraprozessor kommt nur beim Zusammenschluß mehrerer Bäume zum Einsatz, indem dann einer der beiden Extraprozessoren die Wurzelfunktion übernimmt.

Beim TX3 besteht jeder Baumknoten aus einer i860 CPU von Intel und mindestens 4MByte Speicher.

Der Baumstruktur übergeordnet ist das *DIOS* (Distributed Input-Output System), eine Mehrprozessorkonstruktion mit $100\,MByte$ pro Sekunde schnellen Kanälen. Es dient als Verwaltungsrechner und Bindeglied zwischen Parallelrechner und anderen Rechnern, Terminals oder Netzwerken. Auch Peripheriegeräte werden durch das DIOS angesprochen. Ansonsten gleicht die Architektur des TX3 logisch der seines kleinen Bruders. Die Programmierung ist komfortabler.

In Tabelle 1 sind die technischen Daten von TX2 und TX3 vergleichend gegenübergestellt.

	TX2	TX3
Prozessortyp	Intel 80286	Intel i860
Taktfrequenz	10 MHz	25 MHz
maximale Prozessorzahl	64	4096
minimale Prozessorzahl	16	16
typische Prozessorzahl		64-256
Skalarleistung je Knoten	40 KFLOPS	4 MFLOPS
Vektorleistung je Knoten		50 MFLOPS
Speichergröße je Knoten	0.256 MByte	4 MByte
Kommunikation 32 Bit	1.25 MW/s	12.5 MW/s
Kommunikation 64 Bit	0.63 MW/s	12.5 MW/s
I/O pro Ausgang	0.63 MW/s	12.5 MW/s

Tabelle 1: Vergleich der technischen Daten von TX2 und TX3

Für beide Rechner sind die Programmiersprachen *P-PASCAL* und *P-FORTRAN* verfügbar. Gegenüber PASCAL beziehungsweise FORTRAN sind diese um Parallelkonstrukte erweitert.

3 Das Multigrid Verfahren

Dieses Kapitel enthält eine Kurzbeschreibung der Multigrid Idee und des erstellten Programmes.

3.1 Generelles

Dei der Diskretisierung von Differentialgleichungen entstehen große Gleichungssysteme. Die Zahl der Iterationsschritte zu ihrer Lösung wächst mit ihrer Größe. Dieses ungünstige Verhalten bessert sich, wenn nicht nur das feine Ausgangsgitter zur Lösung herangezogen wird, sondern Teile des Ausgangsfehlers auf korrespondierenden gröberen Gittern reduziert werden. Von einem feinen Gitter ausgehend erzeugt man gröbere, indem man in jede Koordinatenrichtung jeweils jeden zweiten Knoten eliminiert. Vereinfacht gesagt sind dann auf jedem Gitter Iterationen und eine Residuenberechnung auszuführen, um das Ergebnis mittels Restriktion vom feinen zum groben Gitter zu transferieren. Unter Berücksichtigung der Grobgitterlösungen verfeinert die Prolongation die Gitter wieder. Auf den verschiedenen Gittern sind unterschiedliche Fehlerfrequenzen gut erfaßbar und werden schnell eliminiert.
Ein V-Zyklus beispielsweise beginnt mit dem feinsten Gitter, vergröbert sukzessive solange es geht und wechselt dann wieder zu immer feineren Gittern bis schließlich das Ausgangsgitter erreicht ist. Es werden mehrere solcher Zyklen hintereinandergeschalten. Zyklen- und Gitterfolge sind streng seriell auszuführen. Parallelverarbeitung ist nur auf Gitterebene möglich. (Eine verständliche Einführung in die Multigrid Methode enthält [7].)

3.2 Implementierung

Das Programm zur Durchführung unserer Tests und Untersuchungen löst Differentialgleichungen in quaderförmigen Grundgebieten mittels Multigrid Methoden. Die Problemerstellung und die Problemlösung sind voneinander getrennt. Beide Teile wurden parallelisiert.
Die Problemerstellung umfaßt die Diskretisierung des Gebietes für alle Gitter (nach der Finiten Differenzen Methode). Ebenso generiert sie Lastvektor und Anfangslösung. Als Ergebnis erhält man für jedes Gitter ein lineares Gleichungssystem $A \cdot x = b$ mit der septdiagonalen Systemmatrix A. Diese kann durch Symmetrisierung auf vier Diagonalen reduziert werden. Das diskrete Problem ist mit Multigrid Methoden lösbar.
Die Problemlösung nutzt das Red-Black Verfahren zur Relaxation. Die Iterationszahl ist für jedes Gitter nach Restriktion und Prolongation getrennt wählbar. Es können bisher nur V-Zyklen gefahren werden. Als Restriktionsverfahren kommen Full- und Half-Weighting, sowie Injections mit beliebiger Wichtung, also beispielsweise auch Full- und Half-Injection in Frage. Die Prolongation geschieht durch lineare Interpolation.

4 Die Parallelisierung des Multigrid Verfahrens

Zuerst sollen die Problemzerlegung und ihre Abbildung auf die Rechnerarchitektur gezeigt werden. Dann folgt die rein theoretische Vorhersage der Rechenleistung des parallelen Programmes. Sie wird anhand realer Programmläufe überprüft. Hierbei zeigt sich ob die Zusammenhänge richtig erfaßt werden konnten, und ob der Rechner den Erwartungen entspricht.

4.1 Die Gebietszerlegung und ihre Abbildung auf den Binärbaum

Durch Angabe der Prozessorzahl in jede Richtung des dreidimensionalen Grundgebietes gibt man dessen Zerlegung gemäß der Domain Decomposition Methode vor. Abbildung 2 zeigt eine Zerlegung für $2 \cdot 4 \cdot 4 = 32$ Prozessoren. Alle Teilgebiete haben Quader- oder Würfelform. Sie sind untereinander gleich.

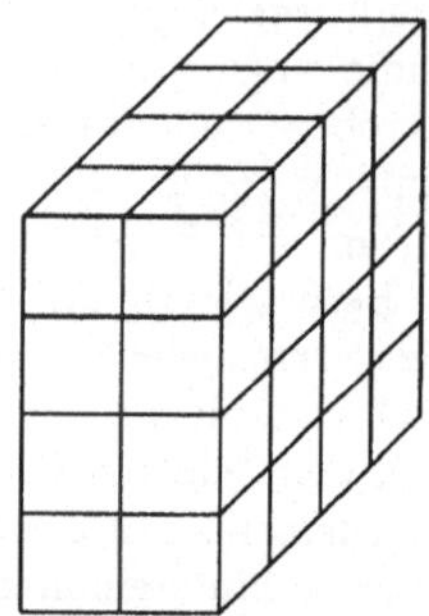

Abbildung 2: Domain Decomposition für 3D-Geometrie

Für die Gitterübergänge im Multigrid Verfahren bieten würfelförmige Teilgebiete die besten Voraussetzungen.

Jeder Prozessor führt seinen kompletten Zyklus auf ein und demselben Teilgebiet aus. Sie werden gleichartig diskretisiert. Das heißt Gitterzahl und Maschenweiten sind jeweils gleich. Nach der Diskretisierung hat ein Teilgebiet beispielsweise die Form:

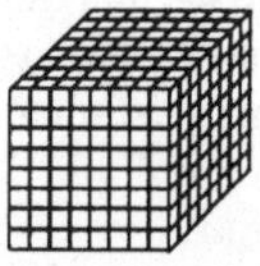

Abbildung 3: Gitter eines Prozessors

Dann durchläuft ein 3-Gitter V-Zyklus die drei Diskretisierungsstufen in Abbildung 4.

Zur Abbildung auf den Baum numeriert man die Teilgebiete den Koordinatenachsen entsprechend in der Rangfolge x,y,z durch. Siehe hierzu Abbildung 5. Im Baum zählt man die Blattprozessoren von links nach rechts.

Während den Multigrid Zyklen muß nun jedes Teilgebiet seine Oberflächendaten mit denen aller angrenzenden Nachbarn austauschen. Die erforderliche Kommunikation ist auf den Binärbaum abzubilden. Hierzu wurde ein Kommunikationspaket entwickelt, welches bei vorliegender Zuordnung von Teilgebieten zu Blattprozessoren den Datenaustauch im Sinne eines Black-Box

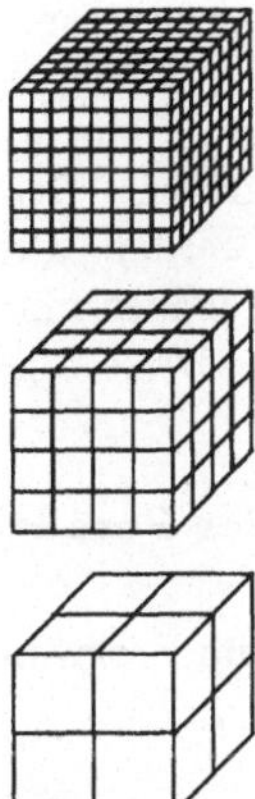

Abbildung 4: Gitterteilungen bei Multigrid auf 3 Gittern

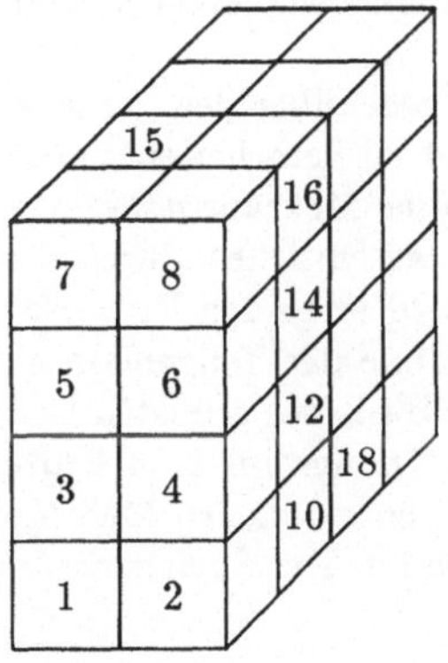

Abbildung 5: Zuordnung Prozessornummer – Teilgebiete

Verfahrens durchführt. Der Programmierer hat nur die zu kommunizierenden Daten selbst und deren Anzahl anzugeben.

Die Spezialfälle einer Zerlegung in nur eine oder zwei Koordinatenrichtungen der dreidimensionalen Geometrie sind im Paket inbegriffen. Der Quader kann also beispielsweise auch in Scheiben anstatt in Würfel zerschnitten werden. Die zu kommunizierende Gesamtdatenmenge steigt dann im allgemeinen zwar an, wird jedoch mit höherer Parallelität ausgeführt, so daß die Kommunikationszeit nahezu gleich bleibt. Diese Eigenschaft ist TX2-spezifisch.

4.2 Effizienzmindernde Faktoren der Parallelisierung

Beim Übergang von seriellem zu parallelem Programmlauf mittels Domain Decomposition entstehen Effizienzeinbußen aufgrund:

1 Serieller Programmteile

2 Unausgewogener Last

3 Vermehrtem Rechenaufwand (kommunikations- und zerlegungsbedingt)

4 Kommunikation (Datentransfer Startups)

5 Verteilung der Daten und/oder Zusammenbau des Ergebnisses

Unser Programm vermeidet serielle Programmteile und unausgewogene Last weitgehend . Laden und Verteilen der Startdaten, sowie der Zusammenbau des Ergebnisses sind kaum merkbar. Vermehrter Rechenaufwand und Kommunikation sind dagegen von großem Einfluß. Letztere gliedert sich in die gittergrößenabhängige Datentransferzeit und eine konstante Größe zum Aufsetzen aller Datentransfers.

Der Rechenaufwand vermehrt sich gegenüber dem seriellen Programm, weil die zu kommunizierenden Daten bereitzustellen und zu verarbeiten sind. Nur bei Gebietszerlegungen in nur einer Koordinatenrichtung kann dieser Mehraufwand entfallen. In jedem Fall aber entstehen Mehrfachrechnungen. Sie sind im wesentlichen durch die Knoten auf den Grenzflächen der Teilgebiete bedingt. Ihre Lösung wird in beiden Prozessoren berechnet und gehalten. Selbstverständlich könnte man die Trennlinie der Teilgebiete auch zwischen die Knoten legen. Da der Multigrid Algorithmus aber auf Basis des gröbsten Gitters parallelisiert wird, hätte man in jede Koordinatenrichtung $2 \cdot n + 1$ Knoten auf $2 \cdot n$ Prozessoren aufzuteilen. Diese ungleiche Lastverteilung entspräche genau den entstandenen Mehrfachberechnungen. Zudem wären dann größere Überlappungsgebiete notwendig. Der Speicherbedarf wäre höher.

4.3 Theoretische Vorhersage paralleler TX2 Programmläufe

Allen Vorhersagen liegen die Leistungsdaten des TX2 aus Tabelle 1 zugrunde. Startups und Operationen wurden gezählt. Der Datentransfer sollte beim TX2 relativ genau abzuschätzen sein, da sein Ablauf exakt nachvollzogen werden kann.

Dividiert man den Rechenaufwand des Multigrid Algorithmus durch die Rechengeschwindigkeit, dann erhält man eine Abschätzung der Rechenzeit. Beim TX2 werden REAL- und INTEGER-Operationen unterschiedlich schnell abgearbeitet. Sie sind getrennt zu erfassen. Der Einfachheit halber können im Folgenden nur die Terme mit der dritten Potenz der Kantenlänge eines Würfels berücksichtigt werden. Das sind die Terme, die proportional zur Zahl der Unbekannten sind. Vor allem für kleine Gitter führt diese Vernachlässigung zur Unterschätzung des Rechenaufwandes. Für große Gitter und für Multigrid Zyklen mit großen Gittern ist der Fehler gering.

Gitterpunkte je Prozessor im parallelen Programm	$3 \cdot 3 \cdot 3$	$5 \cdot 5 \cdot 5$	$9 \cdot 9 \cdot 9$	$17 \cdot 17 \cdot 17$	$33 \cdot 33 \cdot 33$
Gesamtgittergröße seriell- dividiert durch Prozessorzahl	$2 \cdot 2 \cdot 2$	$4 \cdot 4 \cdot 4$	$8 \cdot 8 \cdot 8$	$16 \cdot 16 \cdot 16$	$32 \cdot 32 \cdot 32$
REAL-Operationen	17.4	80.8	471	3129	23210
REAL-Rechenzeit	0.44s	2.02s	11.8s	78.1s	580s
INT-Operationen	7.3	34.0	198	1319	9975
INT-Rechenzeit	0.02s	0.09s	0.50s	3.30s	25s
Rechenzeit gesamt	0.46s	2.11s	12.3s	81.4s	605s

Tabelle 2: Rechenzeiten für 40 Iterationen auf verschieden großen Gittern. Alle Operationen in Tausend, alle Zeiten in Sekunden

Die Rechengeschwindigkeit von REAL-Operationen beträgt 40 KFLOPS, diejenige der INTEGER-Verarbeitung liegt bei ungefähr 400000 Operationen je Sekunde. Aus Tabelle 2 ist der auf dieser Basis errechneten Zeitbedarf von Einzelgitterrechnungen verschiedener Größe entnehmbar. Multigrid Zyklen setzen sich aus diesen Einzelgittern unter Hinzunahme von Restriktion und Prolongation zusammen.

Tabelle 3 zeigt, wie der serielle Rechenaufwand vor allem der kleinen Gitter durch die Überlappbereiche, also durch die doppelt vorhandenen Würfeloberflächen ansteigt. Dieser *parallelen Rechenzeit (ohne Kommunikation)* muß noch die Kommunikationszeit aufaddiert werden. Sie setzt sich aus den Teilbereichen Startups, Datentransfer und Rechenaufwand zusammen. Letzterer unfaßt den Rechenaufwand zur Bereitstellung und Verarbeitung der Kommunikationspakete. Er ist proportional zur Würfeloberfläche. Ist N die Gitterpunktzahl in eine Koordinatenrichtung des Würfels, so sind mit jedem Austauschschritt $6 \cdot N^2$ REAL- und $16 \cdot N^2$ INTEGER-Operationen auszuführen.
Die realen Rechenzeiten können aufgrund der beim Zählen der Operationen vernachlässigten Terme etwas über den Schätzwerten liegen. Dieser Umstand betrifft parallelen und seriellen Rechenaufwand gleichermaßen. Das Verhältnis von serieller zu paralleler Gesamtrechenzeit (also die Effizienz) bleibt nahezu unverändert. Die geschätzten Effizienzen sollten der Realität daher sehr nahe kommen.

Zuletzt noch kurz einige Worte zu 2D-Problemen: Multigrid Algorithmen würden hier deutlich bessere Effizienzen erzielen als im 3D-Fall. Eine Teilproblemgröße von beispielsweise $9^3 = 729 =$

Gitterpunkte je Prozessor im parallelen Programm	$3 \cdot 3 \cdot 3$	$5 \cdot 5 \cdot 5$	$9 \cdot 9 \cdot 9$	$17 \cdot 17 \cdot 17$	$33 \cdot 33 \cdot 33$
Gesamtgittergröße seriell	$2 \cdot 2 \cdot 2$	$4 \cdot 4 \cdot 4$	$8 \cdot 8 \cdot 8$	$16 \cdot 16 \cdot 16$	$32 \cdot 32 \cdot 32$
serielle Rechenzeit	0.17s	1.08s	8.72s	67.8s	550s
Überlappfaktor	3.38	1.95	1.42	1.20	1.10
parallele Rechenzeit (ohne Kommunikation)	0.46s	2.11s	12.4s	81.4s	605s
Rechenzeit in Komm.	0.09s	0.24s	0.77s	4.07s	18.1s
Datentransferzeit	0.05s	0.15s	0.49s	1.74s	6.6s
Dauer der Startups	0.36s	0.36s	0.36s	0.36s	0.4s
Kommunikationsdauer	0.50s	0.75s	1.62s	6.17s	25.1s
parallele Gesamtrechenzeit	0.96s	2.86s	14.0s	87.6s	630s
Effizienz	17.7%	38.0%	62.3%	77.4%	87.3%

Tabelle 3: Abschätzung paralleler Programmläufe für verschiedene Gittergrößen

27^2 Gitterpunkten bedeutet 11,5 Sekunden serielle Rechenzeit. Der jetzt viel geringere Überlappfaktor von 1,08 führt zu einer parallelen Rechenzeit von 12,4 Sekunden. Die Kommunikation setzt sich aus 0,06s für den Datentransfer, 0,24s für Startups und 0,17s für die Bearbeitung der Kommunikationspakete zusammen. Die parallele Gesamtrechenzeit ist dann 12,9 Sekunden. Für den 2D-Fall erwartet man also eine Effizienz von $88,4\%$ – gegenüber $62,3\%$ im 3D-Fall.

4.4 Parallele TX2 Programmläufe

Kommen wir nun auf die realen parallelen Programmläufe auf dem TX2 und deren Zeitanalyse zu sprechen. Zunächst wurde auf einem Baum mit 32 Blattprozessoren gerechnet. Die Rechenleistung der inneren Knoten blieb ungenutzt, sie dienten ausschließlich der Kommunikation.

Die Notation der Tabellen ist so zu verstehen, daß die Angaben in weiter eingerückten Zeilen in denen der weniger weit eingerückten mit enthalten sind. Beispielsweise setzt sich der V-Zyklus unter anderem aus Restriktion, Prolongation, Red-Black Verfahren und Residuenbestimmung zusammen.

Die Angaben unter *Gittergröße eines Prozessors im parallelen Programm* schließen die Überlappbereiche mit ein.

Tabelle 4 zeigt in den ersten drei Spalten Messungen von Programmläufen auf nur einem Gitter. (Das Multigrid Verfahren degeneriert zur Red-Black Iteration) Die Angaben der Spalte *Summe* ergeben sich additiv aus den Einzelgittern. Sie sind errechnet. Die letzte Spalte enthält die gemessenen Zeiten für das Multigrid Verfahren auf ebendiesen drei Gittern. Sie entsprechen dann fast exakt der Aufsummierung der Einzelgitter. Lediglich die Red-Black Iteration benötigt aus Synchronisationsgründen etwas länger als angenommen.

Gitterpunkte je Proz. (paralleles Programm)	$3\cdot3\cdot3$	$5\cdot5\cdot5$	$9\cdot9\cdot9$	Summe	Multigrid
Gesamte Rechnung	1.118	3.249	16.144	20.511	21.090
- V-Zyklen	1.115	3.240	16.095	20.450	21.033
- - Restriktion	-	-	-	-	0.024
- - Prolongation	-	-	-	-	0.677
- - REDBLACK	0.843	2.689	13.849	17.381	17.645
- - - Kommunikation	0.469	0.761	1.514	2.744	2.800
- - Residuum	(0.122)	0.372	1.881	2.253	2.251
- - - Kommunikation	(0.068)	0.096	0.191	0.287	0.287

Tabelle 4: TX2-Rechenzeiten bei 32 Blattprozessoren für verschieden große Einzelgittern und für das entsprechende 3-Gitter Multigrid-Verfahren. Die Iterationszahl liegt bei insgesamt 40 je Gitter. Alle Angaben in Sekunden.

Die Effizienz einer Parallelisierung kann durch die Variation der Prozessorzahl beurteilt werden. Für den Multigrid Zyklus auf den schon angesprochenen drei Gittern gilt es beim TX2 folgende zu beachten:
Bei sinkender Prozessorzahl erzwingt das bisher gerechnete Problem zu große Teilprobleme, als daß sie noch in den Speichern der Prozessoren aufgenommen werden könnten. Variable Prozessorzahl bei fixer Gesamtproblemgröße ist demnach nicht möglich, wohl aber fixe Teilproblemgröße. Die Laufergebnisse sind in Tabelle 5 und Bild 6 festgehalten. Mehrfachberechnungen von Gitterpunkten sind aus den Darstellungen nur indirekt zu entnehmen.

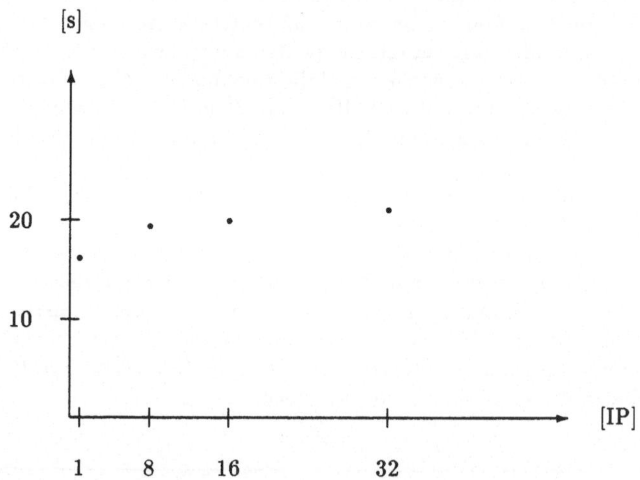

Abbildung 6: TX2-Rechenzeiten des 3 Gitter Multigrid-Verfahrens bei konstantem Rechenaufwand je Prozessor. Die Rechenzeit in Sekunden ist über der Prozessorzahl aufgetragen.

IP	UB je Proz	UB gesamt	Rechenzeit	RZ_{IP}/RZ_{1P}
1	$9 \cdot 9 \cdot 9$	$9 \cdot 9 \cdot 9 = 729$	16.246s	1.00
8	$9 \cdot 9 \cdot 9$	$17 \cdot 17 \cdot 17 = 4913$	19.423s	1.20
16	$9 \cdot 9 \cdot 9$	$17 \cdot 17 \cdot 33 = 9537$	20.023s	1.25
32	$9 \cdot 9 \cdot 9$	$17 \cdot 33 \cdot 33 = 18513$	21.090s	1.30

Tabelle 5: TX2-Rechenzeiten des 3 Gitter Multigrid-Verfahrens bei verschiedenen Prozessorzahlen IP und konstantem Rechenaufwand je Prozessor. Es wurden 40 Iterationen durchgeführt.

Beim Übergang von 1 zu 8 Prozessoren steigt die Rechenzeit relativ stark an. In dieser Zunahme steckt im wesentlichen der Overhead der spezifisch für die Parallelisierung selbst und unabhängig von der Prozessorzahl ist. Deshalb steigt mit weiter zunehmender Prozessorzahl die Rechenzeit nur noch leicht an. Qualitativ ist mit weiter zunehmender Prozessorzahl eine Kurve mit anwachsender Steigung zu erwarten. Wird sie größer als die Steigung der Winkelhalbierenden, so erhöht sich die Rechenzeit schneller als die Prozessorzahl. Die Gesamtrechenleistung sinkt. Von dieser absoluten *Maximalleistung* des parallelen Programmes sind wir weit entfernt. Die Parallelisierung lohnt also auch für sehr große Prozessorzahlen.

Mit zunehmender Problemgröße verbessern sich die Verhältnisse deutlich.

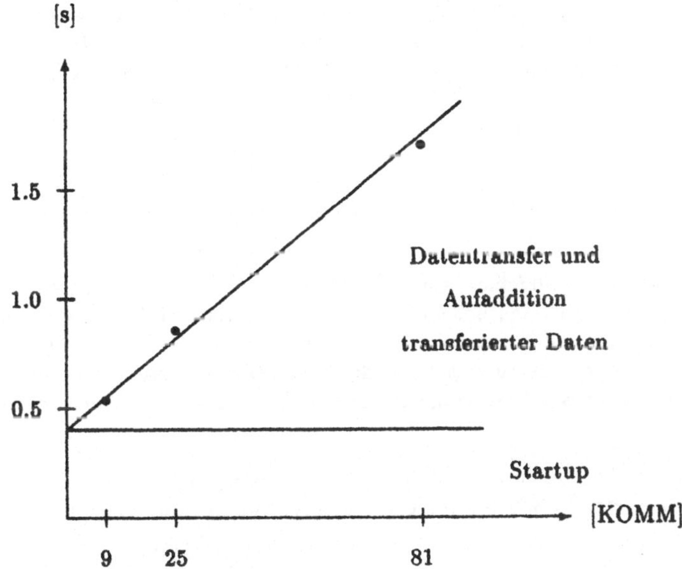

Abbildung 7: Aufspaltung der Kommunikationszeit paralleler Eingitterrechnungen. Die Kommunikationspaketgröße *KOMM* ist proportional zur insgesamt transferierten Datenmenge.

In Bild 7 sind die gemessenen Kommunikationszeiten der Einzelgitter aus Tabelle 4 analysiert. Die Zeiten ergeben sich als Summe der Kommunikationen während Iteration und Residuenbestimmung. Sie sind über der Kommunikationspaketgröße (Oberfläche einer Würfelseite) aufgetragen. Am längsten benötigt die Bereitstellung und Verarbeitung der Kommunikationsdaten, während die Startups bei größeren Problemen vernachlässigbar sind.

Es sei jedoch ausdrücklich darauf hingewiesen, daß der größte Effizienzverlust bei unseren kleinen Problemen (729 Unbekannte pro Prozessor) aus dem ungleichmäßig zerlegten Gesamtgebiet herrührt. Stattdessen wurden, wie bereits erwähnt, die entsprechenden Knoten doppelt berechnet und Speicherplatz gespart. Für große Probleme ist dieses Faktum nicht mehr dominant.

Zur Beurteilung der real erzielten Effizienz ist die serielle Rechenzeit zu ermitteln. Sie ist nicht direkt meßbar. Das Problem ist zu groß für einen Prozessor des TX2. Man erhält sie aus der parallelen Rechenzeit nach Abzug der Kommunikationsdauer. Im Seriellen entfallen zudem die Überlappbereiche. Durch den entsprechenden Faktor (siehe Tabelle 3) muß noch dividiert werden. Der Vergleich zwischen so errechneter serielleler Rechenzeit und gemessener paralleler Rechenzeit ergibt die Effizienz. In Tabelle 6 ist sie der zuvor geschätzten Effizienz gegenübergestellt.

Gitterpunkte je Proz. (paralleles Programm)	$3 \cdot 3 \cdot 3$	$5 \cdot 5 \cdot 5$	$9 \cdot 9 \cdot 9$
Rechenzeit seriell	0.17s	1.23s	10.16s
Rechenzeit parallel	1.12s	3.25s	16.14s
Effizienz	15.2%	37.8%	62.9%
geschätzte Effizienz	17.7%	38.0%	62.3%

Tabelle 6: Gemessene und gerschätzte Effizienz kompletter paralleler Eingitterrechnungen

Für zweidimensionale Grundgebiete sind alle effizienzmindernden Faktoren von geringerem Einfluß. Die Parallelisierung ist deutlich effektiver. Da vorliegende Software aber auf dem TX3, also einem Rechner mit einem Fassungsvermögen von mindestens 40000 Unbekannten pro Prozessor für das Multigrid Programm laufen soll, ist die Gesamtproblemgröße bei höheren Prozessorzahlen wohl so groß, daß die Beschränkung auf nur zwei Dimensionen unrealistisch und beschönigend wäre.

Abschließend sollen die Messungen auf den TX3 übertragen werden. Der Rechner wird in naher Zukunft verfügbar sein. Er soll Rechenleistungen im Supercomputerbereich ermöglichen.

5 Ergebnisse

Die einleitenden Fragen 6 und 7 sind in den vorangegangenen Ausführungen umfangreich diskutiert. Im folgenden sind die anderen Aussagen kurz zusammengefaßt:

1 Die Parallelisierungsstrategie *Domain Decomposition* ist für Binärbaumrechner prinzipiell geeignet. Bei 2D-Lösungsgebieten erhält man hervorragende, bei 3D-Gebieten gute Effizienzen

2 Die Teilprobleme sind einfach auf die Hardware abbildbar. Die zugehörige Kommunikation ist unkompliziert und schnell. Die Dauer der Kommunikation ist unabhängig von der Prozessorzahl!

3 Den geringsmöglichen Datentransfer verursacht die Zerlegung der 3D-Geometrie in würfelförmige Teilgebiete. Meistens verlangt dieses Ziel eine Gebietszerlegungen entlang aller Koordinatenrichtungen des Lösungsraumes.

Bezogen auf das Lösungsgebiet, ist die Parallelität innerhalb der Kommunikation richtungsbezogen. Das hat zwei Konsequenzen: Erstens sind langgestreckte Geometrien günstig. Zweitens sind auch 1D- und 2D-Zerlegungen ohne Effizienzeinbußen machbar. Der höhere Kommunikationsaufwand wird durch höhergradige Parallelität aufgewogen.

4 Der Datenaustausch wird durch ein Kommunikationspaket mit Black-Box Eigenschaft erledigt. Es gilt allgemein für 1D-, 2D- und 3D-Zerlegungen und hat auch Anwendungen außerhalb Domain Decomposition Zerlegungen – beispielsweise Data Decomposition Zerlegung. Der Vergleich mit anderer paralleler Multigrid Software zeigt, daß in diesem speziellen Fall Portabilität gewährleistet ist. Vermutlich ist Portabilität in vielen Fällen prinzipiell gegeben, die Laufleistung jedoch stets rechnerabhängig. Die Zusammenhänge sind jedoch viel zu kompliziert als daß allgemeine Aussagen möglich wären!

5 Für große Probleme ist Multigrid effizient auf Binärbaumarchitekturen parallelisierbar. Domain Decomposition ist gut mit Multigrid Algorithmen vereinbar. Andere Parallelisierungsstrategien, wie beispielsweise Data Decomposition scheitern an den Gitterübergängen.

Die beschriebenen Zusammenhänge sind prinzipiell für alle Binärbaumrechner gültig. Die spezifischen Leistungsdaten schränken diesbezügliche Aussagen selbstverständlich in ihrer Allgemeinheit ein.

6   Ausblick auf den TX3

Wir wollen nun die Anwendung auf dem TX2 größenmäßig dem TX3 anpassen und dessen Leistung abschätzen.
Da TX2 und TX3 architektonisch nahezu idendisch sind, sollte auf Basis bisheriger Meßergebnisse das Verhalten des TX3 relativ genau vorhersehbar sein. Lediglich Programmierung und Kommunikation sind beim TX3 verbessert. Ihr Einfluß ist nicht signifikant.
Grundlage der Hochrechnung sind Multigrid Programmläufe auf einer i860 Workstation, sowie die Herstellerangaben der Kommunikationsleistungen. (Beim TX2 stimmen die Herstellerangaben gut mit den Messungen überein) Die getrennte Betrachtung von Rechen- und Kommunikationszeiten gewährt eine genauestmögliche Voraussage.
Zunächst zeigt Tabelle 7 die Rechenzeiten und -leistungen für die seriellen Multigrid V-Zyklen auf 4 und 5 Gittern auf dem i860. Das Programm wurde nicht für den i860 optimiert. Zudem hatte der *Vektorisierer* noch Probleme mit Divisionen. Aus diesen beiden Gründen wurde die Vektorleistung noch nicht voll ausgeschöpft. Die Iterationsphase selbst lief mit über 12 MFLOPS.
In Tabelle 8 sind dann die Rechen- und Kommunikationsleistungen von TX2 und TX3 einander gegenübergestellt.

Zusammen mit dem Rechen- und Kommunikationsaufwand für diese Multigrid Problemlösung, wie er aus Tabelle 3 zu errechnen ist, kann zunächst die hypothetische Leistung eines TX2 mit 32 Prozessoren für dieses (für ihn übergroße) Problem errechnet werden. Mit Tabelle 8 sind diese Daten auf einen TX3 mit 32 Prozessoren, und schließlich auch auf eine 256 Prozessor Konfiguration umzurechnen. Die Ergebnisse zeigt Tabelle 9.
Wird auf jedem Prozessor ein Multigrid V-Zyklus mit 5 Gittern und einer Teilproblemgröße von 33^3 Unbekannten für das feinste Gitter (mit Überlappbereichen) gerechnet, so liegt der

	Multigrid $N = 17^3$ 4 Gitter	Multigrid $N = 33^3$ 5 Gitter
Operationen	$8.80 \cdot 10^6$	$62.9 \cdot 10^6$
Rechenzeit skalar	2.27s	14.94s
Rechenzeit vektoriell	1.35s	7.21s
Skalarleistung	3.88 MFLOPS	4.21 MFLOPS
Vektorleistung	5.52 MFLOPS	8.72 MFLOPS

Tabelle 7: Rechengeschwindigkeiten des i860 Prozessors für das Multigrid Verfahren. Die Messung umfasst 15 V(2,2)-Zyklen.

	TX2	TX3	Faktor
Rechenleistung [MFLOPS]	0.04 - 0.05	8.72	200
Transferleistung [MWorte/s]	1.25	12.5	10
Zeit eines Startups [s]	$1.0 \cdot 10^{-4}$	$0.4 \cdot 10^{-4}$	2.5

Tabelle 8: Rechen- und Kommunikationsleistungen von TX2 und TX3

Speicherbedarf dieses Problems bei 2,35 MByte - 64 Bit Wortlänge zugrundegelegt. Die TX3-Ausbaustufe mit 4 MByte großen lokalen Speichern stellt nach Abzug des Betriebssystems noch cirka 3 MByte zur Verfügung. Das Problem lastet den Rechner gut aus. Für die Ausbaustufe mit 16 MByte Speicher pro Prozessor ist es jedoch eher ein mittleres bis kleines. Für größere Probleme sind bessere Effizienzen möglich.

Gitterpunkte je Prozessor (parallel)	$17 \cdot 17 \cdot 17$ 4 Gitter	$33 \cdot 33 \cdot 33$ 5 Gitter
TX2 − 32P		
Rechenzeit seriell	116.3	933.8
Rechenzeit parallel	158.1	1084
- - Rechnung	154.2	1073.5
- - Kommunikation	3.9	10.8
Effizienz	73.6%	86.1%
TX3 − 32P		
Rechenzeit seriell	0.583	4.639
Rechenzeit parallel	1.59	6.99
- - Rechnung	0.771	5.368
- - Kommunikation	0.819	1.021
Effizienz	36.7%	66.4%
Speedup	11.7	21.2
vergleichbare serielle [MFLOPS]	64.6	185
TX3 − 256P		
Rechenzeit parallel		8.144
- - Rechnung		5.368
- - Kommunikation		2.776
Effizienz		57.8%
Speedup		148
vergleichbare serielle [MFLOPS]		1290

Tabelle 9: Geschätzte Effizienz kompletter paralleler Multigrid Zyklen

Wie die Hochrechnung in Tabelle 9 zeigt, rechnet der TX3 mit 32 Prozessoren etwa 21 Mal schneller als im Seriellen. Er erzielt eine Rechenleistung, die 185 MFLOPS seriell entsprechen. (Die tatsächliche Rechenleistung liegt wegen des gesteigerten Rechenaufwandes bei diesem Problem ungefähr 20% höher, also bei 220 MFLOPS. Sie ist nicht maßgebend.) Die problemspezifische Maximalleistung der 32 Prozessor Konfiguration wird also praktisch zu 66% genutzt.

Das feinste Gitter des Gesamtproblemes hat hierbei $65 \cdot 129 \cdot 129$ Knoten. Das sind $1,08 \cdot 10^6$ Unbekannte.

Bei größerer Prozessorzahl und gleicher Teilproblemgröße ist die Rechenzeit dieselbe wie zuvor. Die Kommunikationszeit steigt jedoch an. Die Effizienz sinkt bei 256 Prozessoren auf 58%. Man ist dann voraussichtlich 148 mal schneller als auf einem Prozessor und erzielt 1,3 GFLOPS. Das Gesamtproblem hat nun bei einem feinsten Gitter von $129 \cdot 257 \cdot 257$ Punkten $8,5 \cdot 10^6$ Unbekannte.

Literatur

[1] Brandt, A.: Multigrid Techniques: 1984 Guide with Applications to Fluid Dynamics

[2] Hackbusch, W.: Multigrid Methods and Applications. Springer Series in Comp. Math. 4. Springer Berlin 1985

[3] SUPERCOMPUTER 30, March 1989, Volume 6, Number 2

[4] Solchenbach, K.: Grid Applications on Distributed Memory Architectures: Implementation and Evaluation. Proceedings of the 2nd International SUPRENUM Colloquium. Special Issue, Parallel Comput. 7 (1988).

[5] Solchenbach, K.: Parallel CFD Algorithms on SUPRENUM. Proceedings of ISC88 Third International Conference on Supercomputing, Boston, 1988. ISI, St. Petersburg, Florida.

[6] GMD-Spiegel, 1-1989, März 1989

[7] Hackbusch, W., Trottenberg, U.: Multigrid Methods. Lecture Notes in Mathematics 960. Springer Berlin 1982.

Interdisziplinäre Nutzung von Supercluster Parallelrechnern und Anwendungserfahrungen

Rolf Rannacher

Institut für Angewandte Mathematik
Universität Heidelberg
Im Neuenheimer Feld 293, 6900 Heidelberg

Zusammenfassung

Das Interdisziplinäre Zentrum für wissenschaftliches Rechnen (IWR) der Universität Heidelberg verfügt seit Anfang 1990 über ein Transputer-System mit 128 Prozessoren. Dieser Beitrag erläutert die Überlegungen, die zur Beschaffung dieses Parallelrechners geführt haben, gibt eine kurze Beschreibung seiner Architektur und berichtet über erste Erfahrungen mit seinem Betrieb im Multi-User-Modus. Das Fazit ist, daß trotz einiger noch bestehender Mängel in Hinsicht Komfort und Zuverläßlichkeit ein Transputer-System dieser mittleren Größe hard- und softwaremäßig beherrschbar ist und auch von einem rein anwendungsorientierten Institut ohne sonderliche technische Vorkenntnisse und Ambitionen betrieben werden kann.

1 Das IWR-Heidelberg

Das IWR ist ein Anfang 1989 gegründetes Institut an der Universität Heidelberg, welches unmittelbar vom Land Baden-Württemberg finanziert wird. Es befindet sich derzeit noch in der zweijährigen Aufbauphase. Das IWR bietet den fächerübergreifenden organisatorischen Rahmen für Forschergruppen der Universität, die den Einsatz von rechnerorientierten Methoden bei mathematischen und naturwissenschaftlichen Fragestellungen betreiben. An Haushaltsmitteln stehen dem Zentrum Personalmittel für zentrale wissenschaftliche und technische Dienste sowie Sachmittel unter anderem zur Beschaffung und zum Betrieb von Rechnersystemen zur Verfügung. Die dem IWR zugeordneten zusätzlichen Professuren im Bereich Software- und Hardware-Informatik konnten bisher noch nicht besetzt werden. Da es an der Universität Heidelberg keine Fakultät für Informatik gibt und auch die Ingenieurwissenschaften nicht vertreten sind, kommt hier den Anwendungsbereichen in Chemie, Physik, Biologie und Medizin eine besondere Bedeutung zu, dies insbesondere im Hinblick auf die vielen einschlägigen Forschungsinstitutionen in Heidelberg. Die Zielsetzungen des IWR sind:

- Förderung mathematischer und insbesondere rechnergestützter Methoden in den Naturwissenschaften (Scientific Computing);

- Entwicklung und Implementierung moderner numerischer Algorithmen auf Hochleistungsrechnern mit besonderer Berücksichtigung der Parallelverarbeitung;

- Erschließung neuer Anwendungsgebiete für mathematische Modellierung und wissenschaftliches Rechnen.

Das folgende Diagramm zeigt schematisch die fachliche Gliederung des IWR sowie seine Verbindungen zu außeruniversitären Forschungseinrichtungen.

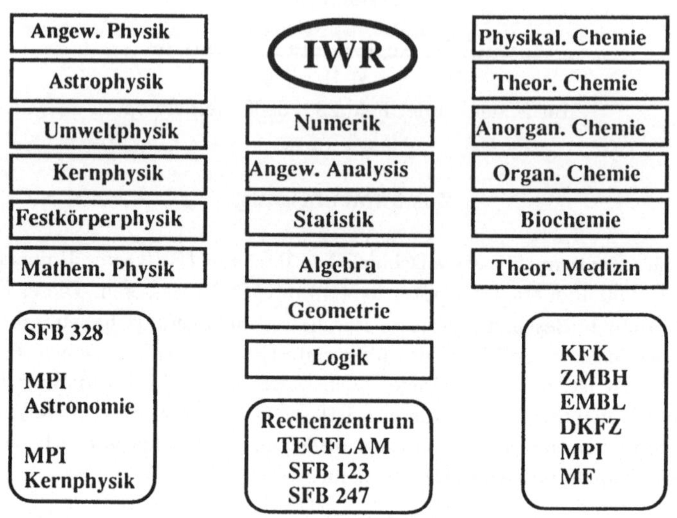

Abbildung 1:
Wissenschaftliche Struktur des IWR

Aktuelle Forschungsthemen der am IWR vertretenen Arbeitsgruppen sind:

- Mathematik   Numerik (FE-Verfahren, Mehrgittermethoden, etc.)
  Analysis (Reaktions-Diffusionssysteme)
  Geometrie (Computergraphik)
  Algebra (Konstruktive Gruppentheorie)

- Physik: Astrophysik (Galaxienmodelle, Strahlentransport)
  Angewandte Physik (Bildverarbeitung, Neuronale Netze)
  Theoretische Physik (Statistische Physik, Vielteilchensysteme)
  Umweltphysik (Atmosphärenmodelle, Phasenübergänge)

- Chemie: Physikalische Chemie (Verbrennungsprozesse)
  Theoretische Chemie (Moleküldynamik)
  Chemie (Molekulares Modellieren)

- Biologie/Medizin: Biomedizin (Neuronale Netze, Bildverarbeitung)

2 Rechnerbeschaffung

Den Arbeitsgruppen am IWR standen bei seiner Gründung an Rechnerkapazitäten zur Verfügung die IBM 3090 VF des Universitätsrechenzentrums, Zugang zur CRAY II in Stuttgart über eine langsame Leitung sowie mehrere lokale SUN 3/4-, STELLAR 2000- und IRIS-Workstations. Zur

Verbesserung dieser Infrastruktur wurden Investitionsmittel in Höhe von ca. 1,5 Mill. DM vorgesehen. Unter den Alternativen Workstationnetz - Mini-Super - Parallelrechner entschied man sich für die Beschaffung eines Parallelrechners, da nur dieser innerhalb des vorgegebenen Preisrahmens die gewünschten Leistungsmerkmale 100 MFlops-Realleistung (64 Bit) und 250 MByte Kernspeicher aufwies. Zur Konkurrenz standen zum damaligen Zeitpunkt (Frühjahr 1989) auf dem hiesigen Markt die folgenden Systeme:

- INTEL Hypercube iPSC/2 (MIMD-System, INTEL 80386-Prozessor mit Vektoreinheit)

- SUPRENUM-Rechner (MIMD-System, MOTOROLA 68020-Prozessor mit Vektoreinheit)

- Transputer-System (MIMD-System, INMOS T800-Prozessor)

- Connection Maschine (SIMD-System, integriert Arithmetikprozessoren mit Vektoreinheiten)

Bei der Gerätewahl wurden die folgenden Kriterien zugrunde gelegt:

- Multi-User-Fähigkeit (dynamische Ressourcenverteilung auf mehrere Benutzer)

- dezentrale Programmentwicklung (skalierbare Programmentwicklung auf externen Systemen)

- modularer Aufbau (Erweiterbarkeit des Systems)

- hohe Skalarleistung (schnelle Integer-Arithmetik)

- schnelle Kommunikation (geringer Verlust beim Senden kleiner Datenmengen)

- Betriebsgarantie (Soft- und Hardware-Service)

Unter diesen Gesichtspunkten fiel die Entscheidung schnell zugunsten des Transputer-Systems. Das SUPRENUM-System war noch nicht marktreif, dem INTEL-Hypercube mangelte es an Multi-User-Fähigkeit, und er sollte sowieso in Kürze durch ein Nachfolgemodell ersetzt werden, und die Connection Maschine erschien zu eingeschränkt einsetzbar und lag auch außerhalb des Finanzrahmens. Unter den europäischen Herstellern von Transputer-Systemen fiel nach eingehenden Diskussionen des technischen Für-und-Widers die Wahl auf die Firma PARSYTEC in Aachen, hauptsächlich wegen ihrer Nähe zu Heidelberg und der damit verbundenen günstigeren Service-Möglichkeiten. Die Installation und Inbetriebnahme des Systems erfolgte dann im Zeitraum Dezember 1989 - März 1990.

Das System besteht aus zwei sog. "SuperClustern" mit insgesamt 128 Rechenknoten, 4 I/O-Knoten und 8 Frontend-Knoten. Die Leistungsdaten sind:

- Nominalrechenleistung: 192 MFlops (32 Bit), 1.280 Mips

- Kernspeicher 512 MByte (dynam. RAM)

- Massespeicher 2,4 GByte (4 SCSI-Platten)

3 SuperCluster-Architektur

Wir rekapitulieren kurz die technischen Eigenschaften des Transputer-Chips T800 von INMOS und des darauf aufbauenden Transputer-Systems von PARSYTEC.

3.1 INMOS-Transputer T800

Der Transputer T800 von INMOS ist ein modifizierter RISC-Prozessor mit einer 32-Bit CPU und derzeit 25 MHz Taktung. Er besitzt 4 serielle Links mit 20 MBit/sec Übertragungsrate und 4 KByte statisches RAM mit 50 nsec Zugriffszeit. Seine Gleitkommaeinheit (32/64 Bit) erlaubt 1,5 MFlops skalare Spitzenleistung. Der Transputerknoten ist derzeit mit maximal 4 MByte (1 MBit-Technologie) dynamischem RAM mit 80 nsec Zugriffszeit und "error detection/correction"-Funktion ausgerüstet.

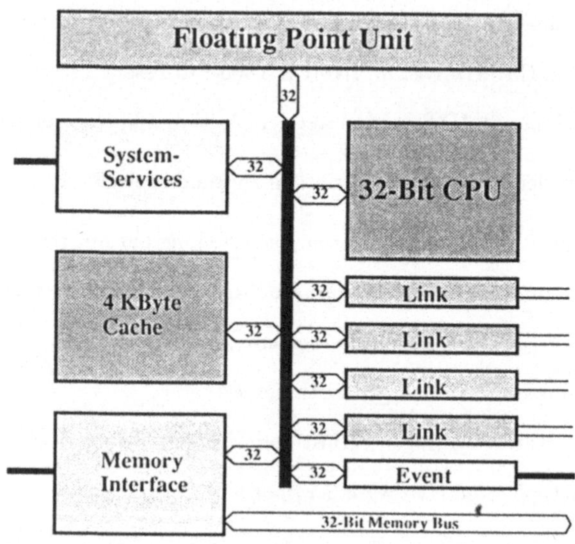

Abbildung 2:
Architektur des T800-Knotens

An den T800-Knoten des SuperClusters des IWR wurden anhand des üblichen Matrix*Vektor-Benchmarks $y = A * x$ (64 Bit-Arithmetik) Leistungsmessungen vorgenommen. Die dabei zunächst verwendete BLAS1-TOPEXPRESS-Bibliothek (nicht BLAS1-kompatibel) erzielt einen Geschwindigkeitsgewinn von fast 100% durch Aussnutzung des schnellen Cache-Speichers des T800.

Dimension	32	64	128	200	650	
DAXPY-Form	.33	.36	.36	.38	.39	MFlops
optimiert	.41	.53	.54	.64	.74	MFlops

Tabelle 1:
Leistungsdaten des T800 für die DAXPY-Operation (s. [1])

Für den nacholgenden standard Linpack-Benchmark (Lösung eines linearen Gleichungssystems der Dimension 660 mit Gaußscher Elimination) stand bereits eine auf den Cache-Speicher des T800 optimierte BLAS1-FORTRAN-Bibliothek von PARSYTEC zur Verfügung.

Code	MFlops
BLAS1-FORTRAN Quelle	.38
BLAS1-TOPEXPRESS-Bibliothek	.71
BLAS1-PARSYTEC-Bibliothek	.84

Tabelle 2:
Leistungsdaten des T800 für das Linpack-Benchmark (s. [1])

Ohne "error detection/correction"-Funktion des Speichers ließen sich noch 10% an Leistung gewinnen.

3.2 HyperCluster-128

Die Architektur des Transputer-Systems besteht aus Knoten - Cluster - SuperCluster - Hyper-Cluster. Innerhalb der Systemkomponenten sind die Kopplungen zwischen den einzelnen Knoten durch 96×96-Kreuzschalter, sog. NCU's (Network Configuration Units), realisiert. Durch diese hardwaremäßige Verbindungsstruktur wird die sichere Abschottung der einzelnen Benutzerbereiche auf dem System garantiert. Da aus jeder NCU jeweils 2×16 Links nach außen geführt sind, läßt sich diese Architektur praktisch auf jede beliebige Größe ausbauen; s. [11] HyperCluster bestehend aus 4 SuperClustern mit insgesamt 256 Knoten sind derzeit soft- und hardwaremäßig beherrschbar. Noch größere Systeme mit bis zu 1024 Knoten sind in Planung. Die folgenden Abbildungen zeigen schematisch den Aufbau der System-komponenten des Transputer-Systems. Das Heidelberger System besteht aus zwei SuperClustern.

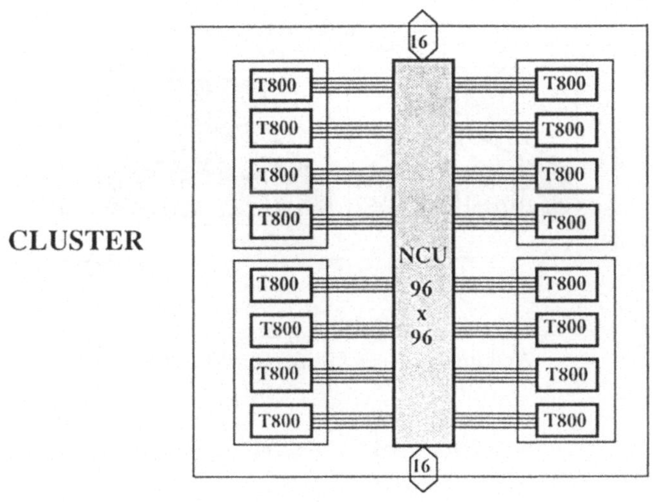

Abbildung 3:
Architektur eines "Clusters"

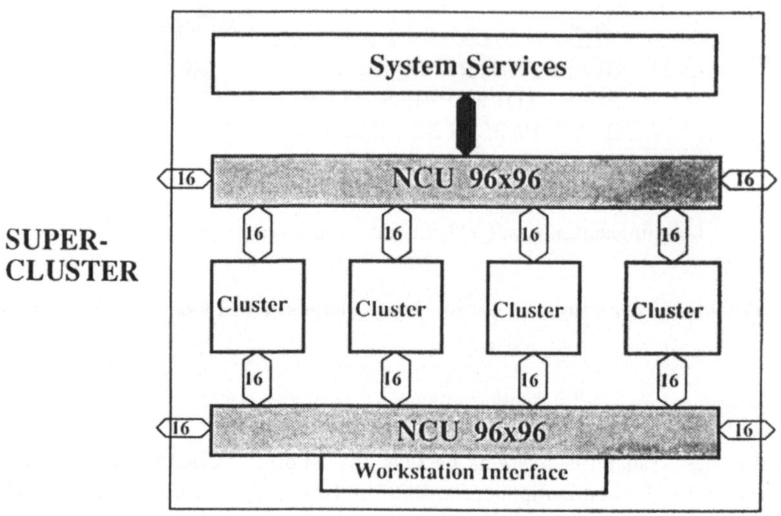

Abbildung 4:
Architektur eines "Superclusters"

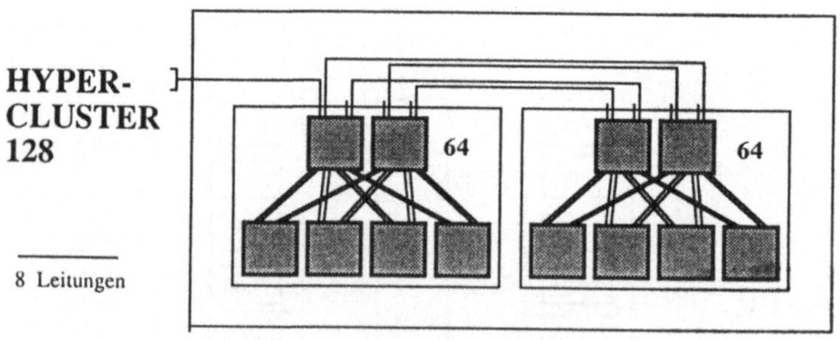

Abbildung 5:
Architektur eines "HyperClusters 128"

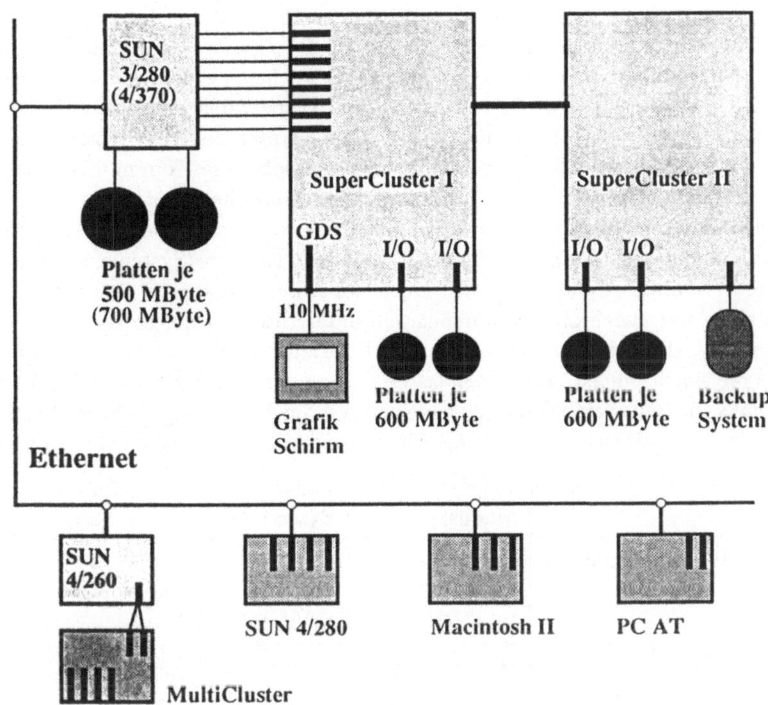

Abbildung 6:
Konfiguration des Heidelberger Transputer-System

Für die zweite Ausbaustufe sind folgende Erweiterungen des Transputer-Systems geplant:

- Speichererweiterung auf 2 GByte RAM (4-MBit-Technologie)
- Massespeichererweiterung auf 10 GByte (erforderlich für 3D-Simulationen)
- Vergrößerung der Zahl der I/O-Knoten (erforderlich für stabilen Multi-User-Betrieb)
- Trennung von Frontend- und Netz-Server-Funktionen (Erhöhung der Systemsicherheit)
- Auslagerung der Programmentwicklung auf dezentrale Transputer-Boards.

3.3 Software

Das Transputersystem erlaubt auf Systemebene drei unterschiedliche Betriebsformen:

- MultiTool: Entwicklungssystem von INMOS/PARSYTEC (INMOS TDS)
- Helios: Betriebssystem (UNIX-Struktur)
- Standalone: Entwicklungsumgebung des Hosts.

Auf der Programmierebene besteht die Möglickeit der Verwendung der transputer-orientierten Sprache "OCCAM" oder einer parallelen C-Version "ParC" (Stand-alone-Compiler). In dieser Umgebung können die Links des Transputers direkt angesprochen werden, was eine äußerst schnelle Kommunikation ermöglicht (Setup-Zeiten unter 5 ms). Die Transferwege durchs System müssen allerdings vom Benutzer "per Hand" definiert werden. Unter dem Betriebssystem Helios kann unter anderem in FORTRAN oder C gearbeitet werden, wobei die Kommunikation zwischen den Knoten mit Hilfe der POSIX-Calls der Kommunikationsbibliothek vonstatten geht. Dies bedeutet ein weitaus komfortableres Arbeiten als in OCCAM, doch sind die Transferzeiten mit über 30.000 μs insbesondere für kleine Sendungen sehr lang. (Andere Systeme mit ähnlichem Programmierkomfort können es allerdings auch nicht viel besser.) Während unter Helios-FORTRAN Anfang des Jahres nur synchrone Kommunikation unterstützt wurde, besteht seit neuerem auch die Möglichkeit asynchroner Kommunikation (mit Hilfe zusätzlicher Prozesse), die natürlich etwas langsamer als die synchrone ist. Zusätzlich lassen sich nun auch aus Helios-FORTRAN heraus die Transputer-Links im Bedarfsfall direkt ansprechen, was im Fall häufiger kleiner Sendungen einen deutlichen Zeitgewinn mit sich bringen kann. Die folgenden Datentransferzeiten wurden gemessen:

	Modus	Bytes	Zeitbedarf
System-Ebene	OCCAM	1	3μs
	ParC/OCCAM	100	64μs
	ParC/OCCAM	40000	24002μs
FORTRAN-Ebene	Direktzugriff	100	128μs
	Direktzugriff	40000	30080μs
	POSIX-Calls	100	30784μs (1152μs)
	POSIX-Calls	40000	31168μs

Tabelle 3:
Datentransferzeiten des Transputersystems (s. [1] und [13])

Die Zeitangabe in Klammern bezieht sich auf jede Folgesendung, nachdem der Weg einmal initialisiert worden ist. Diese Zahlen belegen, daß bei Sendungen über 40 KByte die höheren Setup-Zeiten bei Verwendung der Kommunikationsbibliothek gegenüber den Transferzeiten kaum mehr ins Gewicht fallen.

Der Nachfolger des T800-Transputers (INMOS-interne Bezeichnung "H1") wird nach neuesten Informationen beeindruckende Leistungsdaten aufweisen: 60 Mips bzw. 5-10 MFlops skalare Spitzenleistung bei 50 MHz Taktung. Wie der T800 wird er 4 Links aufweisen. Prototypen dieses Super-Prozessors sollen bereits im ersten Quartal 1991 für Testzwecke zur Verfügung stehen. Ein Parallel-System auf der Basis dieses Knotens wird dann voraussichtlich Anfang 1992 auf den Markt kommen.

4 Multi-User-Betrieb

Das Transputer-System steht mehreren örtlich verteilten Arbeitsgruppen für Programmentwicklung und Produktionsläufe zur Verfügung. Da sich die meisten der Arbeiten noch in der Experimentierphase befinden, waren bisher keine Maßnahmen zur Zugangsbeschränkung erforderlich.

Der Zugang zum System erfolgt über eine SUN-3/280 als Frontend, die gleichzeitig als Server für das Workstation-Netz des IWR dient. Günstiger im Hinblick auf Leistung und Betriebssicherheit wäre allerdings die Trennung von Frontend- und Server-Funktion. In der SUN sitzen 8 Frontendknoten (vollwertige T800 mit jeweils 4 MByte Speicher), über die 8 separate Zugänge zum System realisiert sind. Die Verteilung der Ressourcen des Systems auf die einzelnen Benutzer leistet der sog. NCM (Network Configuration Manager).

Die Betriebsorganisation erfolgt zur Zeit noch nach dem "first come first serve"-Prinzip. Zugangskontrolle kann über den SUN account auf dem Netzserver sowie über das Transputer Password file (Helios) ausgeübt werden. Komfortablere Betriebssoftware, die eine Prioritätenregelung sowie einen Batch-Betrieb erlaubt, befindet sich in der Entwicklung. Der Betrieb unterliegt der laufenden Kontrolle durch den Systemverwalter, der von der Konsole volle Information über den momentanen Systemzustand erhält. In Absprache mit dem Systemverwalter ist die Zuteilung auch größerer Teile des Systems möglich.

Die Betriebssicherheit ist durch die hardwaremäßige Abschottung der einzelnen Benutzer mittels der NCU's sowie der Zuordnung eines eigenen I/O-Knotens garantiert. Im Fall einer Fehlfunktion ist jederzeit der Neustart einzelner Knoten möglich, ohne die anderen Benutzer zu beeinträchtigen. Lediglich ein Versagen des NCM erfordert zum Reset das Neuladen des Gesamtsystems.

Die derzeitige Systemnutzung sieht wie folgt aus:

- 16 128 Knoten (Numerik: Tests)

- 16-64 Knoten (Graphik: Entwicklung)

- 32-64 Knoten (Mehrteilchensimulationen: Produktion)

- 8-16 Knoten (Computer-Algebra: Entwicklung)

- 8-16 Knoten (Astrophysik: Entwicklung)

Die Programmentwicklung erfolgt dezentral auf Transputer-Boards (SUN, Macintosh II, PC-AT) und auf MultiCluster I . Da noch nicht alle beteiligten Bereiche über solche Hardware verfügen, arbeiten einige von ihnen direkt am SuperCluster.

Während der halbjährigen Anlaufphase seit Installation des Transputer-Systems am IWR wurden eine Reihe von Mängel vor allem bei der Software festgestellt. Die Hardware erwies sich als relativ robust verglichen mit dem von Workstations her gewohnten Standard. Viele der Software-Probleme konnten kurzfristig vom Hersteller behoben werden, an einigen wird derzeit noch gearbeitet. Als besonders lästig erwiesen sich:

- Intoleranzen des Systems gegenüber Benutzerfehlern;

- Instabilitäten des NCM, die den Reset des Gesamtsystems erforderten (weitgehend behoben);

- Fehler im Betriebssystem Helios (teilweise behoben);

- Fehlen von asynchronen Kommunikationsmöglichkeiten unter Helios (inzwischen behoben);

- Fehlen direkter Link-Ansprachemöglichkeiten unter Helios (inzwischen behoben);

- gewöhnungsbedürftiger FORTRAN-Compiler.

5 Anwendungserfahrungen

Im folgenden werden kurz einige Anwendungen beschrieben, deren Bearbeitung auf dem Transputer-System derzeit laufen bzw. für die nächste Zeit geplant sind.

5.1 Numerik ("Schnelle Löser")

Die Numerik-Gruppe des IWR bearbeitet Probleme aus dem Bereich Numerische Strömungsmechanik, insbesondere effiziente Verfahren zur Lösung der stationären und instationären Navier-Stokes-Gleichungen (z.B. Gebietssplittingmethoden, Mehrgitter-Verfahren, PCG-Verfahren). Die verwendeten Gitter besitzen Blockstruktur zum Gebietssplitting oder sind beim globalen Mehrgitterverfahren so angelegt, daß eine ILU-Zerlegung der Systemmatrix für die Glättungsprozedur verwendet werden kann; s. [2], [8]. Als Beispiel für ein solches global "reguläres" Gitter werden unten Triangulierungen der Oberfläche des Bodensees angegeben. Das **gröbste Gitter wird** sukzessive verfeinert, wobei der Rand des Gebietes zusätzlich durch ein spezielles Projektionsverfahren einbezogen wird. Das feinste Gitter hat 4337 Punkte.

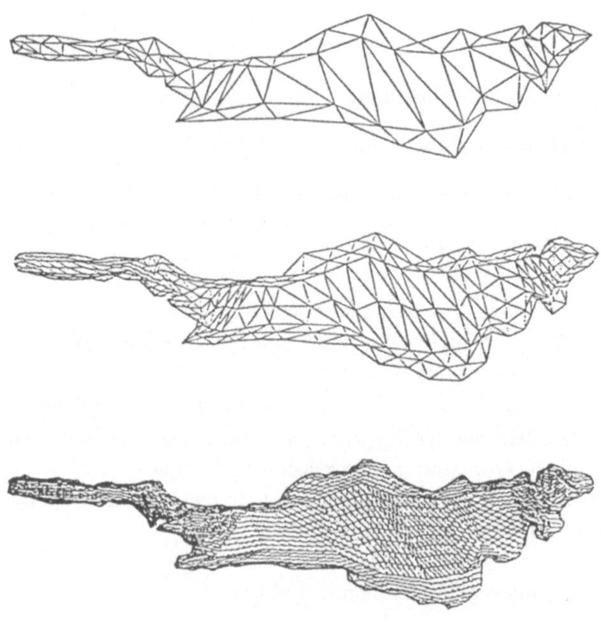

Abbildung 7:
"Reguläre" Triangulierungen des Bodensees

Als Vorbereitung zur Bearbeitung der strömungsmechanischen Probleme wurden zunächst bekannte parallele Algorithmen der linearen Algebra implementiert. Bei der LU-Zerlegung einer $n \times n$-Matrix mit anschließendem Rückwärts- und Vorwärtseinsetzen zur Lösung eines linearen Gleichungssystems erfolgte die Verteilung spaltenweise mit der "wrap around"-Methode, bei der

analog zum Kartengeben die einzelnen Spalten sukzessive auf p Prozessoren verteilt werden. Bei **der Gaußelimination ist das** Verhältnis von Rechen- zum Kommunikationsaufwand pro Prozessor $O(n^2/p)$. Beim Rückwärts- und Vorwärtseinsetzen ist dies Verhältnis nur $O(n/p)$, was hier eine wesentlich geringere Effizienz der Parallelisierung bedeutet. Die Implementierung dieses Algorithmus erfolgte in FORTRAN unter Helios mit Verwendung der asynchronen Kommunikationsroutinen und der optimierten TOPEXPRESS-FORTRAN-Bibliothek.

$n(p)$	2880(20)	4000(40)	5760(80)	6500(100)
MFlops	12	24	45	60
Effizienz	0.90	0.87	0.80	0.80
$T_{\text{Zerlegen/Senden}}$	1039/173	1381/289	2047/631	2700
$T_{\text{Einsetzen/Senden}}$	1.2/35	1.2/63	1.2/127	1.2/160

Tabelle 4:
Leistungsdaten für LU-Zerlegung (aus [1])

Die Daten für $p = 100$ konnten wegen eines Fehlers in der Zeitmessung nur geschätzt werden. Die "Effizienz" ist als Speedup/p definiert, wobei der Speedup auf die Leistung des LINPACK-Benchmarks auf einem T800 mit gemessenen 0,7 MFlops bezogen ist.

5.2 Computer-Graphik (Darstellung architektonischer Konstruktionen)

Die Graphik-Gruppe im IWR beschäftigt sich unter anderem mit der Erzeugung von perspektivischen Darstellungen von historischen Gewölbestrukturen aus Grundrißplänen. Dabei kommen Techniken des Ray-Tracing und des Schattenwurfes zum Einsatz. Die folgenden Bilder geben einen Eindruck von den so erzielten Ergebnissen; siehe [7] und [12].

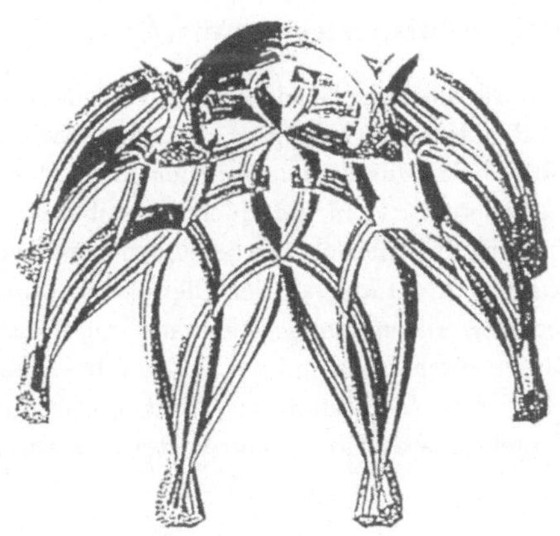

Abbildung 8:
Spätgotisches Gewölbe, rekonstruiert nach Originalgrundrißplänen

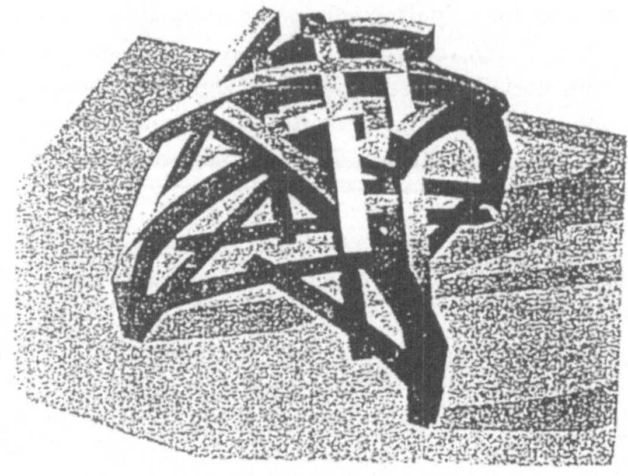

Abbildung 9:
Ray-Traycing eines spätgotischen Gewölbes, Grundriß per Schattenwurf

5.3 Statistische Physik (Vielteilchenprobleme)

Die Hybrid-Computersimulationsmethoden haben einen wesentlichen Fortschritt bei der Behandlung von Vielteilchensystemen gebracht. Sie erlauben es, die Vorteile der Molekular-Dynamik-Methode mit denen der Monte-Carlo-Methode zu verbinden. Erstere berechnet die Trajektorien des Vielteilchensystems mittels natürlicher Dynamik, d.h. Integration der Bewegungsgleichungen, während letztere Methode die Trajektorien durch die Dynamik einer Markovkette bestimmt. Der dabei auftretende Rechenaufwand ist um ein Vielfaches höher als bei den sonst üblichen Verfahren, was allerdings durch die verfahrensimmanente Parallelität ausgeglichen werden kann. Diese Methode kann bei erfolgreicher Implementierung unter anderem zur Simulation von Flüssigkeiten und Bestimmung deren spezifischer Wärme verwendet werden; siehe [5] und [6]. Bei den bisher auf dem Transputersystem des IWR durchgeführten Arbeiten wurden meist Teilsysteme mit 32 Knoten verwendet, wobei Laufzeiten im Bereich mehrerer Tage durchgehalten wurden.

5.4 Physikalische Chemie (Verbrennungsvorgänge)

Ziel des Vorhabens ist die mathematische Modellierung turbulenter reaktiver Strömungen unter Verwendung detaillierter Reaktionsmechanismen. Das zu entwickelnde Rechenprogramm soll u.a. zur Berechnung der Wärmebelastung dienen, welcher der in Planung befindliche europäische Raumgleiter Hermes beim Wiedereintritt in die Hochatmosphäre ausgesetzt sein wird. Entgegen ursprünglichen Annahmen ist für die dort vorliegenden Geschwindigkeiten von Mach 25-15 (entsprechend einer Flughöhe von 70-50 km) an der Gleiterunterseite mit einer voll entwickelten turbulenten Strömung zu rechnen. Die numerische Behandlung dieser Strömung muß auf Grund der herrschenden Temperaturen unter Einschluß der vollständigen Luftchemie erfolgen. Die vorgesehene Modellbildung bedient sich der Lösung der Transportgleichung für Wahrscheinlichkeitsdichtefunktionen. Dieses Vorgehen besitzt deutliche Vorteile gegenüber dem z.B. sonst üblichen k-ε-Turbulenzmodell. Die molekularen Mischungsvorgänge werden durch Monte-Carlo-Methoden erfaßt. Dieser Zugang besitzt einen hohen Grad an Parallelisierbarkeit; s. [14].

5.5 Computer-Algebra (Konstruktive Gruppentheorie)

Ziele sind unter anderen die Lösung des Umkehrproblems der Galoisschen Theorie und die Bestimmung von Fundamentalgruppen von Permutationsgruppen. Dabei werden neben den Resultaten aus dem Atlas-Projekt (Bestimmung aller einfacher endlichen Gruppen) effektive Programmsysteme zum Rechnen in Gruppen sowie in Zahl- und Funktionenkörpern erstellt; s. [10].

5.6 Theoretische Chemie (Moleküldynamik)

Das Ziel des Vorhabens ist die Entwicklung von parallelen numerischen Methoden sowohl zur exakten als auch zur näherungsweisen Beschreibung der quantenmechanischen Wellenpaketdynamik in vielen Dimensionen. Als Beispiel soll die Dynamik auf stark vibronisch gekoppelten Potentialflächen untersucht werden. Diese Systeme sind interessant, da einerseits hier sowohl die Kernbewegung als auch die Änderung elektronischer Zustände betrachtet werden muß und andererseits die multidimensionale Struktur der Systeme entscheidend für ihr dynamisches Verhalten ist. Insbesondere interessieren hierbei dissoziative Systeme. Verwendet wird die sog. MCTDH-Methode (multiconfiguration-time-dependent-Hartree). Hierbei sind viele kleine Matrix-Vektor-Multiplikationen durchzuführen, was sich gut parallelisieren läßt. Insbesondere wirkt sich hier die relativ große skalare Rechenleistung des Transputers positiv aus.

5.7 Astrophysik (Physik von Akkretionsscheiben)

Protosterne vom Typ der Sonne werden im visuellen Spektralbereich erstmals während ihrer sog. T Tau-Phase sichtbar. Ein beträchtlicher Teil der abgestrahlten Energie wird in der Akkretionsscheibe um den Protostern freigestzt. Es werden die physikalischen Eigenschaften von solchen Staubhüllen untersucht. Ziel ist es, die Spektren, insbesondere im Infrarotbereich, von T Tau-Sternen dieser Klasse besser zu verstehen. Dazu wird ein existierender Monte-Carlo-Code auf das Transputer-System portiert. Die Programmentwicklung erfolgt derzeit noch auf dem SuperCluster unter Helios in FORTRAN. Angestrebt wird aber die Verlagerung auf ein Transputer-SUN-Board.

5.8 Umweltphysik (Digitale Bildverarbeitung)

Die Analyse von Wasseroberflächenwellen aus Bildfolgen ist wesentlich komplexer als eine Bewegungsanalyse starrer Körper, wie sie bisher Standard in der Bildfolgeanalyse ist. Wellen verschiedener Wellenlänge breiten sich mit unterschiedlichen Geschwindigkeiten aus, durchdringen einander und verändern sich dabei durch nichtlineare Wechselwirkungen. Zur Behandlung solcher komplexer Bewegungsvorgänge werden neue Ansätze zur Bildfolgeanalyse entwickelt. Zuerst wird die Bildfolge mit Hilfe von Quadraturfiltern in die verschiedenen räumlichen Skalen zerlegt. In der anschließenden Bildfolgeanalyse wird sowohl die Gruppen- wie auch die Phasengeschwindigkeit bestimmt. Dies entspricht der Eigenwertanalyse eines Trägheitstensors.

Zur gleichzeitigen Messung der Wellenhöhe und -neigung wurde ein neues optisches Meßsystem entwickelt, das Stereobilder von der Wasseroberfläche aufnimmt. Dabei fallen sehr große Mengen an Stereobildern an, die mit einem effizienten und zuverlässigen Stereoalgorithmus ausgewertet werden müssen. Es konnte ein Mehrgitterverfahren entwickelt und auf einem PC ausgetestet werden. Abschätzungen zeigen, daß dieses Verfahren auf dem Transputersystem ein Stereobildpaar in wenigen Sekunden auswerten kann und damit der notwendige hohe Bilddurchsatz möglich ist; s. [4].

5.9 Biomedizin (Neuronale Netze)

Es wurde ein spezialisierter Parallelrechner (NERV-System, MIMD-Architektur) zur Simulation neuronaler Netze konzipiert. Derzeit läuft ein Prototyp mit 3 - 8 Prozessoren (MOTOROLA 68020). Mit diesem System wurden bereits die ersten Applikationen gerechnet. Geplant ist die Erweiterung auf ein 320 Prozessor-System. Dieses wäre dann in der Lage, über 13.000 voll vernetzte Neuronen mit über 150 Mill. Synapsen zu simulieren. Die Begrenzung ist im wesentlichen durch den verfügbaren Speicherplatz bedingt. Ein Leistungsvergleich mit dem großen Transputer-System wird angestrebt; s. [9].

6 Schlußbemerkungen

Wir fassen einige Kernpunkte bei der Parallelisierung komplexer numerischer Anwendungen zusammen:

- Hohe Effizienz kann nur durch Parallelisierung von solchen Verfahren erzielt werden, die bereits in ihrer sequentiellen Version schnell sind. Es hat z.B. wenig Sinn zur Lösung der Poisson-Gleichung auf einem Parallelrechner mit 100 Knoten das gegenüber einem Mehrgitterverfahren extrem langsame Jacobi-Verfahren zu verwenden, nur weil dieses ideal parallelisierbar ist. Dasselbe gilt für transiente Probleme, wenn nur der Parallelisierbarkeit wegen auf explizite Verfahren zurückgegangen wird.

- Ein Effizienzvergleich zwischen serieller und paralleler Verarbeitung sollte anhand von hinreichend großen Problemen geschehen, d.h. solchen die den vollen Kernspeicher des Parallelrechners erfordern.

- Bei Verwendung der Helios-Kommunikationsbibliothek und der automatischen Prozeßverteilung (zur systemunabhängigen Programmentwicklung) sollte wegen der hohen Setup-Zeitverluste die allzu häufige Versendung kleiner Datenmengen vermieden werden. Ist letzteres unvermeidbar, wie z.B. in gewissen Phasen des Mehrgitteralgorithmus, so bietet sich die Benutzung der neuen Routinen zur direkten Linkansprache an, oder aber es werde gleich in ParC gearbeitet.

Die bisherigen Erfahrungen mit dem Transputer-System am IWR belegen, daß auch bei stark wechselnder Belastung und sehr heterogener Benutzeroberfläche ein stabiler Multi-User-Betrieb eines solchen Systems möglich ist. Allerdings werden einige Anforderungen an die Geduld der Benutzer und an ihre Bereitschaft zur Improvisation gestellt. Eine verläßliche Vorort-Service-Garantie des Herstellers, die im vorliegen Fall gegeben ist, erscheint unbedingt erforderlich. An die Adresse der Hersteller von Hard- und Software sind aufgrund der gemachten Erfahrungen noch die folgenden Forderungen zu stellen:

- Verbesserung des FORTRAN-Compilers. (Der auf SUN- und anderen UNIX-Workstations geltende Leistungsstandard sollte erreicht werden.)

– Bereitstellung von BLAS-kompatiblen Bibliotheken zur Erzielung der vollen Rechenleistung des T800. (Die BLAS1 wird demnächst zur Verfügung stehen.)

– Bibliothekserzeugung unter HELIOS. (Dies wird demnächst möglich sein, s. [3]).

– Stabilisierung des NCM (Network Configuration Manager). (Diese ist in letzter Zeit wesentlich verbessert worden, so daß auch im Multi-User-Betrieb Langläufe von mehr als 24 Std. möglich sind.)

– Bereitstellung von Tools, die im Multi-User-Betrieb eine Prioritätenregelung sowie einen Batch-Betrieb erlauben. (Diese Software befindet sich in der Entwicklung.)

– Behebung einiger Restriktionen im Betriebssystem HELIOS, welche die Arbeit auf Systemen mit mehr als 100 Prozessoren behindern. (Die Probleme sind zum Teil bereits behoben.)

– Virtuelle Speicherverwaltung zur Überwindung der Speicherrestriktion. (Dies ist eine schwierige Aufgabe für ein verteiltes System, deren praktische Bedeutung etwas fragwürdig ist.)

– Herstellerunabhängige Kommunikationsbibliotheken zur Erzeugung portabler Software. (Dies ist ein zentrales Problem, für das es aber sicher kurzfristig keine Lösung geben wird.)

– Baldiger Übergang zu einer leistungsfähigeren Transputer Generation bei Aufrechterhaltung der vollen Abwärtskompatibilität zur vorhandenen T800-Software. (Die Systeme der neuen Generation werden voraussichtlich Anfang 1992 auf den Markt kommen.)

Literatur

[1] Bader, G., Gehrke, E.: Lösung großer linearer Gleichungssysteme auf Transputernetzwerken; Report SFB 123, Universität Heidelberg, September 1990.

[2] Bastian, P., Horton, G.: Parallelization of robust multigrid methods: ILU factorization and frequency decomposition method; Proc. GAMM-Seminar "Numerical treatment of the Navier-Stokes Equations" (W.Hackbusch, R.Rannacher, Her.), S. 24-36, Lecture Notes in Numerical Fluid Mechanics Vol. 30, Vieweg: Braunschweig 1990.

[3] Beskeen, P.: Library construction under Helios; Perihelion Software, Technical Report No. 23, April 1990.

[4] Cremer,C., et al.: Optical sectioning and 3D image reconstruction to determine the volumes of specific chromosome regions in human interphase cell nuclei; erscheint in Optic, 1990.

[5] Forrest, B.M., Baumgärtner, A., Heermann, D.W.: Parallel simulation of dense two-dimensional polymer systems; erscheint in Comp.Phys.Commun. (1990).

[6] Heermann,D.W., Burkitt,A.N.: Parallel Computation in Physics; erscheint bei Springer, Heidelberg 1990.

[7] Herrmann, M., Quien, N., Wirth, J.: Algorithmen zur 3D-Darstellung von Flächen mit Transputern; Report Nr. 48, Forschungsschwerpunkt Geometrie, Mathematisches Institut der Universität Heidelberg, April 1989.

[8] Horton,G., Wittum,G.: On parallel incomplete decompositions; Report SFB 123, Universität Heidelberg, in Vorbereitung.

[9] Männer,R., et al.: Multiprocessor simulation of neuronal networks with NERV; in Neuronal Network Applications in Signal Processing, Image Understanding, and Optimization (Vemuri,V., Dowla, F.U., eds.), IEEE Computer Society Press, Silver Spring, MD 1990.

[10] Matzat,B.H.: Konstruktive Galoistheorie; Springer, Berlin 1987.

[11] Mühlenbein,H., et al.: The Megaframe Hypercluster - A reconfigurable architecture for massively parallel computers; Preprint, GMD St. Augustin, und PARSYTEC GmbH Aachen, 1989.

[12] Müller,W., Quien, N.: Ray tracing on transputers and late gothic vaults; Preprint, IWR Universität Heidelberg 1990, eingereicht bei IEEE Computer Graphics and Applications.

[13] Powell,J., Garnett,N.: Helios performance measurement; Perihelion Software, Technical Report No. 22, February 1990.

[14] Zhu,Y., Wu,X., Warnatz,J.: Computation of nonequilibrium gas flow past blunt bodies; Report Nr. 488 SFB 123 , Universität Heidelberg 1989.

Transputeranwendungen in der numerischen Strömungsmechanik

M. Faden, S. Pokorny

DLR*
Institut für Antriebstechnik
Linder Höhe
5000 Köln 90

Zusammenfassung

Die Verwendung von Transputern in der numerischen Strömungsmechanik bietet
Ansätze für neue Konzepte bei der Realisierung von Simulationssystemen, zum einen
durch die Parallelisierung der zugrunde liegenden Algorithmen, zum anderen durch
neue Anordnungen der einzelnen das System bildenden Module.

1 Einleitung

Ein luftatmendes Triebwerk wie es heute zum Antrieb von Verkehrsflugzeugen eingesetzt
wird, ist prinzipiell aus den Komponenten Fan, Verdichter, Brennkammmmer, Turbine und
Schubdüse aufgebaut (siehe Abb. 1), wobei der Fan den größten Anteil des Schubes liefert. Die aerodynamische Auslegung dieser Systeme erfordert detaillierte Informationen
über die Strömungszustände innerhalb der einzelnen Komponenten, um im Hinblick auf
z.B. Treibstoffverbrauch, Lärmentwicklung, Schadstoffemission u.ä. zu einem optimalen
Entwurf zu gelangen.

Diese Informationen werden zum einen aus Experimenten, zum anderen aus numerischen
Simulationen gewonnen. Die letztere Methode gelangt in der Triebwerksaerodynamik zu
immer größer werdender Bedeutung, da durch die Weiterentwicklung der numerischen
Methoden sowie die Verfügbarkeit von Hochleistungsrechnern die notwendigen Instru-
mente zur Entwicklung leistungsfähiger Simulationsprogramme vorhanden sind. Hiermit

---

*Deutsche Forschungsanstalt für Luft- und Raumfahrt

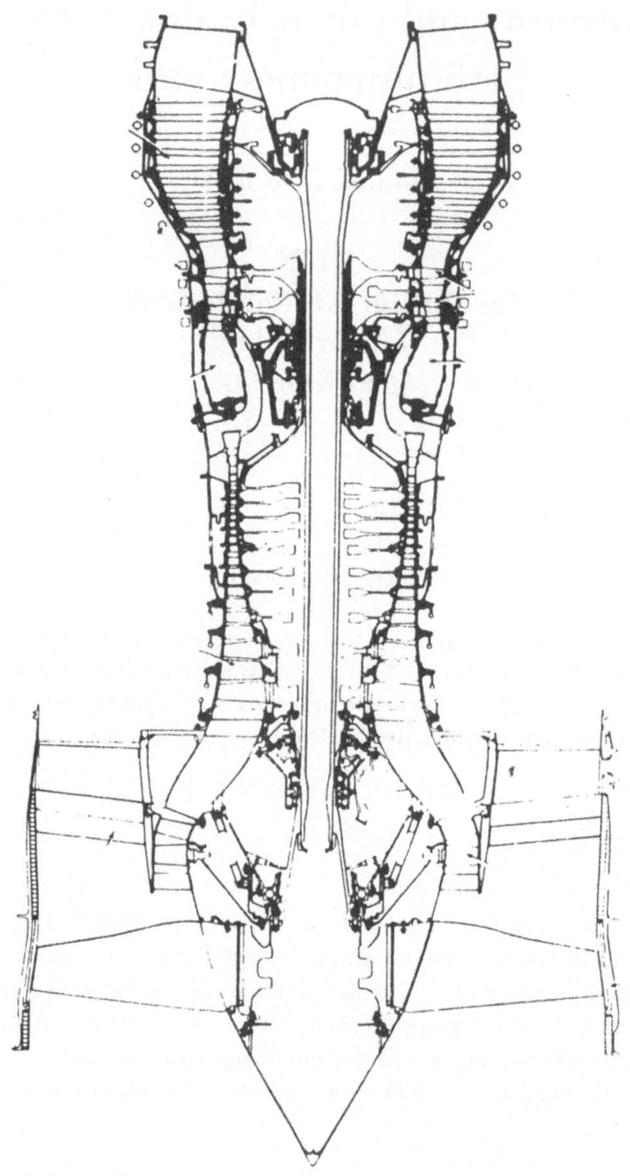

Abbildung 1: Schnitt durch ein Fan-Triebwerk

können die technisch sehr aufwendigen und damit teueren Experimente ergänzt bzw. in Fällen, in denen Messungen physikalisch nicht mehr möglich sind, ersetzt werden.

Unsere Gruppe am Institut für Antriebstechnik der DLR in Köln beschäftigt sich seit 3 Jahren mit Untersuchungen von Strömungen durch spezielle Fans, sogenannte Propfans. Bei diesem Konzept besteht der Fan aus zwei sich gegeneinander drehenden Kränzen von Schaufeln, die man sich wie die Tragflügel eines Flugzeuges geformt vorstellen kann. Die Strömung durch diesen Fan ist 3-dimensional, reibungsbehaftet und instationär.

Im Folgenden sollen die Erfahrungen dargestellt werden, die wir bei der Entwicklung eines Simulationssystems für instationäre Propfanströmungen auf einem Transputersystem gemacht haben. Durch die Kompexität des Themas kann es sich hierbei nur um einen kurzen Einblick, um das Anreissen von ausgewählten Punkten handeln, wobei die Auswahl weder Anspruch auf Vollständigkeit noch Allgemeingültigkeit erhebt.

2 Strömungsmechanische Grundlagen

2.1 Physikalisches Modell

Das kontinuumsphysikalische Modell zur Beschreibung von Luftströmungen geht von einer stetig dichten Verteilung aller physikalischen Größen im betrachteten Raumgebiet aus.

Der physikalische Zustand der Strömung ist vollständig beschrieben, wenn für jeden Punkt des Raumes zu jedem Zeitpunkt die Grössen Geschwindigkeit ($\vec{u}$), Dichte (ρ) und spezifische innere Energie (e) bekannt sind, welche den Erhaltungsprinzipen von Masse, Impuls und Energie genügen. Vermöge thermodynamischer Beziehungen und stoffspezifischer Zusammenhänge lassen sich aus diesen Variablen alle anderen Größen bestimmen.

Bei Vernachlässigung von Feldeffekten besagen die Erhaltungsprinzipien, daß die zeitliche Änderung einer Strömungsgröße in einem beliebigen Raumgebiet gleich dem Transport dieser Größe über die Grenzen eben dieses Gebietes ist. Das bedeutet, daß in einem Raumgebiet Masse, Impuls und Energie weder vernichtet noch erzeugt werden können.

Dieses Modell bietet bereits einen Parallelisierungsansatz, da die physikalischen Zustandsänderungen am Orte nur durch die direkte Umgebung, d.h. *lokal* determiniert sind.

Für weitergehende Beschreibungen und Erklärungen auch im Hinblick auf die nächsten Abschnitte sei auf die zahlreiche einschlägige Fachliteratur verwiesen.

2.2 Mathematische Beschreibung

Durch eine mathematische Beschreibung werden die oben verbal dargestellten physikalischen Prinzipien einer numerischen Behandlung zugänglich gemacht. Die Erhaltunggleichungen, die die Form:

$$\tfrac{d}{dt}M = \tfrac{d}{dt}\int \rho\,dv = 0$$
$$\tfrac{d}{dt}I = \tfrac{d}{dt}\int \rho\vec{u}\,dv = \sum \text{äußere Kräfte}$$
$$\tfrac{d}{dt}E = \tfrac{d}{dt}\int e\,dv = \sum \text{Energieflüsse}$$

haben, liefern ein geschlossenes System von nichtlinearen partiellen Differentialgleichungen für die unbekannten Strömungsgrössen. Dieses System beschreibt somit das Verhalten einer zeitabhängigen, reibungsbehafteten Gasströmung.

$$\int_V \frac{\partial}{\partial t}\begin{pmatrix}\rho \\ \rho\vec{u} \\ e\end{pmatrix} dv \;+\; \int_S \begin{pmatrix}\rho\vec{u} \\ \rho\vec{u}\vec{u}+\bar{\bar{t}} \\ e\vec{u}+(\bar{\bar{t}},\vec{u})+\vec{q}\end{pmatrix} d\vec{a} \;+\; \int_V \begin{pmatrix}0 \\ \rho\vec{f} \\ \rho(\vec{f},\vec{u})\end{pmatrix} dv \;=\; 0$$

$$\underbrace{\phantom{\int_V \frac{\partial}{\partial t}}}_{\text{Änderung im Volumen}} \qquad \underbrace{}_{\text{Fluß über die Seiten}} \qquad \underbrace{}_{\text{Äußere Kräfte}}$$

2.3 Numerische Formulierung

Dieses Differentialgleichungssytem ist für allgemeine Strömungsfälle nicht geschlossen lösbar und muß daher numerisch behandelt werden.

Hierfür stelle man sich das gesamte Raumgebiet mit einem diskreten Gitter überworfen vor. Die kontinuierlichen Gleichungen werden an jedem Netzpunkt diskret formuliert, indem die Integrale durch endliche Summen und die Differentialquotienten durch Differenzenquotienten approximiert werden.

$$\left(\begin{pmatrix}\rho \\ \rho\vec{u} \\ e\end{pmatrix}^{n+1} - \begin{pmatrix}\rho \\ \rho\vec{u} \\ e\end{pmatrix}^{n}\right)\frac{\Delta V}{\Delta t} + \sum_{S_i}\begin{pmatrix}\rho\vec{u} \\ \rho\vec{u}\vec{u}+\bar{\bar{t}} \\ e\vec{u}+(\bar{\bar{t}},\vec{u})+\vec{q}\end{pmatrix}_i \Delta S_i \;=\; 0$$

Durch diesen Ansatz geht das Differentialgleichungssystem in ein System von nichtlinearen algebraischen Gleichungen über, das für jeden Gitterpunkt gelöst werden muß.

3 Problemstellung

3.1 Aufgabenbeschreibung

Das von uns konkret zu behandelnde Problem besteht darin, die Strömungsverhältnisse in einer Turbomaschinenstufe bestehend aus einem Rotor und einem Stator bzw. zwei ge-

genläufigen Rotoren zu berechnen. Hierfür werden die im vorherigen Abschnitt beschriebenen Bilanzgleichungen in einem schaufelfesten Koordinatensystem formuliert, wodurch das Problem der sich durch das Netz bewegenen Schaufeln umgangen wird, was in der mathematischen Behandlung große Probleme aufwerfen würde. Daraus ergibt sich, daß bei der Berechnung von Schaufelreihen, die sich relativ zueinander bewegen, die jeweiligen Netze zeitabhängig miteinander gekoppelt werden müssen.Durch diese Zeitabhängigkeit liegt zu jedem Zeitpunkt ein komplettes 3-dimensionales Strömungsfeld vor, das in geeigneter Weise einer Auswertung zugänglich gemacht werden muß.

Bei der Behandlung realistischer Strömungsvorgänge sind Netze mit Punktezahlen in der Größenordnung von 10^6 Punkten *(pro Schaufelreihe !)* erforderlich, d.h. es ist zu jedem Zeitschritt ein Datenfeld von $10^6 * 5$ Strömungsgrößen $* 8$ Byte $= 40$ MB zu analysieren. Die Rechnungen müssen bis zum Erreichen einer zeitlich periodischen oder stationären Lösung ,von der man zunächst nicht weiß, wann sie sich einstellt, durchgeführt werden. Die Anzahl dieser Lösungsschritte ist problemabhängig. Für das konkrete Problem ist von *mindestens* 5000 Zeitschritten auszugehen. Eine Speicherung und Weiterverarbeitung dieser Datenmengen (ca. 20 GB !) ist mit technisch und finanziell vertretbarem Aufwand nicht realisierbar.

3.2 Software Konzept

Ein möglicher Ausweg für das Problem der großen Datenrate besteht nach unserer Auffassung darin, einen 'numerischen Prüfstand' zu entwickeln. Bei diesem Konzept wird der Strömungslöser in eine interaktive Systemumgebung eingebettet, die es ermöglicht, zur Laufzeit Strömungsanalysen durchzuführen sowie Systemparameter in geeigneter Weise zu modifizieren, d.h. 'Experimente' vorzunehmen. Es müssen keine kompletten Datensätze eines Laufes abgespeichert werden.

Daraus ergeben sich für die Software-Entwicklung drei Arbeitsgebiete:

1. Entwicklung eines instationären Strömungslösers

2. Entwicklung eines *Postprozessors* mit ausreichenden graphischen Fähigkeiten

3. Entwicklung einer interaktiven Umgebung, in der diese Programme eingebunden werden

3.3 Hardware Konzept

Die Realisierung des beschriebenen Software-Konzeptes erfordert eine Hardware, die im wesentlichen folgende Kriterien erfüllen muß:

1. für den Strömungslöser sowie den Postprozessor sind große Rechengeschwindigkeiten erforderlich

2. parallele Verarbeitung von Löser und Postprozessor

3. ausreichende Grafikfähigkeiten

4. interaktiver Zugang zum System

5. finanzierbar!

Diese Kriterien werden nur durch ein Multiprozessor-System erfüllt.

4 Hardware-Beschreibung

Die Wichtung der vorher benannten Anforderungen führte in unserem Haus zum Kauf eines SuperClusters der Firma PARSYTEC, Aachen.

Hierbei handelt es sich um ein System von 32 softwaremäßig konfigurierbaren Transputern mit jeweils 4 MB Speicherkapazität. An dieses System sind drei Terminals sowie ein PC und zwei Grafikschirme angeschlossen (siehe Abb. 2).

Als Massenspeicher stehen vier Festplatten mit einer Kapazität von ca. 1 GB zur Verfügung.

Auf eine Beschreibung des Transputers sei an dieser Stelle verzichtet und auf einschlägige Veröffentlichungen verwiesen.

5 Software

5.1 Softwareauswahl (Betriebssyteme/Tools)

Zur Zeit des Kaufes der Anlage stand als einziges das Entwicklungssytem MultiTool/TDS der Firmen Parsytec/INMOS zur Verfügung.

Es handelt sich hierbei um eine Umgebung, die einen Editor, einen OCCAM-Compiler sowie einen Post-Mortem-Debugger zur Verfügung stellt. Als weitere Optionen konnten noch Compiler für C, FORTRAN und PASCAL im System verwendet werden, allerdings ohne Debugmöglichkeit. Dies war der für uns ausschlaggebende Grund unsere Softwareentwicklungen in OCCAM durchzuführen, da desweiteren die Einbindung der anderen Sprachen recht schwerfällig war.

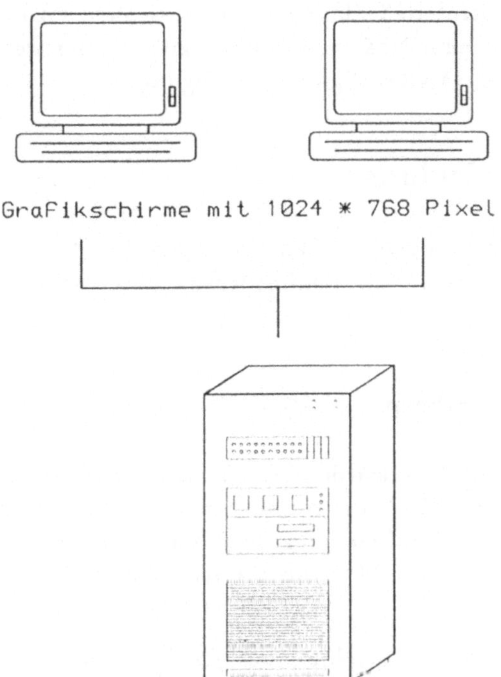

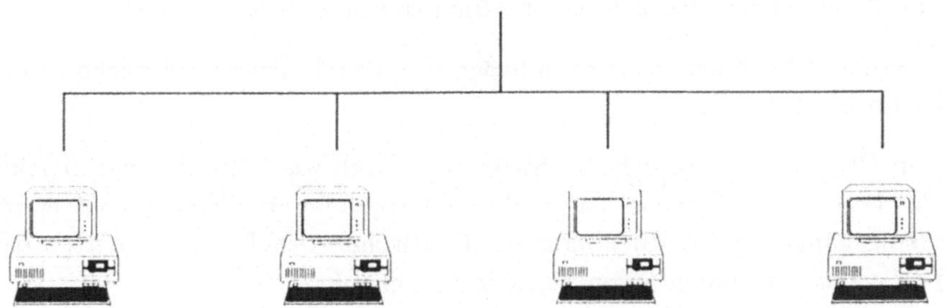

Abbildung 2: Transputersystem

Seit Anfang 1990 steht das UNIX-ähnliche Betriebssystem HELIOS mit allen gängigen Hochsprachen sowie einigen UNIX-verwandten Entwicklungswerkzeugen wie z.B. dem MicroEMACS Texteditor, MAKE-Files zur Verfügung.

5.2 Softwareentwicklung

Auf dem Wege zur Realisierung des eingangs vorgestellten Konzeptes eines 'numerischen Prüfstandes' wurde zunächst mit Durchführbarkeitsuntersuchungen für bestimmte Probleme begonnen.

5.2.1 2-dim. Eulerverfahren

Im Rahmen einer Diplomarbeit wurde ein 2-D Strömungslöser, ein sogenannter Euler-Code, der bereits als FORTRAN-Programm auf einer anderen Maschine existierte, in OCCAM umgeschrieben und auf einem Transputer installiert. Diese Version diente im weiteren Verlauf der Arbeit als Maßstab für die Effektivität der sich anschließenden Parallelisierung.

Der Algorithmus, auf dem das Verfahren basierte, bot einen Ansatzpunkt für eine Verteilung auf mehrere Prozessoren. Hierbei wurde eine Pipeline aus sieben Prozessoren aufgebaut, in der Datenpakete einer geeigneten Größe versendet wurden (siehe Abb. 3). Die Geschwindigkeitssteigerung gegenüber der sequentiellen Version betrug fünf, d.h. das Programm lief auf sieben Prozessoren fünfmal so schnell wie auf einem.

Größere Geschwindigkeitssteigerungen ließen sich durch den erforderlichen Kommunikationsaufwand nicht erzielen.

Mit diesem Programm läßt sich die Strömung durch zwei Profile, wie in Abbildung **4** dargestellt, berechnen. Das Ziel ist es, durch Vorgabe einer Profilgeometrie und einiger strömungsmechanischer Randbedingungen (statischer Druck am Austritt, Anströmwinkel etc.) zu einem optimalen Strömungsfeld zu gelangen.

Der Löser wurde um einen Postprozessor erweitert, dem zur Laufzeit das momentane Rechenergebnis zugeleitet wird. Dieser Ergebnis wird aufbereitet und auf einem Grafikschirm sichtbar gemacht, wodurch der Lösungsprozess ständig überwacht werden kann. Der interaktiv agierende Benutzer kann im Bedarfsfall den Rechenprozess stoppen, um strömungsmechanische Werte aber auch die Profilgeometrie mit Hilfe eines interaktiven Profilgenerators zu verändern. Der Rechenprozess startet danach auf der alten Lösung. Nach Erreichen eines gewünschten Endzustandes kann des Ergebnis abgespeichert werden.

Eine ausführliche Darstellung dieser Arbeit ist bei [1] nachzulesen.

Dieses System, dessen Entwicklung unter MultiTool ca. 6 Monate gedauert hat, beeinhal-

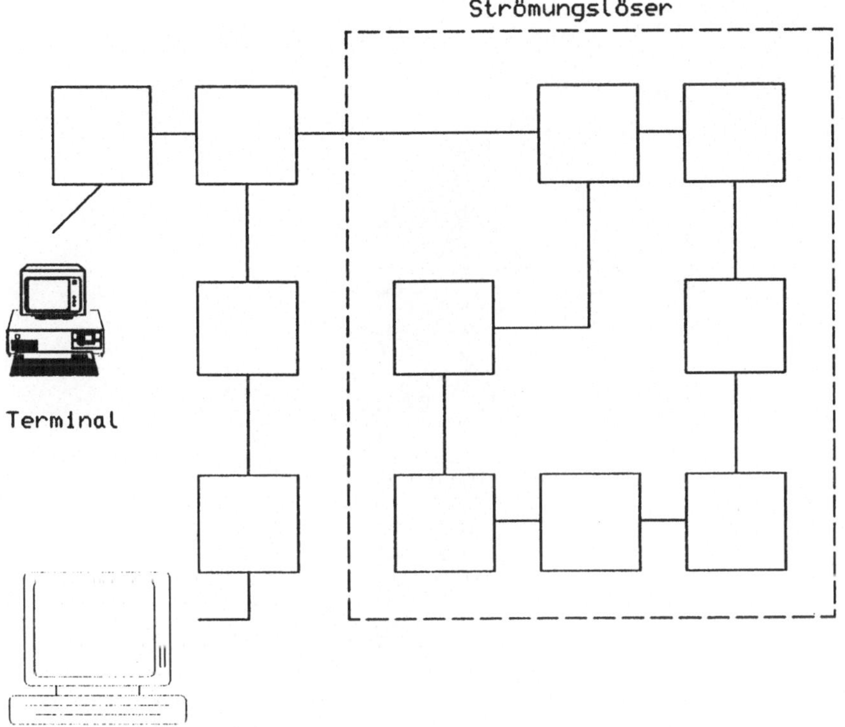

Abbildung 3: Verschaltung für 2-dim. Euler-Verfahren

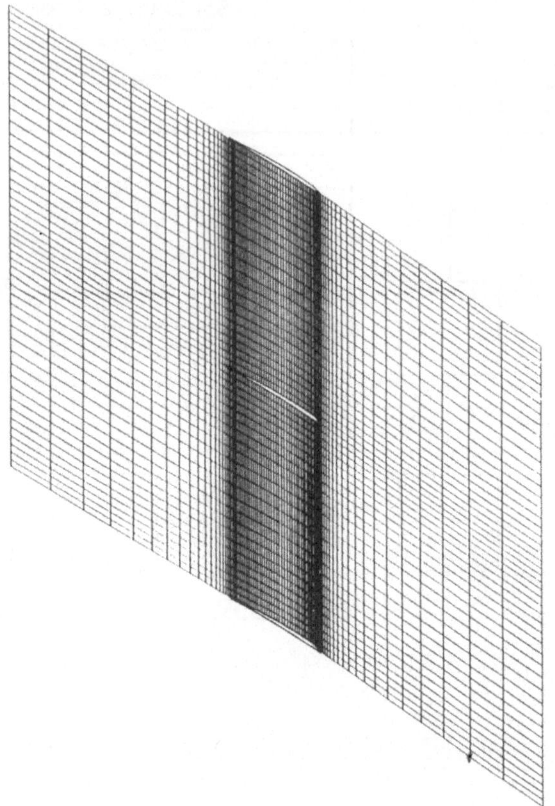

Abbildung 4: Verdichtergitter

tet bereits in prinzipieller Form alle Komponenten, nämlich Löser und Postprozessor in einer interaktiven Systemumgebung, allerdings nicht in der angestrebten Funktionalität.

5.2.2 3-D Navier-Stokes Verfahren

Als nächster Schritt wurde ein auch bereits vorhandener 3-D Löser für die Berechnung einer reibungsbehafteten Strömung von FORTRAN nach OCCAM portiert.

Als Parallelisierungskonzept wurde die 'domain decomposition'-Methode (siehe Abb. 5) verwendet, d.h. das Datenfeld wurde parallelisiert. Dabei wurde das zu berechnende Raumgebiet entsprechend dem kontinuumsphysikalischem Modell in einzelne Bereiche aufgeteilt und auf mehrere Prozessoren verteilt. Jeder Prozessor berechnet auf Grund der vorgegebenden Start- und Randbedingungen den physikalischen Zustand des Raumgebietes, das er repräsentiert, und tauscht diese Ergebnisse mit seinen direkten Nachbarn aus. Hierfür mußte eine Kommunikationsstruktur für den Inter-Prozessor Datenaustausch entwickelt werden. Die wesentliche Eigenschaft dieser Struktur (siehe Abb. 6) ist es, den Datenaustausch zwischen den benachbarten Prozessoren zu puffern, um 'dead-locks' zu vermeiden, sowie das Laden des Prozessornetzes in der Initialisierungsphase und das Verschicken von Zwischenergebnissen zur Laufzeit zu ermöglichen.

Da die Datenanforderungen des Programmes zu hoch waren, um es auf einem Prozessor rechnen zu lassen, konnten Vergleiche der Rechengeschwindigkeiten nur mit dem ursprünglichen, auf einer Cray X-MP installiertem Code gemacht werden. Wir haben für 19 eingesetzte Transputer ein Verhältnis der Rechenzeiten von 5 gegenüber der Cray-Version festgestellt.

5.2.3 Grafik

Da uns unter HELIOS, das wir seit Anfang 1990 einsetzen, kein geeignetes Grafiksystem zur Verfügung stand, haben wir ein im Kern PHIGS+ kompatibles System in ANSI C entwickelt.

Das System wurde so konzipiert, daß es auf beliebig viele Prozessoren verteilbar ist. Als Parallelisierungskonzept wurde der Grafikschirm logisch in horizontale Streifen aufgeteilt. Jedem dieser Streifen wird einem Prozessor als kompletter Bildschirm zugeteilt, so daß im Prinzip n Grafiksysteme auf n Bildschirmen darstellen (siehe Abb. 7). Dieses sehr einfache Konzept ist natürlich nur dann optimal, wenn das darzustellende Objekt den gesamten physikalischen Schirm ausfüllt. Für ein Objekt, das aus 26000 3-D Goroud-schattierten Polygonen bei Beleuchtung mit drei Lichtquellen besteht, ergibt sich ein Geschwindigkeitsgewinn in Abhängigkeit der verwendeten Prozessorzahl, wie er in Abbildung 8 dargestellt ist.

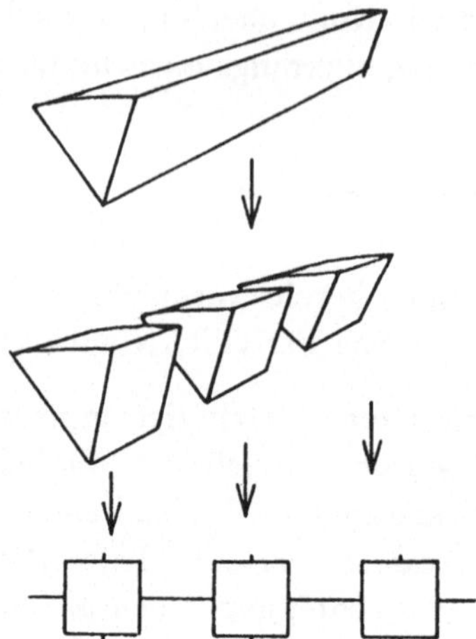

Abbildung 5: Parallelisierungsstruktur für 3-dim. Navier-Stokes-Verfahren

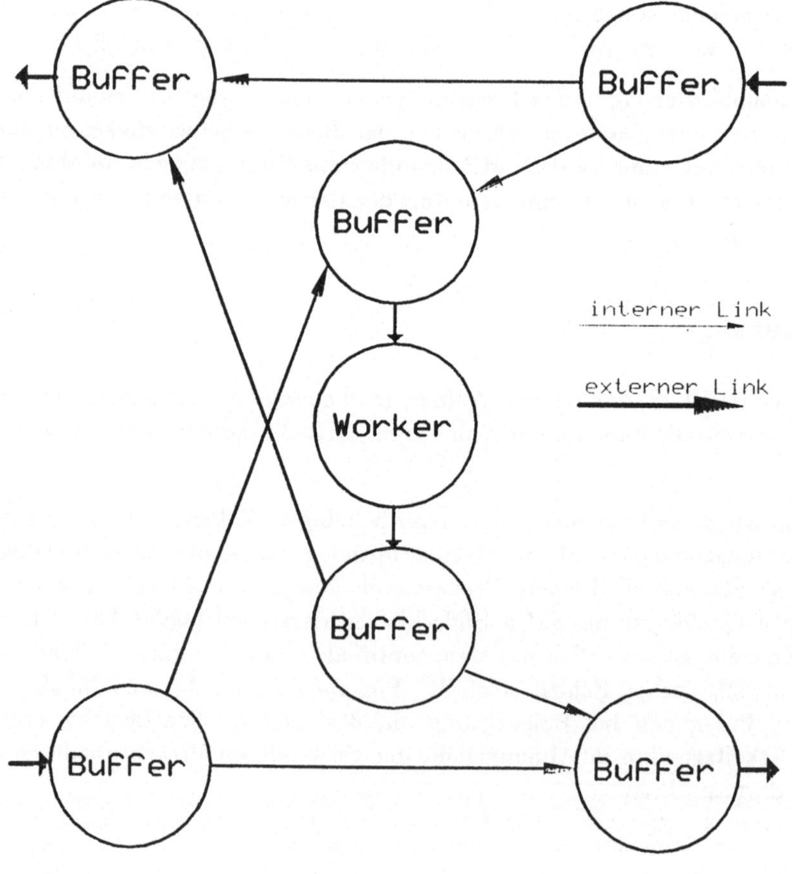

Abbildung 6: Kommunikationsstruktur für 3-dim. Navier-Stokes-Verfahren

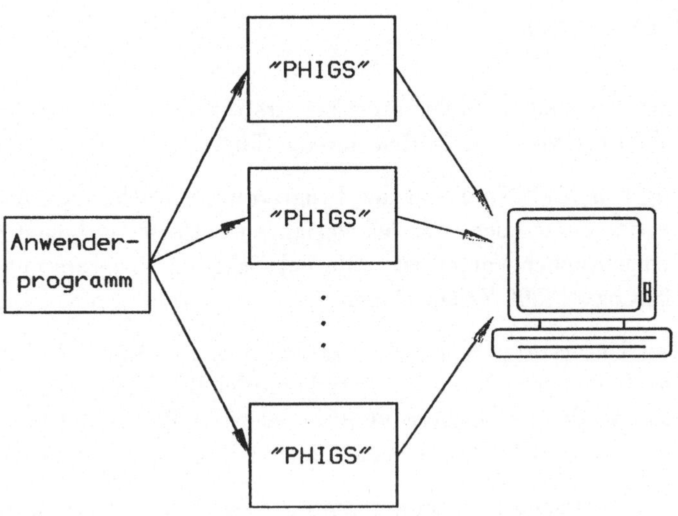

Abbildung 7: Parallelisierungsstruktur des Grafiksystems

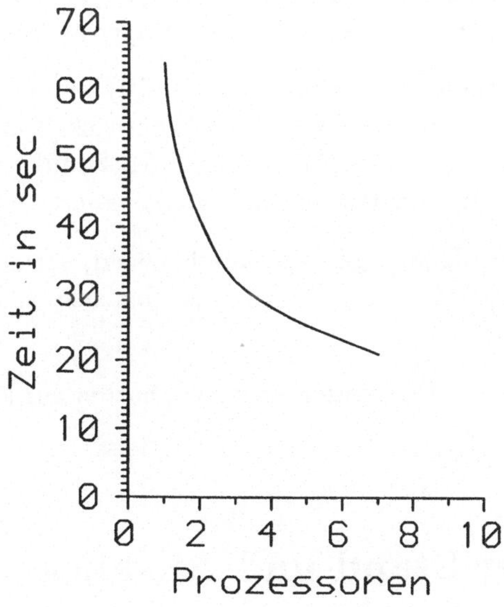

Abbildung 8: Grafikperformance

6 Erfahrungen

Die Entwicklung der beiden Strömungslöser erstreckte sich über einen Zeitraum von einem Jahr und wurde von drei Leuten durchgeführt.

Die Verwendung von MultiTool und der Programmiersprache OCCAM erlaubt es, maximale Performance zu erzielen, was bei Verfahren mit solchen hohen Leistungsanforderungen ein offensichtlicher Vorteil ist. Die entwickelten Programmpakete haben einen Umfang von 3000 bzw. 7500 Zeilen Code.

Es gibt keinerlei Unterstützung bei der Verwaltung und Entwicklung großer Systeme. Da auf den einzelnen Prozessoren im Netz keinerlei Betriebssystemsfunktionalität vorhanden ist, müssen alle erwünschten Funktionen wie z.B. File IO von Netzprozessoren, Datentransfer zwischen nicht direkt benachbarten Knoten selber entwickelt werden.

Da OCCAM eine statische Programmiersprache ist, müssen dynamische Datenverwaltung und höhere Datentypen nachempfunden werden.

Die eingeschränkten Möglichkeiten eines Post-Mortem Debuggers machen die Analyse von Laufzeitfehler eines größeren Programmes zu einem aufwendigen Unternehmen.

Dem gegenüber stehen die Vorteile eines UNIX-ähnlichem Betriebssytems, das die komplette Funktionalität auf jedem Prozessor zur Verfügung stellt. Dies natürlich zum Preis einer etwas reduzierten, dem Benutzer zur Verfügung gestellten Performance.

Programme können in Standardsprachen (Portabilität!) unter Verwendung eines Source-Code-Debuggers und Werkzeugen wie z.B. MAKE entwickelt und verwaltet werden, was die Entwicklungszeit verkürzt. Die Entwicklung des Grafiksystems, das 20000 Zeilen C-Code umfasst, hat mit drei Leuten drei Monate gedauert.

Es sei, diese sicherlich unvollständige Liste abschließend, vermerkt, daß das anfängliche Programmieren mit OCCAM sehr hilfreich war, um sich dem Problem der Parallelprogrammierung zu nähern.

In der gesamten Zeit, die wir Transputer einsetzen, hatten wir keinerlei Störungen in der Hardware.

7 Momentaner Stand und Ausblick

Die kurz skizzierten Erfahrungen haben uns gezeigt, daß es sinnvoller ist, Programme direkt im Hinblick auf Parallelität zu entwickeln und sie nicht einfach zu portieren, da nur so die offensichtlichen Vorteile der Parallelverarbeitung nutzbar sind, vor allem dann, wenn die verwendeten Modelle eine inhärent parallele Struktur haben, wie es bei strömungsmechanischen Problemen der Fall ist.

Daher haben wir auf dem Weg zu einem 'numerischen Prüfstand' einen neuen instationären Strömungslöser auf der Basis eines sogenannten TVD-Schemas entwickelt. Dieser Löser, in C unter HELIOS geschrieben, ist für eine beliebige Zahl von Prozessoren entwickelt. Die Konfiguration auf das Transputernetz wird ohne neue Kompilation durch Einlesen eines Deskribtions-Files durchgeführt. Dieser ist bereits in eine interaktive Umgebung eingebettet und wird momentan getestet.

In den nächsten Jahren werden drei Leute unseres Institutes an der Weiterentwicklung diese Programmsystems arbeiten.

8 Literatur

[1] Karl Engel : Aufbau eines interaktiven Gitterauslegungsystems und dessen Implementierung auf einem Parallelrechner, DLR IB-325-02-90

Podiumsdiskussion – Gegenwart und Zukunft der Parallel–Verarbeitung

A.H.L. Emmen

SARA
P.O. Box 4613
NL–1009 AP Amsterdam

W. Gentzsch

Genias Software GmbH
D–8402 Neutraubling

Das Tutorium "Parallelisierung komplexer Probleme" fand seinen Abschluß mit einer von Hans W. Meuer geleiteten Podiumsdiskussion. An dieser Diskussionsrunde nahmen alle Vortragenden des Tutoriums – die auch gleichzeitig die Autoren der Beiträge des vorliegenden Bandes sind – teil. Die Diskussion war aber nicht nur auf diese Teilnehmer beschränkt, sondern schloß auch alle Zuhörer des Tutoriums mit ein, was bei den hieraus resultierenden lebhaften Diskussionen dem Chairman das Leben nicht leichtmachte.

Zunächst wurden die Diskussionsthemen bestimmt und anschließend in 3 generelle Themengebiete eingeteilt:

- Software–Entwicklung
- Betriebssysteme
- SIMD–MIMD

Shared Memory Systeme wurden nur am Rande gestreift, hervorgehoben wurde jedoch, daß die Software für automatische Parallelisierung immer noch sehr unausgereift ist. Obwohl einige Compiler eine große Anzahl von Konstrukten parallelisieren, ist der bei Programmen erzielte Speedup i.a. enttäuschend. Noch immer bedarf es der Parallelisierung von Hand, um eine gute Leistung zu erzielen. In den meisten Supercomputerzentren werden Multi–Vektorrechner eigentlich nicht für die Parallel–Verarbeitung verwendet, sondern als 2, 4 oder 8 Einprozessor–Rechner mit dem Ziel, den Durchsatz zu erhöhen. Ausnahmen hierfür sind Rechenzentren mit einer einzigen dominierenden großen Anwendung, wie z.B. die Wettervorhersage oder das große MT_c–Projekt der KFA Jülich (siehe Beitrag von S. Knecht), die tatsächlich den Multiprozessor–Vektorrechner als eine große parallele Maschine einsetzen.

So konzentrierte sich die Diskussion also auf Rechner mit verteiltem Speicher, insbesondere auf massiv parallele Architekturen.

1. Software-Entwicklung

Heutzutage ist das Portieren großer Applikationen auf neue parallele Architekturen ein aufwendiger und langwieriger Prozeß. Die Einführung von Parallelrechnern ist ein wesentlich größeres Problem als die der Vektor-Architekturen vor etwa 10 Jahren. Damals liefen die Programme wenigstens auf dem Skalarprozessor des Vektorrechners. Danach konnte man Schritt für Schritt die Vektorleistung verbessern.

Bei massiv parallelen Systemen ist die Situation völlig anders. Ein Programm, das zum ersten Mal implementiert wird, läuft hier bestenfalls auf einem Knoten. Ein weiteres Problem ist der große Unterschied zwischen den verschiedenen Parallelrechnern, der hauptsächlich auf den äußerst unterschiedlichen Verbindungstopologien, wie arrays, trees, cubes usw. beruht. Dazu kommt, daß es derzeit im Grunde noch keine Standards gibt.

R. Rannacher (Universität Heidelberg) führte als Beispiel die Betriebssysteme von transputer-basierten Computern an. Hier können sich noch nicht einmal 4 Hersteller solcher Rechner auf ein gemeinsames Betriebssystem für ihre Rechner einigen.

Obwohl die meisten hochparallelen Maschinen eine bestimmte Art des Message-Passing verwenden, sind auch Kommunikationsbibliotheken immer noch ein großes Problem, da keine gemeinsame Standardbibliothek existiert.

Andererseits bemerkte T. Bemmerl (TU München), daß doch die meisten Maschinen einen bestimmten Aufruf für das Senden und Empfangen von Nachrichten haben, obwohl das aktuelle Format unterschiedlich sein kann. Somit sind grundsätzlich die Ideen und Prinzipien der Programmierung derartiger Maschinen gleich, und es existieren nur geringfügige Unterschiede in den Sprachen. In den nächsten Jahren werden Programmiermodelle für Rechner mit verteiltem Speicher hinzukommen. Diese kommen den konventionellen Programmiermodellen der heutigen Rechner mit globalem Speicher sehr nahe.

F. Baetke (Convex) führte aus, daß es auf der sprachlichen Ebene Standards wie FORTRAN und C gibt. Diese Sprachen werden von fast allen Herstellern unterstützt und werden damit auch dominantes Werkzeug für diese Maschinen. K.. Solchenbach (Suprenum) fügte hinzu, daß Suprenum zunächst Modula als zweite Sprache neben FORTRAN hatte, dann aber auch zu C umschwenkte. Auch auf Transputer-Systemen hat die Nutzung von Occam zugunsten von C an Bedeutung verloren.

Bei Datenbankimplementierungen auf Parallelrechnern, so bemerkte W. Koch (Siemens), kann man die Standard-Benutzerschnittstelle SQL verwenden. Gerade in Gebieten mit non-Standard-Applikationen eröffnen sich eine Menge von Möglichkeiten für Parallelrechner. So sind z.B. SIMD Maschinen sehr gut geeignet für Information Retrieval.

Wie T. Bemmerl ausführte, ist es ein großes Problem, daß Software Hersteller ihren Code nicht auf neue Architekturen portieren, solange sie noch keinen Markterfolg für diese Architektur sehen. Doch können neue Maschinen diesen Markterfolg nicht haben, solange noch nicht genügend Software zur Verfügung steht (siehe Beitrag von H. W. Meuer). Hier scheint es keinen einfachen Weg aus diesem Teufelskreis zu geben, denn:

"Wir befinden uns nun an dem cross-over point" sagte W. Gentzsch (Genias): "Parallelrechner sind bereits heute bei einigen Applikationen schneller als die traditionellen Vektor-Supercomputer, und in zehn Jahren werden sie bei vielen Applikationen sehr viel schneller sein." Das Software Problem **muß** also gelöst werden.

T. Bemmerl fügte hinzu, daß als ein weiterer Grund für die Komplexität bei der Programmierung von Parallelrechnern das Fehlen von adäquaten Tools für die Parallelisierung von Anwendungsprogrammen hinzukommt. Aber der Forschung ist dieses Problem bekannt und es laufen bereits weltweit einige Forschungsprojekte auf diesem Gebiet. Die Ergebnisse dieser Forschung werden, sobald sie kommerziell verfügbar sind, die Verwendung und Programmierung von Parallelrechnern erleichtern.

2. Betriebssysteme

Ein weiterer Grund, weshalb die Parallelrechner sich nur langsam im Hauptstrom des Computing einfinden, sind die Probleme mit Betriebssystemen.

Um eine hochparallele Maschine in einem Rechenzentrum zu betreiben, ist es notwendig, daß das Betriebssystem Multi-User-Zugriff unterstützt. Dies ist jedoch schwer auf einem Rechner mit verteiltem Speicher zu implementieren, da es kompliziert ist, Daten schnell auszulagern.

Parallelrechner werden heutzutage typischerweise in kleinen (Forschungs-)Gruppen eingesetzt. Betriebssysteme für derartige Maschinen haben keinerlei Unterstützung im Bereich des Accounting, der Sicherheit und des Batch-Betriebs, was allgemein von einem großen Zentralrechner erwartet wird. Dies ist wiederum ein Unterschied zu den ersten Vektorrechnern, deren Entwickler aus der Großrechnerwelt kamen.

Eine Frage, die hierzu während der Diskussion aufkam, war: "Werden hochparallele Maschinen Special-Purpose-Maschinen bleiben oder werden sie General-Purpose-Maschinen werden?" Es gibt zwar Probleme, die "erstaunlich einfach" zu parallelisieren sind, doch für viele Algorithmen ist dies nicht der Fall.

K. Solchenbach bemerkte, daß seine Fima von "multi-purpose" spricht. Es gibt eine ganze Anzahl von Anwendungen, die für die Parallelverarbeitung geradezu wie geschaffen sind. In Zukunft wird die Anzahl weiter steigen und im Zuge der Entwicklung von autoparallelisierenden Compilern für Rechner mit verteiltem Speicher werden diese Maschinen auch mehr und mehr "General-Purpose"-Rechner werden.

W. Gentzsch sieht bei Parallelrechnern eher einen Trend in Richtung Spezialrechner. Heute gibt es ca. zehn Anwendungsklassen, die sehr gut für die Parallelverarbeitung geeignet sind. Firmen werden Spezialrechner für eine oder mehrere Problemklassen entwickeln und diese Spezialrechner dann in eine Netzwerkumgebung integrieren.

M. Faden (DLR) andererseits ist der Meinung, daß sich dieses Problem im Laufe weniger Jahre aufgrund des drastischen Preisverfalls der Hardware von selbst lösen wird. Die neue E & S Workstation z.B. hat 64 Prozessoren und eine Peak-Performance von 1 GFLOPS. Es ist irrelevant, ob jemand diese Prozessoren effizient nutzt oder nicht, solange die Hardware nur billig genug ist.

Lohnt es sich schon jetzt, Codes auf hochparallele Maschinen zu portieren?

"Nein" sagt F. Baetke. "Was ich sehe ist, daß Leute ihren alten Code auf einer neuen Maschine effizient laufen lassen wollen. Sie wollen ihre Software-Investitionen schützen, und sie wollen nicht Tausende von Zeilen von Code für alle Varianten paralleler Systeme so lange umschreiben, bis endlich ein einheitliches Programmiermodell mit Standardspracherweiterungen vorhanden ist. Außerdem werden sie keine Maschine kaufen, wenn die benötigten Standardcodes nicht verfügbar sind.

"Ja", sagt A. Singer (Thinking Machines). Herr Singer spricht mit Kunden nur über solche neuen Codes, die eine "echte" GFLOPS Leistung erbringen. Kunden wie z.B. Lockheed und NASA kaufen innovative neue Rechner und nehmen das Risiko in Kauf, daß diese Rechner zunächst nicht voll den Erwartungen entsprechen. Diese großen Firmen müssen jedoch aus Wettbewerbsgründen an der Spitze mitmischen. Wenn man denselben Code und dieselbe Hardware wie der Mitbewerber benutzt, ist man nicht im Vorteil bei der Simulation neuer Produkte, und somit wird man nicht besser sein als die Konkurrenten.

W. Gentzsch stimmte A. Singer zu. Es dauere etwa 3 Monate, um festzustellen, ob ein großer Code geeignet ist, um auf einen Parallelrechner portiert zu werden oder nicht. Dann dauert es nochmals ein weiteres Jahr, um die eigentliche Anpassung vorzunehmen. Dies kostet etwa 250.000 DM, jedoch nur einmal im gesamten Software-Lebenszyklus. Viele amerikanische Firmen machen genau das. Aber in Deutschland zeigen sich die Forschungsinstitute/-abteilungen zurückhaltend, was bedeuten könnte, daß die deutschen Industrie gegenüber der amerikanischen ins Hintertreffen käme.

Teilnehmer aus der Industrie (Volkswagen und AVL) bemerkten, daß die Industrie zunächst sehen will, daß Erfahrungen mit Parallelrechnern an Universitäten und Forschungseinrichtungen gesammelt werden. Sie werden dann in einem späteren Stadium auf diese Maschinen zurückgreifen. Leider sind in deutschen Universitäten und Forschungsinstituten nur eine Handvoll Parallelrechner installiert, verglichen mit einigen tausend installierten Systemen in den U.S.A. Hier wären aus öffentlichen Mitteln subventionierte Initiativen dringend notwendig.

3. SIMD-MIMD

Eine aktuelle Podiumsdiskussion zum Thema "Parallelrechner" wird mit einer Vorhersage zur dominierenden Architektur im Jahre 2000 enden. So war es auch hier.

Die meisten Teilnehmer stimmten überein, daß die schnellsten Computer der Jahrtausendwende Massiv-Parallelrechner sein werden. Ob aber SIMD oder MIMD Rechner vorne liegen werden, wurde kontrovers gesehen. W. Dax (Universität Stuttgart) wies darauf hin, daß für praktische Anwendungen der Unterschied zwischen SIMD und MIMD nicht von Bedeutung sei. Auch ein MIMD-Rechner wird als Ansammlung von Prozessoren programmiert, die den größten Teil der Zeit denselben Algorithmus bearbeiten. Es sei einfach nicht machbar, verschiedene Algorithmen für ein Tausend-Prozessoren-System zu entwerfen mit dem Ziel, verschiedene Programme auf allen Prozessoren zu haben.

Heutige Supercomputer haben den GFLOPS–Bereich erreicht, auch bei praktischen Problemen. In zehn Jahren erwarten die Teilnehmer der Podiumsdiskussion TFLOPS–Rechner für diese realen Probleme.

Verglichen mit der Diskussion bei Supercomputer '89 in Mannheim, war der Meinungswandel gravierend. So erwartete man noch vor einem Jahr für das Jahr 2000 Supercomputer mit Parallel– und Vektormöglichkeiten. Nun "einigte" man sich doch mehr auf "reine" Parallelrechner ohne Vektorhardware.

Vielleicht sollte man sich R. Rannacher anschließen, der zur Frage nach dem Supercomputer 2000 sagte: "Lassen Sie uns diese Frage in fünf Jahren diskutieren".

Autorenverzeichnis

Bachler, Günter, Dr. rer. nat., Mitarbeiter in der Abteilung Strömungsmechanik der Firma AVL in Graz.

Behrens, Jörn, Dipl. Math., Mitarbeiter am Institut für Angewandte Mathematik der Universität Bonn.

Bemmerl, Thomas, Dr. rer. nat., Leiter der Forschungsgruppe Parallelrechner am Institut für Informatik der TU München und Teilprojektleiter des Sonderforschungsbereichs "Methoden und Werkzeuge zur effizienten Nutzung paralleler Architekturen".

Dax, Werner, Dipl. Inf., Projektleiter auf dem Gebiet "Parallele Numerik" am Institut für Kernenergetik und Energiesysteme der Universität Stuttgart.

Emmen, Ad, zuständig für den Benutzer–Service des niederländischen Supercomputer–Zentrums SARA in Amsterdam und Herausgeber der Zeitschrift "Supercomputer".

Faden, Michael, Dipl. Ing., Gruppenleiter in der Abteilung "Aerodynamik der Turbomaschine" im Institut für Antriebstechnik der DLR in Köln.

Gentzsch, Wolfgang, Dr. rer. nat., Professor an der FH Regensburg und Geschäftsführer der Gesellschaft für Numerisch–Intensive Anwendungen und Supercomputing, GENIAS Software GmbH.

Hiller, Wolfgang, Dr. rer. nat., Leiter des Rechenzentrums des Alfred–Wegener–Instituts für Polar– und Meeresforschung (AWI) sowie Lehrbeauftragter an der Hochschule Bremerhaven für Parallele Algorithmen und Parallelprozessoren.

Knecht, Siegfried, Dipl. Inf., wissenschaftlicher Mitarbeiter am Zentralinstitut für Angewandte Mathematik des Forschungszentrums Jülich (KFA).

Krämer, Michael, Dr. rer. nat., wissenschaftlicher Mitarbeiter bei der Gesellschaft für Schwerionenforschung (GSI) in Darmstadt.

Meuer, Hans Werner, Dr. rer. nat., Direktor des Rechenzentrums und Professor an der Fakultät für Mathematik und Informatik der Universität Mannheim

Pokorny, Stefan, Dipl. Inf., wissenschaftlicher Mitarbeiter in der Abteilung "Aerodynamik der Turbomaschine" im Institut für Antriebstechnik der DLR in Köln.

Rannacher, Rolf, Prof. Dr. rer. nat. habil., Inhaber des Lehrstuhls für Angewandte und Numerische Mathematik an der Universität Heidelberg sowie aktiv am Sonderforschungsbereich 123 "Stochastische Mathematische Modelle" und am "Interdisziplinären Zentrum für Wissenschafltiches Rechnen (IWR)" beteiligt.

Strauß, Henry, Dipl. Math., Softwarespezialist bei nCube GmbH in München.